建设行业专业技术管理人员职业资格培训教材

材料员专业管理实务

中国建设教育协会组织编写
史商于　张友昌　主编
艾永祥　　　主审

中国建筑工业出版社

图书在版编目（CIP）数据

材料员专业管理实务/中国建设教育协会组织编写.
北京：中国建筑工业出版社，2007
建设行业专业技术管理人员职业资格培训教材
ISBN 978-7-112-09388-5

Ⅰ.材… Ⅱ.中… Ⅲ.建筑材料-工程技术人员-资格考核-教材 Ⅳ.TU5

中国版本图书馆 CIP 数据核字（2007）第 099112 号

建设行业专业技术管理人员职业资格培训教材

材料员专业管理实务

中国建设教育协会组织编写
史商于　张友昌　主编
艾永祥　主审

*

中国建筑工业出版社出版、发行(北京西郊百万庄)
各地新华书店、建筑书店经销
霸州市顺浩图文科技发展有限公司制版
北京圣夫亚美印刷有限公司印刷

*

开本：787×1092 毫米　1/16　印张：15½　字数：374 千字
2007 年 8 月第一版　2015 年 5 月第十五次印刷
定价：26.00 元
ISBN 978-7-112-09388-5
（16052）

版权所有　翻印必究
如有印装质量问题，可寄本社退换
（邮政编码 100037）

本套书由中国建设教育协会组织编写，为建设行业专业技术人员职业资格培训教材。本书主要内容包括材料员岗位职责及职业道德，建筑工程造价与材料消耗定额管理，材料计划管理，材料供应及运输管理，材料采购管理，材料储备与仓库管理，施工现场材料与机具管理，材料核算和相关法律、法规等方面的内容。

本书可作为材料员的考试培训教材，也可作为相关专业工程技术人员的参考用书。

* * *

责任编辑：朱首明　李　明
责任设计：董建平
责任校对：王　爽　张　虹

建设行业专业技术管理人员职业资格培训教材编审委员会

主 任 委 员： 许溶烈
副主任委员： 李竹成　吴月华　高小旺　高本礼　沈元勤
委　　　员： （按姓氏笔画排序）

邓明胜　艾永祥　危道军　汤振华　许溶烈　孙沛平
杜国城　李　志　李竹成　时　炜　吴之昕　吴培庆
吴月华　沈元勤　张义琢　张友昌　张瑞生　陈永堂
范文昭　周和荣　胡兴福　郭泽林　耿品惠　聂鹤松
高小旺　高本礼　黄家益　章凌云　韩立群　颜晓荣

出 版 说 明

由中国建设教育协会牵头、各省市建设教育协会共同参与的建设行业专业技术管理人员职业资格培训工作，经全国地方建设教育协会第六次联席会议商定，从今年下半年起，在条件成熟的省市陆续展开，为此，我们组织编写了《建设行业专业技术管理人员职业资格培训教材》。

开展建设行业专业技术管理人员职业资格培训工作，一方面是为了满足建设行业企事业单位的需要，另一方面也是为建立行业新的职业资格培训考核制度积累经验。

该套教材根据新制订的职业资格培训考试标准和考试大纲的要求，一改过去以理论知识为主的编写模式，以岗位所需的知识和能力为主线，精编成《专业基础知识》和《专业管理实务》两本，以供培训配套使用。该套教材既保证教材内容的系统性和完整性，又注重理论联系实际、注重解决实际问题能力的培养；既注重内容的先进性、实用性和适度的超前性，又便于实施案例教学和实践教学，具有可操作性。学员通过培训可以掌握从事专业岗位工作所必需的专业基础知识和专业实务能力。

由于时间紧，教材编写模式的创新又缺少可以借鉴的经验，难度较大，不足之处在所难免。请各省市有关培训单位在使用中将发现的问题及时反馈给我们，以作进一步的修订，使其日臻完善。

中国建设教育协会
二〇〇七年七月

序

由中国建设教育协会组织编写的《建设行业专业技术管理人员职业资格培训教材》与读者见面了。这套教材对于满足广大建设职工学习和培训的需求，全面提高基层专业技术管理人员的素质，对于统一全国建设行业专业技术管理人员的职业资格培训和考试标准，推进行业职业资格制度建设的步伐，是一件很有意义的事情。

建设行业原有的企事业单位关键岗位持证上岗制度作为行政审批项目被取消后，对基层专业技术管理人员的教育培训尚缺乏有效的制度措施，而当前，科学技术迅猛发展，信息技术日益渗透到工程建设的各个环节，现在结构复杂、难度高、体量大的工程越来越多，新技术、新材料、新工艺、新规范的更新换代越来越快，迫切要求提高从业人员的素质。只有先进的技术和设备，没有高素质的操作人员，再先进的技术和设备也发挥不了应有的作用，很难转化为现实生产力。我们现在的施工技术、施工设备对生产一线的专业技术人员、管理人员、操作人员都提出了很高的要求。另一方面，随着市场经济体制的不断完善，我国加入WTO过渡期的结束，我国建筑市场的竞争将更加激烈，按照我国加入WTO时的承诺，我国的建筑工程市场将对外开放，其竞争规则、技术标准、经营方式、服务模式将进一步与国际接轨，建筑企业将在更大范围、更广领域和更高层次上参与国际竞争。国外知名企业凭借技术力量雄厚、管理水平高、融资能力强等优势进入我国市场。目前已有39个国家和地区的投资者在中国内地设立建筑设计和建筑施工企业1400多家，全球最大的225家国际承包商中，很多企业已经在中国开展了业务。这将使我国企业面临与国际跨国公司在国际、国内两个市场上同台竞争的严峻挑战。同国际上大型工程公司相比，我国的建筑业企业在组织机构、人力资源、经营管理、程序与标准、服务功能、科技创新能力、资本运营能力、信息化管理等多方面存在较大差距。所有这些差距都集中地反映在企业员工的全面素质上。最近，温家宝总理对建筑企业作了四点重要指示，其中强调要"加强领导班子建设和干部职工培训，提高建筑队伍整体素质。"贯彻落实总理指示，加强企业领导班子建设是关键，提高建筑企业职工队伍素质是基础。由此，我非常支持中国建设教育协会牵头把建设行业基层专业技术管理人员职业资格培训工作开展起来。这也是贯彻落实温总理指示的重要举措。

我希望中国建设教育协会和各地方的同行们齐心协力，规范有序地把这项工作做好，确保工作的质量，满足建设行业企事业单位对专业技术管理人员培训的需要，为行业新的职业资格培训考核制度的建立积累经验，为造就全球范围内的高素质建筑大军做出更大贡献。

姚兵

24/7/07.

前　言

材料质量是工程质量的基础，不同工程项目、不同工艺阶段，对材料要求各不相同，材料本身质量的优劣，直接影响着工程质量；材料费还是工程中的重要开支，在工程造价中，一般要占建筑工程总成本的60%以上。因此加强材料管理，对提高工程质量，节约材料费用，减少材料消耗，降低工程成本，提高企业效益有着重要作用。

随着我国社会主义市场经济的建立和不断完善，我国建设事业改革的不断深入。材料员的工作内容已经发生的根本性的改变。材料管理工作的重心已从企业管理为主转移到以项目部管理为主。为了满足社会主义市场经济条件下培养建筑施工企业现场材料管理人员需要，提高材料管理人员的管理水平，中国建设教育协会组织编写了本书。

本书是按照中国建设教育协会组织论证的"建设行业专业技术管理人员《材料员》职业资格培训考试大纲"的要求编写的。是建设、开发、施工企业材料员职业岗位培训教材之一。本教材的内容符合《材料员职业资格考试标准》和《材料员考试大纲》的有关要求，在编写过程中执行了国家现行的有关规范、规程和技术标准。比较全面的介绍了材料员作为工程管理人员应该掌握和了解的基本知识，包括建筑材料、建筑识图与构造、施工机具与周转材料、施工技术与管理等内容。全书较好地反映了施工企业现场材料管理人员应具备的基本知识，实用性较强，可作为培训用书，也可作为基层材料管理人员自学参考用书。全书由张友昌编写，由艾永祥审阅。

在编写过程中得到了浙江省建设厅人事教育处、浙江省建设培训中心、浙江省建设行业人力资源协会的大力支持，在此表示感谢。

本书谬误之处在所难免，恳请提出宝贵意见为感。

目 录

- 一、概论 1
  - (一) 建筑企业材料管理 1
  - (二) 材料员岗位职责与工作程序 6
  - (三) 建设行业从业人员职业道德 8
- 二、工程造价与材料消耗定额管理 11
  - (一) 工程定额与工程造价 11
  - (二) 工程量清单计价 20
  - (三) 建筑安装工程费用项目组成及计算程序 26
  - (四) 材料消耗定额管理 34
  - (五) 材料消耗定额的制订方法 36
  - (六) 材料消耗定额的管理 44
- 三、材料计划管理 49
  - (一) 材料计划管理概述 49
  - (二) 材料计划的编制和实施 52
- 四、材料采购管理 65
  - (一) 材料采购概述 65
  - (二) 材料采购管理的内容 67
  - (三) 材料采购方式 75
  - (四) 建设工程材料、设备采购的询价 78
  - (五) 招标采购 85
  - (六) 建设工程物资采购合同管理 96
- 五、材料供应及运输管理 118
  - (一) 材料供应管理概述 118
  - (二) 材料供应方式 123
  - (三) 材料定额供应方法 128
  - (四) 材料配套供应 134
  - (五) 材料运输管理 136
- 六、材料储备与仓库管理 146
  - (一) 材料储备定额 146
  - (二) 仓库管理业务 153
  - (三) 库存控制与分析 163
- 七、施工现场材料与工具管理 171
  - (一) 施工现场材料管理概述 171

（二）现场材料管理的内容 …………………………………………… 174
　　（三）周转材料管理 …………………………………………………… 190
　　（四）工具的管理 ……………………………………………………… 197
八、材料核算 ……………………………………………………………… 205
　　（一）概述 ……………………………………………………………… 205
　　（二）材料核算的内容和方法 ………………………………………… 209
九、相关法律、法规及标准 ……………………………………………… 219
　　（一）《中华人民共和国建筑法》及其贯彻实施 …………………… 219
　　（二）《中华人民共和国招标投标法》及其贯彻实施 ……………… 220
　　（三）《中华人民共和国合同法》及其贯彻实施 …………………… 222
　　（四）《中华人民共和国安全生产法》及其贯彻实施 ……………… 225
　　（五）《中华人民共和国产品质量法》及其贯彻实施 ……………… 226
　　（六）《建设工程质量管理条例》及其贯彻实施 …………………… 227
　　（七）相关标准中的强制性条文 ……………………………………… 229
主要参考文献 ……………………………………………………………… 237

一、概 论

（一）建筑企业材料管理

1. 材料管理的概念

建筑企业的材料管理，就是对施工过程中所需的各种材料，围绕采购、储备和消费，所进行的一系列组织和管理工作。也就是借助计划、组织、指挥、监督和调节等管理职能，依据一定的原则、程序和方法，搞好材料平衡供应，高效、合理地组织材料的储存、消费和使用，以保证建筑安装生产的顺利进行。

建筑安装施工生产总是不间断地进行的。建筑材料在施工中逐渐被消耗掉，转化成工程实体。生产过程是原材料不断消耗的过程，又是原材料不间断地补充的过程。没有生产资料的供应，生产建设就无法进行。在建筑工程施工中，注意节约使用材料，努力降低单耗，控制材料库存，加速流转，节约使用储备资金，这些都与企业经营成果直接有关。建筑材料的供应与管理是建筑企业经营管理的重要组成部分，建筑材料是建筑企业组织生产的物质基础。加强材料供应和管理工作是建筑业现代化生产的客观需要，也是企业完成和超额完成各项技术、经济指标，取得良好经济效果的重要环节。

建筑业生产的技术经济特点，使得建筑企业的材料管理工作具有一定的特殊性、艰巨性和复杂性，表现在：

（1）建筑材料品种规格繁多。由于建筑产品（工程对象）各不相同，技术要求各异，需用材料的品种、规格、数量及构成比例也随之不同，一般工程经常使用的建筑材料就有600多个品种，2000多个规格，加上特殊工程的则更多了。

（2）建筑材料耗用量多，重量大。建筑物不同于其他一般产品，它体积庞大，一个地区大宗材料的耗用，常以"吨"来计量，而且体积松散，不易管理，并需要很大的运输力量。

（3）建筑安装生产周期较长，占用的生产储备资金较多。一个建筑产品从投入施工到交付使用，往往要以月或年计算工期，在施工期间，不提供任何使用价值，每天要消耗大量的人力、物力。由于自然条件的限制，一部分建筑材料的生产和供应，受到季节性影响，需要作季节储备。这就决定了材料储备数量较大，占用储备资金较多。

（4）建筑材料供应很不均衡。建筑施工生产是按分部分项分别进行的，生产按工艺程序展开，施工各阶段用料的品种、数量都不相同，材料消耗数量时高时低，这就决定了材料供应上的不均衡性。

（5）材料供应工作涉及面广。供应单位点多面广，在常用的建筑材料中，既有大宗材料，又有零星或特殊材料，材料货源和供应渠道复杂。其中有很大一部分需自外省市运入，建筑企业自身运输能力不能解决，需要借助大量的社会运输力量，这就要受到运输方式和运输环节的牵制和影响，稍一疏忽，就会在某一环节上产生问题，影响施工生产的正常进行，需要周密规划，认真考虑材料的供应问题。

(6) 由于建筑产品——建筑物固定，施工场所不固定，决定了建筑生产的流动性，使得建筑材料的供应没有固定的来源和渠道，也没有固定的运输方式，反映了建筑材料供应工作上的复杂性。

(7) 建筑材料的质量要求高。建筑产品的质量，在很大程度上取决于材料的质量。建筑材料供应工作的本身也就要求高质量，要求在一定时间的生产进度内，把不同品种、规格、质量、数量的各种建筑材料按质、按量、及时、配套地供应到施工现场。

材料管理人员，只有充分认识到建筑材料供应与管理工作的重要性、特殊性，以及做好材料供应与管理工作的艰巨性、复杂性，才能掌握工作的主动权，做好材料供应与管理工作。

2. 建筑企业材料管理的范围

建筑企业材料部门的材料管理范围，不仅包括原料、材料、燃料，还包括生产工具、劳保用品、机电产品，有的还扩大到机械配件。所以"材料"一词，对建筑企业来说，是指材料部门管理的所有物资。建筑材料的管理，可分为社会流通领域的管理和生产领域的管理（即对材料消费的管理）。在计划指导下，通过订货、采购、运输、仓储及配套等业务活动，把建筑材料供应到施工现场，并投入生产。这就是材料从流通领域转入生产领域的活动。

3. 材料管理的方针、原则

(1) "从施工生产出发，为施工生产服务"的方针

这是"发展经济，保障供给"的财经工作总方针的具体化，是材料供应与管理工作的基本出发点。

(2) 加强计划管理的原则

建筑产品中，不论是生产性或非生产性建筑，也不论工程结构繁简，建设规模大小，都是根据使用目的，预先设计，然后施工的。施工任务一般落实较迟，但一经落实就急于施工，加上施工过程中情况多变，若没有适当的材料储备，就没有应变能力。搞好材料供应的关键在于摸清施工规模，提出备料计划，在计划指导下组织好各项业务活动的衔接，保证材料满足工程需要，使施工生产顺利进行。

(3) 加强核算，坚持按质论价的原则

往往同一品种材料，因各地厂家或企业生产经营条件不同和市场供求关系等原因，价格上有明显差异，在采购订货业务活动中应遵守国家物价政策，按质论价、协商定购。

(4) 励行节约的原则

这是一切经济活动都必须遵守的根本原则，在材料供应管理活动中包含两方面意义：一方面是材料部门在经营管理中，精打细算，节省一切可能节约的开支，努力降低费用水平；另一方面是通过业务活动加强定额控制，促进材料耗用的节约，推动材料的合理使用。在设计过程中合理选用材料，是最大的节约；因此要进行图纸会审，选用最优的施工方案，合理使用材料。

4. 材料管理的要求

做好材料管理工作，除材料部门积极努力外，尚需各有关方面的协作配合，以达到供好、管好、用好建筑材料，降低工程成本的目的。

(1) 落实资源，保证供应

建筑施工任务落实后,材料供应是主要保证条件之一,没有材料,建筑企业就失去了主动权,完成任务就成为一句空话。施工企业必须按施工图预算核实材料需用量,组织材料资源。材料部门要主动与建设单位联系,属于建设单位供应的物资,要全面核实其现货、订货、在途资源,与工程需用量的余缺。双方协商、明确分工落实责任,分别组织配套供应,及时、保质、保量地满足施工生产的需要。

(2) 抓好实物采购运输,加速周转,节省费用

搞好材料供应与管理,必须重视采购、运输和加工过程的数量、质量管理。根据施工生产进度要求,掌握轻、重、缓、急,结合市场调节,尽最大努力"减少在途"、"压缩库存"物资,加强调剂,缩短材料的"在用、在库"时间,加速周转。与材料供应管理工作有关的各部门,都要明确经济责任,全面实行经济核算制度,降低材料成本。

(3) 抓好商情信息管理

商情信息与企业的生存和发展有密切联系。材料商情信息的范围较广,要认真搜集、整理、分析和应用。材料部门要有专职人员,经常了解市场物资流通供求情况,掌握主要材料和新型建材动态(包括资源、质量、价格、运输条件等)。搜集的信息应分类整理、建立档案,为领导提供决策依据。

如某安装公司应用市场信息的做法是:采取普遍函调,择优重点调查和实地走访三种方式,即印好调查表向各生产厂函调,根据信息反馈择优进行重点调查或走访实地调查。通过信息整理、分析和研究,摸清材料的产量、质量和价格情况,组织定点挂钩,做到供需衔接,最后取得成效。

(4) 降低材料单耗

材料单耗是指建筑产品单位工程量所耗用建筑材料的数量。由于建筑产品是固定的,施工地点分散,露天作业多,不免要受自然条件的限制,影响均衡施工,材料需用过程中品种、规格和数量的变动大,使定额供料增加了困难。为降低材料单耗,要完善设计,改革工艺,使用新材料,认真贯彻节约材料技术措施。施工中要贯彻操作规程,合理使用材料,克服施工现场浪费,要在保证工程质量的基础上,严格执行材料定额管理。材料品种、规格繁多,应选定主要品种,进行核算,认真按定额控制用料,降低材料单耗水平。

5. 材料管理的任务

建筑企业材料管理工作的基本任务是:本着"管物资必须全面管供、管用、管节约和管回收、修旧利废"的原则,把好供、管、用三个主要环节,以最低的材料成本,按质、按量、及时、配套供应施工生产所需的材料,并监督和促进材料的合理使用。

具体任务是:

(1) 提高计划管理质量,保证材料供应

提高计划管理质量,首先要提高核算工程用料的正确性。计划是组织和指导材料业务活动的重要环节,是组织货源和供应工程用料的依据。无论是需用计划,还是材料平衡分配计划,都要按单位工程(大的工程可按分部工程)进行编制。但是在实际工作中往往因设计变更,施工条件的变化,打破了原定的材料供应计划。为此,材料计划工作需要与设计、建设单位和施工部门保持密切联系。对重大设计变更,大量材料代用,材料的价差和量差等重要问题,应与有关单位协商解决好。同时材料供应人员要有应变的工作水平,才能保证工程需要。

(2) 提高供应管理水平，保证工程进度

材料供应管理包括采购、运输及仓库管理业务，这是配套供应的先决条件。由于建筑产品的规格、式样多，每项工程都是按照建筑物的特定功能设计和施工的，对材料各有不同的需求，数量和质量受设计的制约，而在材料流通过程中受生产和运输条件的制约，价格上受市场供求关系的制约。因此，材料部门要主动与施工部门保持密切联系，交流情况，互相配合，才能提高供应管理水平，适应施工要求。对特殊材料要采取专料专用控制，以确保工程进度。

(3) 加强施工现场材料管理，坚持定额用料

建筑产品体积庞大，生产周期长，用料数量多，运量大，而且施工现场一般比较狭小，储存材料困难，在施工高峰期间土建、安装交叉作业，材料储存地点与供、需、运、管之间矛盾突出，容易造成材料浪费。因此，施工现场材料管理，首先要建立健全材料管理责任制度，材料员要参加现场施工总平面图关于材料布置的规划工作。在组织管理方面要认真发动群众，坚持专业管理与群众管理相结合的原则，建立健全施工队（组）的管理网，这是材料使用管理的基础。在施工过程中要坚持定额供料，严格领退手续，达到"工完料尽场地清"，克服浪费，节约有奖。

(4) 严格经济核算，降低成本，提高效益

经济核算是借助价值形态对生产经营活动中的消耗和生产成果进行记录、计算、比较和分析，促使企业以最低的成本取得最大经济效益的一种方法。材料供应管理同企业的其他各项业务活动一样，都应实行经济核算，寻找降低成本的途径。

6. 材料管理的业务内容

(1) 材料管理的业务内容

材料管理涉及两个领域：物资流通领域和生产领域。

1) 物资流通领域：流通领域的材料管理，是指在企业材料计划指导下，组织货源，进行订货、采购、运输和技术保管等活动的管理。

2) 生产领域的材料管理，指在生产消费领域中，实行定额供料，采取节约措施和奖励办法，鼓励降低材料单耗，实行退料回收和修旧利废活动的管理。建筑企业的施工队一级，是材料供、管、用的基层单位，它的材料工作重点是管和用，其工作的好坏，对材料管理的成效，有明显作用。

(2) 材料管理业务工作

材料管理的业务工作包括供、管、用三个方面，具体有八项业务：材料计划、组织货源、运输供应、验收保管、现场材料管理、工程耗料核销、材料核算和统计分析。

7. 建筑企业材料管理体制

建筑企业材料管理体制是建筑企业组织、领导材料管理工作的根本制度。它明确了企业内部各级、各部门间在材料采购、运输、储备、消耗等方面的管理权限及管理形式，是企业生产经营管理体制的重要组成部分。正确确定企业材料管理体制，对于实现企业材料管理的基本任务，改善企业的经营管理，提高企业的承包能力、竞争能力都具有重要意义。

决定和影响建筑企业材料管理体制的条件和因素，主要有以下三点：

(1) 材料管理体制要反映建筑生产及需求特点

在确定企业材料管理体制过程中，应考虑以下几个问题：

1) 要适应建筑生产的流动性。材料、机具的储备不宜分散，尽可能提高成品、半成品供应程度，能够及时组织剩余材料的转移和回收，减轻基层的负担，使基层能轻装转移。

2) 要适应建筑生产的多变性。要有准确的预测，对常用材料要有适当储备，要建立灵敏的信息传递、处理、反馈体系，要有一个有力的指挥系统，这样可以对变化了的情况及时处理，保证施工生产的顺利进行。

3) 要适应建筑生产多工种的连续混合作业。按不同施工阶段实行综合配套，按材料使用方向分工协作，在方法上、组织上保证生产的顺利进行。

4) 要体现供管并重。建筑生产用料多、工期长，为实现材料合理使用，降低消耗，要健全计量、定额、凭证和统计等基础工作，通过核算，加强监督，保证企业的最终经济效益。

(2) 材料管理体制要适应企业的施工任务和企业的施工组织形式

建筑企业的施工任务状况主要包括规模、工期和分布三个方面，在一般情况下，企业承担的任务规模较大，工期较长，任务必然相对集中；规模较小，工期较短，任务必然相对分散。按照建筑企业承担任务的分布状况，可分为现场型企业，城市型企业和区域型企业。

现场型企业，一般采取集中管理的体制，把供应权集中于企业，实行统一计划、统一订购、统一储备、统一供应、统一管理。这种形式有利于统一指挥，减少层次、减少储备、节约设施和人力，材料供应工作对生产的保证程度高。

城市型企业，其施工任务相对集中在一个城市内，常采用"集中领导，分级管理"的体制，对施工用主要材料和机具的供应权、管理权集中企业，对施工用一般材料和机具的供应权、管理权放给基层，这样，既能保证企业的统一指挥，又能调动各级的积极性，同样可以获得减少中转环节，减少资金占用，加速物资周转和保证供应的目的。

区域型企业，是指任务比较分散，甚至跨省跨市，这类企业应因地制宜，或在"集中领导，分级管理"的体制下，扩大基层单位的供应和管理权限，或在企业的统一计划指导下，把材料供应和管理权完全放给基层，这样既可以保证企业在总体上的指挥和调节，又能发挥各基层单位的积极性、主动性，从而避免由于过于集中而带来不必要层次、环节，造成人力、物力、财力的浪费。

(3) 材料管理体制要适应社会的材料供应方式

建筑材料依靠社会提供。企业的材料管理体制受国家和地方物资分配方式和供销方式的制约。只有适应国家和地方建筑材料分配方式和供销方式，企业才能顺利地获得自己所需的材料。一般情况下，须考虑以下几个方面：

1) 要考虑和适应指令性计划部分的物资分配方式和供销方式。

凡是由国家物资部门配套承包供应的，企业除具有接管、核销能力，还要具备调剂、购置的力量，解决配套承包供应的不足。实行建设单位供料为主的地区，有条件的企业应考虑在高层次接管，扩大调剂范围，提高保证程度。直接接受国家和地方计划分配，负责产需衔接的企业，还应具有申请、订货和储备能力。

2) 要适应地方市场资源供货情况。

凡是有供货渠道和生产厂家的地区，企业除具有采购能力外，要根据市场供货周期建立适当的储备能力,要创造条件直接与生产厂家衔接,享受价格优惠,建立稳定的供货关系。对于没有供货渠道的地区,企业要考虑具有外地采购、协作,以及扶植生产、组织加工、建立基地的能力,通过扩大供销关系和发展生产的途径,满足企业生产的需要。不同的社会供应方式和地区的资源情况,对企业的材料供应体制提出了不同的要求,只有适应并反映了这些要求,才能更好地实现企业材料供应与管理的基本任务,为生产提供良好的物质基础,促进企业的发展。

3) 社会资源形势也是企业考虑材料管理体制的一个重要因素。

一般情况下,当社会资源比较丰富,甚至是供大于求,企业材料的采购权、管理权不宜过于集中。否则会增加企业不必要的管理层次,造成人力、物力和财力的浪费,甚至影响施工生产;当社会资源比较短缺,甚至供不应求,企业材料的采购权、管理权不宜过于分散,否则,就会出现互相抢购、层层储备,造成人力、物力和财力的浪费,甚至影响施工生产。

企业材料管理体制还取决于企业材料队伍的素质状况,在其他条件不变的情况下,队伍素质高可以适当减少层次和环节,既能集中指挥,又能独立作战,能供能管。反之,依赖性强,必然增加层次和环节。

综上所述,建筑企业的材料管理体制既是实现企业经营活动的重要条件,又是企业联系社会的桥梁和纽带,受企业内外各种条件和因素的制约。确定企业材料管理体制必须从实际出发,调查研究,综合考虑各种因素,力求科学、合理;要保证企业经营活动的开展,有利于企业取得最终的整体效益;要保证企业生产管理的完整性,有利于企业生产的指挥和调节;要体现上一层次为下一层次服务的原则,兼顾各级的利益;要有利于信息的收集、传递、反馈和处理,使材料管理机制有机地运行。

建筑企业材料管理体制一般应包括和明确三个方面的内容:企业各层次在材料采购、加工、储备等方面的分工;企业所用材料的计划、采购、加工、储备、调拨及使用的主要管理办法;按照上述分工和管理要求而建立的各层次的材料管理机构。建筑企业的材料管理机构是企业材料管理的职能部门,负有对企业材料管理工作进行全面规划、领导和组织责任。各层次的材料管理机构的一般职责是:

A. 贯彻执行国家各项有关物资管理的方针、政策,并监督检查执行情况;

B. 制定执行企业材料管理的各项制度、办法;

C. 筹划施工所需材料、机具的采购、加工、储备、供应、平衡调度;

D. 准确及时编报各种材料计划及统计报表;

E. 做好仓库及现场料具的收、发、保管和核算工作;

F. 推行定额用料和开展用料承包,促进降低材料消耗;

G. 负责周转材料及工具的管理,有条件的要实行租赁制;

H. 负责材料采购资金管理及采购成本核算;

I. 负责企业材料供应管理的规划、总结,并推广交流先进经验;

J. 组织材料人员的业务学习和培训。

(二) 材料员岗位职责与工作程序

1. 材料员岗位职责

材料员应廉洁自律、秉公办事,认真执行有关法规,遵纪守法,努力钻研业务,熟悉

各种材料,及时准确、保质保量完成任务。具体岗位职责包括:

(1) 在项目经理领导下,负责项目部材料管理工作。

(2) 负责项目部材料计划、供方评价、材料供应、材料现场管理工作。

(3) 负责上级主管部门授权的材料招(议)标采购,进行市场价格调查,掌握市场材料价格信息。

(4) 负责项目部材料验收、搬运、储存、标识、发放及固定财产的管理。

(5) 负责项目部季度验工材料成本管理,建立材料消耗台账,搞好季度验工的材料成本分析工作。

(6) 负责项目部能源、资源管理和可回收废弃物的回收、处置登记,易燃、易爆、危险化学品的收、发、存工作。做好仓库的消防安全管理工作。

(7) 负责劳动保护用品的计划、申请、登记、发放、回收工作。

(8) 负责检查施工现场材料的码放、仓库封闭、粉料使用是否符合大气和水污染防治的要求。

(9) 负责每月对两个以上供方的供货质量进行抽查和评价,每季度向材料设备管理部门反馈一次。

(10) 负责项目部材料消耗统计报表、能源、资源季报、质量反馈季报、价格反馈季报的统计上报工作。

(11) 负责项目部产生的各种记录的填写、标识、保管、整理和保存工作。

(12) 完成领导交办的其他工作。

2. 材料员的工作程序

材料员应熟悉各种材料的型号、规格、特性、用途及各种材料的价格信息。在材料管理各阶段做好以下工作:

(1) 熟悉建设工程项目的特点和施工合同的要点,参与施工组织设计的编制工作,规划材料存放场地和运输道路,做好材料预算汇总和编制材料分类需用计划,制定现场材料管理方案。

(2) 根据材料使用计划的要求,做好材料采购的招标和采购合同的签订、管理工作。

(3) 按施工进度计划的要求,组织材料分期分批有序地进场。一方面保证施工生产需要,另一方面要防止形成大批剩余材料。

(4) 按照各类材料的品种、规格、质量、数量要求,严格对进场材料进行检查和办理入库验收手续。

(5) 按照现场平面布置要求,做到合理存放材料,在方便施工、保证道路畅通、安全可靠的原则下,尽量减少材料二次搬运。

(6) 按照各类材料的自然属性,依据材料保管技术要求和现场客观条件,采取各种有效措施进行维护、保养,保证各类材料不降低使用价值。

(7) 按照施工班组所承担的工作任务,依据定额及预算做好材料的发放工作。

(8) 按照施工规范要求和用料要求,对施工班组领用的材料,在使用过程中进行检查,督促班组合理使用和节约材料。

(9) 通过对材料消耗活动进行记录、计算、控制、分析、考核和比较,做好材料核算工作。

（三）建设行业从业人员职业道德

1. 职业道德

职业道德是所有从业人员在职业活动中应该遵循的行为准则，涵盖了从业人员与服务对象、职业与职工、职业与职业之间的关系。它是职业或行业范围的特殊的道德要求，是社会道德在职业生活中的具体体现。

社会主义职业道德是社会主义道德原则在职业活动中的体现，是社会主义社会从事各种职业的劳动者都应遵守的职业行为规范的总和。它的主要内容包括：爱岗敬业、诚实守信，办事公道、服务群众、奉献社会。社会主义职业道德的核心内容是"为人民服务"。

2. 建设行业从业人员职业道德规范

一名合格的建设行业从业人员应具备以下几方面的职业道德：

（1）忠于职守，热爱本职

一个从业人员不能尽职尽责，忠于职守，就会影响整个企业或单位的工作进程。严重的还会给企业和国家带来损失，甚至还会在国际上造成不良影响。因此，我们应当培养高度的职业责任感，以主人翁的态度对待自己的工作，从认识上、情感上、信念上、意志乃至习惯上养成"忠于职守"的自觉性。

1）忠实履行岗位职责，认真做好本职工作

岗位责任一般包括：岗位的职能范围与工作内容；在规定的时间内完成的工作数量和质量。忠实履行岗位职责是国家对每个从业人员的基本要求，也是职工对国家、对企业必须履行的义务。每个人选择职业时可以公平竞争，定岗后就要履行岗位职责。

2）反对玩忽职守的渎职行为

玩忽职守，渎职失责的行为，不仅影响企事业单位的正常活动，还会使公共财产、国家和人民的利益遭受损失，严重的将构成渎职罪、玩忽职守罪、重大责任事故罪，而受到法律的制裁。作为一个建设行业从业人员，就要从一砖一瓦做起，忠实履行自己的岗位职责。

（2）质量第一、信誉至上

"质量第一"就是在施工时要对建设单位（用户）负责，从每个人做起，严把质量关，做到所承建的工程不出次品，更不能出废品，争创全优工程。建筑工程的质量问题不仅是建筑企业生产经营管理的核心问题，也是企业职业道德建设中的一个重大课题。

1）建筑工程的质量是建筑企业的生命。建筑企业要向企业全体职工（包括技术人员和管理人员），特别是第一线职工反复地进行"百年大计，质量第一"的宣传教育，增强执行"质量第一"的自觉性，同时要"奖优罚劣"，严格制度，检查考核。

2）诚实守信、实践合同。信誉，是信用和名誉两者在职业活动中的统一。"信誉至上"就是要信守诺言，实践合同，从而取得建设单位（业主）对本企业的信任，维护企业（或个人）的声誉。一旦签订合同，就要严格认真履行，不要"见利忘义"，"取财无道"，不守信用。"信招天下客，誉从信中来"，企业生产经营要真诚待客，服务周到，产品上乘，质量良好，以获得社会肯定。

建设行业职工应该从我做起，抓职业道德建设，抓诚信教育，使诚实守信成为每个建筑企业的精神，成为每个建筑职工进行职业活动的灵魂。

（3）遵纪守法，安全生产

遵纪守法，是一种高尚的道德行为，作为一个建筑业的从业人员，更应强调在日常施工生产中遵守劳动纪律。自觉遵守劳动纪律，维护生产秩序，不仅是企业规章制度的要求，也是建筑行业职业道德的要求。

严格遵守劳动纪律，要求做到：听从指挥，服从调配，按时、按质、按量完成上级交给的生产劳动任务；保证劳动时间，不迟到、不早退、不旷工，遵守考勤制度；认真执行岗位责任制和承包责任制，坚守工作岗位，不玩忽职守，在施工劳动中精力要集中，不"磨洋工"，不干私活，不拉扯闲谈开玩笑，不做与本职工作无关的事；要文明施工、安全生产，严格遵守操作规程，不违章指挥、违章作业；做遵纪守法、维护生产秩序的模范。

安全生产就是在建筑施工的全过程中，每一个环节，每一个方面都要注意安全，把安全摆在头等重要的位置，认真贯彻"安全第一、预防为主"的方针，加强安全管理，做到安全生产。

由于建设行业的施工生产不安全因素多，建设行业从业人员要清醒的认识到生产安全的重要性和必要性，懂得安全生产、文明生产的科学知识，牢固树立"安全第一"的思想，自觉地遵守各项安全生产的法律、法规和规章制度。

（4）文明施工、勤俭节约

文明施工就是坚持合理的施工程序，按既定的施工组织设计，科学地组织施工，严格地执行现场管理制度，做到经常性的监督检查，保证现场整洁，工完场清，材料堆放整齐，施工程序良好。施工现场应符合安全、卫生和防火要求，并做到安全生产，文明施工。

勤俭就是勤劳俭朴，节约就是把不必使用的节省下来。换句话说，一方面要多劳动、多学习、多开拓、多创造社会财富；另一方面又要俭朴办企业，合理使用人力、物力、财力，精打细算，节省开支、减少消耗、降低成本、提高劳动生产率，提高资金利用率，严格执行各项规章制度，避免浪费和无谓的损失。

（5）钻研业务，提高技能

当前，我国建立了社会主义市场经济体制，建筑企业要在优胜劣汰的竞争中立于不败之地，并保持蓬勃的生机和活力，从内因来看，很大程度上取决于建筑企业是否拥有现代化建设所需要的各种适用人才。企业要实现技术现代化、管理现代化、产品现代化，关键是要实现人才现代化。作为建筑企业的职工素质优劣（包括文化、科学、技术、业务水平的高低，政治思想、职业道德品质的好坏）往往决定了企业的兴衰。在一个建筑企业里，适应企业需要的各种人才的数量愈多，素质愈高，生产的成效也愈大，所表现出来的生产力发展水平就愈高。科学技术越进步，人才在生产力发展中的作用也就越大。作为建设行业从业人员，就要努力学习先进技术和专门知识，了解现代建筑的发展方向，适应建筑现代化的要求。

材料员从事材料的采购、管理工作，责任重大。应热爱本职工作，爱岗敬业，工作认真，一丝不苟。遵纪守法，模范地遵守建设行业职业道德规范。

复习思考题

1. 建筑材料供应与管理的方针、原则及其主要内容是什么?
2. 建筑材料供应与管理的要求及其主要内容是什么?
3. 建筑材料供应与管理任务的主要内容是什么?
4. 建筑材料供应与管理的业务内容有哪些?
5. 简述建筑企业材料管理体制?

二、工程造价与材料消耗定额管理

（一）工程定额与工程造价

1. 建设工程定额

（1）建设工程定额的概念

所谓定额，定，就是规定；额，就是额度或限度。从广义上讲，定额就是规定在产品生产中人力、物力或资金消耗的标准额度或限度，即标准或尺度。

在建设工程施工过程中，为了完成一定的合格产品，就必须消耗一定数量的人工、材料、机械台班和资金，这种消耗的数量受各种生产因素及生产条件的影响。简单地讲：建筑工程定额就是指在合理的劳动组织及合理地使用材料和机械的条件下，完成单位合格产品所必须消耗的资源数量标准。

定额中规定资源消耗的多少反映了定额水平，定额水平是一定时期社会生产力的综合反映。在制定建筑工程定额，确定定额水平时，要正确地、及时地反映先进的建筑技术和施工管理水平，以促进新技术的不断推广和提高，施工管理的不断完善，达到合理使用建设资金的目的。

（2）工程定额的特点

1）科学性

工程建设定额的科学性包括两重含义。一是指工程建设定额必须与生产力发展水平相适应，反映出工程建设中生产消耗的客观规律。否则它就难以作为国民经济中计划、调节、组织、预测、控制工程建设的可靠依据，难以实现它在管理中的作用。二是指工程建设定额管理在理论、方法和手段上必须科学化，以适应现代科学技术和信息社会发展的需要。

此外，其科学性还表现在定额制定和贯彻的一体化。制定是为了提供贯彻的依据，贯彻是为了实现管理的目标，也是对定额的信息反馈。

2）系统性

工程建设定额是相对独立的系统。它是由多种定额结合而成的有机的整体。它的结构复杂，有鲜明的层次，有明确的目标。

工程建设定额的系统性是由工程建设的特点决定的。按照系统论的观点，工程建设就是庞大的实体系统。工程建设定额是为这个实体系统服务的。因为工程建设本身的多种类、多层次就决定了以它为服务对象的工程建设定额的多种类、多层次。各类工程的建设都有严格的项目划分，如建设项目、单项工程、单位工程、分部分项工程；在计划和实施过程中有严密的逻辑阶段，如规划、可行性研究、设计、施工、竣工交付使用，以及投入使用后的维修。与此相适应必然形成工程建设定额的多种类、多层次。

3）统一性

工程建设定额的统一性，主要是由国家对经济发展的有计划的宏观调控职能决定的。

为了使国民经济按照既定的目标发展，就需要借助于某些标准、定额、参数等，对工程建设进行规划、组织、调节、控制。而这些标准、定额、参数必须在一定范围内有一个统一的尺度，才能实现上述职能，才能利用它对项目的决策、设计方案、投标报价、成本控制进行比选和评价。

工程建设定额的统一性按照其影响力和执行范围来看，有全国统一定额、地区统一定额和行业统一定额等等，层次清楚，分工明确；按照定额的制定、颁布和贯彻使用来看，有统一的程序、统一的原则、统一的要求和统一的用途。

4）权威性和强制性

主管部门通过一定程序审批颁发的工程建设定额，具有很大权威性，这种权威性在一些情况下具有经济法规性质和执行的强制性。权威性反映统一的意志和统一的要求，也反映信誉和信赖程度。而工程建设定额的权威性和强制性的客观基础是定额的科学性。在当前市场不规范的情况下，赋予工程建设定额以强制性是十分重要的，它不仅是定额作用得以发挥的有力保证，而且也有利于理顺工程建设有关各方的经济关系和利益关系。但是，这种强制性也有相对的一面。在竞争机制引入工程建设的情况下，定额的水平必须受市场供求状况的影响，从而在执行中可能产生定额水平的浮动。准确地说，这种强制性不过是一种限制，一种对生产消费水平的合理限制，而不是对降低生产消费的限制，不是限制生产力的发展。

应该提出的是，在社会主义市场经济条件下，对定额的权威性和强制性不应绝对化。定额的权威性虽有其客观基础，但定额毕竟是主观对客观的反映，定额的科学性会受到人们认识的局限。与此相关，定额的权威性也就会受到削弱，定额的强制性也受到了新的挑战。在社会主义市场经济条件下，随着投资体制的改革和投资主体多元化格局的形成，随着企业经营机制的转换，他们都可以根据市场的变化和自身的情况，自主地调整自己的决策行为。在这里，一些与经营决策有关的工程建设定额的强制性特征，也就弱化了。但直接与施工生产相关的定额，在企业经营机制转换和增长方式转换的要求下，其权威性和强制性还必须进一步强化。

5）稳定性和时效性

工程建设定额中的任何一种都是一定时期技术发展和管理的反映，因而在一段时期内都表现出稳定的状态。保持定额的稳定性是维护定额的权威性所必须的，更是有效地贯彻定额所必须的。

（3）建设工程定额的作用

1）在工程建设中，定额仍然具有节约社会劳动和提高生产效率的作用。一方面企业以定额作为促使工人节约社会劳动（工作时间、原材料等）和提高劳动效率、加快工作进度的手段，以增加市场竞争能力，获取更多的利润；另一方面，作为工程造价计算依据的各类定额，又促使企业加强管理，把社会劳动的消耗控制在合理的限度内；再者，作为项目决策依据的定额指标，又在更高的层次上促使项目投资者合理而有效地利用和分配社会劳动。这都证明了定额在工程建设中节约社会劳动和优化资源配置的作用。

2）定额有利于建筑市场公平竞争。定额所提供的准确的信息为市场需求主体和供给主体之间的竞争，以及供给主体和供给主体之间的公平竞争，提供了有利条件。

3）定额既是投资决策的依据，又是价格决策的依据。对于投资者来说，他可以利用定额权衡自己的财务状况和支付能力，预测资金投入和预期回报，还可以充分利用有关定额的大量信息，有效地提高其项目决策的科学性，优化其投资行为。对于建筑企业来说，企业在投标报价时，只有充分考虑定额的要求，作出正确的价格决策，才能占有市场竞争优势，才能获得更多的工程合同。可见，定额在上述两个方面规范了市场主体的经济行为。因而对完善我国固定资产投资市场和建筑市场，都能起到重要作用。

4) 工程建设定额有利于完善市场的信息系统。定额管理是对大量市场信息的加工，也是对大量信息进行市场传递，同时也是市场信息的反馈。信息是市场体系中的不可或缺的要素，它的可靠性、完备性和灵敏性是市场成熟和市场效率的标志。在我国，以定额形式建立和完善市场信息系统，是以公有制经济为主体的社会主义市场经济的特色。

从以上分析可以看到，在市场经济条件下定额作为管理的手段是不可或缺的。

(4) 建设工程定额的分类

由于各类建设工程的性质、内容和实物形态有其差异性，建设与管理的内容、要求均不同，工程管理中使用的定额种类也就很多。按建设工程定额的内容、专业和用途等的不同，可以对其进行分类。

1) 按生产要素内容分类。按照反映的生产要素消耗内容，建设工程定额可以分为：

A. 人工定额。

B. 材料消耗定额。

C. 机械台班定额。

2) 按编制程序和用途分类。按照编制程序和定额的用途，建设工程定额可以分为：

A. 施工定额。施工定额是以同一性质的施工过程为标定对象，表示生产产品数量与生产要素消耗综合关系的定额，由人工定额、材料消耗定额和机械台班定额所组成。

施工定额是建筑安装施工企业进行施工组织、成本管理、经济核算和投标报价的重要依据，属于企业定额性质。施工定额直接应用于施工项目的施工管理，用来编制施工作业计划、签发施工任务单、签发限额领料单，以及结算计件工资或计量奖励工资等。施工定额和施工生产结合紧密，施工定额的定额水平反映企业施工生产与组织的技术水平和管理水平。依据施工定额计算得到的估算成本是企业确定投标报价的基础。

B. 预算定额。预算定额是完成规定计量单位分项工程计价的人工、材料和机械台班消耗的数量标准。预算定额主要是在施工定额的基础上进行综合扩大编制而成的，其中的人工、材料和机械台班的消耗水平根据施工定额综合取定，定额项目的综合程度大于施工定额。预算定额是编制施工图预算的主要依据，是编制单位估价表、确定工程造价、控制建设工程投资的基础和依据。

C. 概算定额。概算定额是以扩大的分部分项工程为对象编制的规定人工、材料和机械台班消耗的数量标准，是以预算定额为基础编制而成的。概算定额是编制初步设计概算的主要依据，是确定建设工程投资的重要基础和依据。

D. 概算指标。概算指标一般是以整个工程为对象，以更为扩大的计量单位规定所需要的人工、材料和机械台班消耗的数量标准。概算指标的设定与初步设计深度相适应，以概算定额和预算定额为基础进行编制，作为编制与设计图纸深度相对应的设计概算的依据。

E. 投资估算指标。投资估算指标通常是以独立的单项工程或完整的工程项目为计算对象编制确定的生产要素消耗的数量标准或项目费用标准,它是根据已建工程或现有工程的价格数据和资料,经分析、归纳和整理编制而成的。投资估算指标是在项目建议书、可行性研究阶段编制建设项目投资估算的主要依据。

3) 按编制单位和适用范围分类。按编制单位和适用范围,建设工程定额可以分为:

A. 国家定额。国家定额是指由国家建设行政主管部门组织,依据有关国家标准和规范、综合全国工程建设的技术与管理状况等编制和发布,在全国范围内使用的定额。

B. 行业定额。行业定额指由行业建设行政主管部门组织,依据有关行业标准和规范、考虑行业工程建设特点等制定和发布,在本行业范围内使用的定额。

C. 地区定额。地区定额是指由地区建设行政主管部门组织,考虑地区工程建设特点和情况制定和发布,在本地区内使用的定额。

D. 企业定额。企业定额是指由建筑安装施工企业自行组织,主要根据企业的自身情况,包括人员素质、机械装备程度、技术和管理的特点与习惯等编制,在本企业内部使用的定额。企业定额代表企业的技术水平和管理水平,反映企业的综合实力,是企业市场竞争的核心竞争能力的具体表现。企业的水平不同,企业定额的定额水平也就不同。企业定额用于企业内部的施工生产活动和管理活动,是施工企业进行投标报价的基础和依据。

4) 按工程专业和性质分类。按工程专业和性质,建设工程定额可以分为:

A. 建筑工程定额。

B. 装饰装修工程定额。

C. 安装工程定额。包括机械设备安装工程定额、电气设备安装工程定额、热力设备安装工程定额、炉窑砌筑工程定额、静止设备与工艺金属结构制作安装工程定额、工业管道工程定额、消防工程定额、给排水、采暖、燃气工程定额、通风空调工程定额、自动化控制仪表工程定额、通信设备及线路工程定额、建筑智能化系统设备安装工程定额、长距离输送管道工程定额等。

D. 市政工程定额。

E. 园林绿化工程定额。

(5) 人工定额

1) 人工定额,也称劳动定额。人工定额是在正常的施工技术组织条件下,完成单位合格产品所必须的人工消耗量标准。这个标准是企业对工人在单位时间内完成产品数量、质量的综合要求。

人工定额反映生产工人在正常施工条件下的劳动效率,表明每个工人在单位时间内为生产合格产品所必须消耗的劳动时间,或者在一定的劳动时间中所生产的合格产品数量。

2) 人工定额的编制,主要包括拟定施工的正常条件以及拟定定额时间两项工作。

A. 拟定施工的正常条件,就是要规定执行定额时应该具备的条件,正常条件若不能满足,则可能达不到定额中的人工消耗量标准,因此,正确拟定施工的正常条件有利于定额的实施。

拟定施工的正常条件包括:

a. 拟定施工作业的内容;

b. 拟定施工作业的方法;

c. 拟定施工作业地点的组织;

d. 拟定施工作业人员的组织等。

B. 拟定施工作业的定额时间,是在拟定基本工作时间,辅助工作时间,准备与结束时间,不可避免的中断时间,以及休息时间的基础上编制的。

上述各项时间是以时间研究为基础,通过时间测定方法,得出相应的观测数据,经加工整理计算后得到的。计时测定的方法有许多种,如测时法,写实记录法,工作日写实法等。

3) 人工定额按表现形式的不同,可分为时间定额和产量定额两种形式。

A. 时间定额,就是某种专业,某种技术等级工人班组或个人,在合理的劳动组织和合理使用材料的条件下,完成单位合格产品所必须的工作时间,包括准备与结束时间、基本生产时间、辅助生产时间、不可避免的中断时间及工人必须的休息时间。时间定额以工日为单位,每一工日按 8 小时计算。其计算方法如下。

$$单位产品时间定额(工日)=\frac{1}{每工产量}$$

$$或单位产品时间定额(工日)=\frac{小组成员工日数之和}{机械台班产量}$$

B. 产量定额,是在合理的劳动组织和合理使用材料的条件下,某种专业,某种技术等级的工人班组或个人在单位工日中所应完成的合格产品的数量,其计算方法如下。

$$每工产量=\frac{1}{单位产品时间定额(工日)}$$

C. 时间定额与产量定额互为倒数,即:

$$时间定额 \times 产量定额 = 1$$

$$时间定额=\frac{1}{产量定额}$$

$$产量定额=\frac{1}{时间定额}$$

D. 按定额的标定对象不同,人工定额又分单项工序定额和综合定额两种,综合定额表示完成同一产品中的各单项(工序或工种)定额的综合。按工序综合的用"综合"表示,按工种综合的一般用"合计"表示。其计算方法如下。

$$综合时间定额=\sum 各单项(工序)时间定额$$

$$综合产量定额=\frac{1}{综合时间定额(工日)}$$

E. 时间定额和产量定额都表示同一人工定额项目,它们是同一人工定额项目的两种不同的表现形式。时间定额以工日为单位,综合计算方便,时间概念明确。产量定额则以产品数量为单位表示,具体、形象,劳动者的奋斗目标一目了然,便于分配任务。人工定额用复式表同时列出时间定额和产量定额,以便于企业根据各自的生产条件和要求选择使用。

复式表示法如下形式。

$$\frac{时间定额}{每工产量} 或 \frac{人工时间定额}{机械台班产量}$$

(6) 材料消耗定额

1) 材料消耗定额是在合理和节约使用材料的条件下,生产单位质量合格产品所必须消耗的一定规格的材料、成品、半成品和水、电等资源消耗的数量标准。

定额材料消耗指标的组成，按其使用性质、用途和用量大小划分为三类，即：

A. 主要材料，是指直接构成工程实体的材料；

B. 辅助材料，也是直接构成工程实体，但比重较小的材料；

C. 零星材料，是指用量小，价值不大，不便计算的次要材料，可用估算法计算。

2）材料消耗定额编制，主要包括确定直接使用在工程上的材料净用量和在施工现场内运输及操作过程中的不可避免的废料和损耗。

3）材料净用量的确定，一般有以下几种方法。

A. 理论计算法。理论计算法是根据设计、施工验收规范和材料规格等，从理论上计算材料的净用量。如砖墙的用砖数和砌筑砂浆的用量可用下列理论计算公式计算各自的净用量。

用砖数：

$$A = \frac{1}{墙厚(砖长+灰缝)\times(砖厚+灰缝)} \times K$$

式中 K——墙厚的砖数$\times 2$（墙厚的砖数是0.5砖墙、1砖墙、1.5砖墙、……）

砂浆用量：

$$B = 1 - 砖数\times(砖块体积)$$

B. 测定法。根据试验情况和现场测定的资料数据确定材料的净用量。

C. 图纸计算法。根据选定的图纸，计算各种材料的体积、面积、延长米或重量。

D. 经验法。根据历史上同类的经验进行估算。

4）材料损耗量的确定。材料的损耗一般以损耗率表示。材料损耗率可以通过观察法或统计法计算确定。

（7）机械台班定额

1）机械台班定额，也称机械台班使用定额或机械台班消耗定额，是指施工机械在正常施工条件下完成单位合格产品所必需的工作时间。它反映了合理地、均衡地组织劳动和使用机械时该机械在单位时间内的生产效率。

2）机械台班定额的编制，主要包括以下内容：

A. 拟定机械工作的正常施工条件，包括工作地点的合理组织；施工机械作业方法的拟定；确定配合机械作业的施工小组的组织；以及机械工作班制度等。

B. 确定机械净工作生产率，即确定出机械纯工作1小时的正常生产率。

C. 确定机械的利用系数。机械的正常利用系数，是指机械在施工作业班内对作业时间的利用率。

$$机械利用系数 = \frac{工作班净工作时间}{机械工作时间}$$

D. 计算机械定额台班。施工机械台班定额产量的计算如下。

$$施工机械台班产量定额 = 机械生产率 \times 工作班延续时间 \times 机械利用系数$$

$$施工机械时间定额 = \frac{1}{施工机械台班产量定额}$$

E. 拟定工人小组的定额时间。工人小组的定额时间是指配合施工机械作业的工人小组的工作时间总和。

$$工人小组定额时间 = 施工机械时间定额 \times 工人小组的人数$$

3) 机械台班定额的形式，可分为时间定额和产量定额。

A. 机械时间定额，是指在合理劳动组织与合理使用机械条件下，完成单位合格产品所必须的工作时间，包括有效工作时间（正常负荷下的工作时间和降低负荷下的工作时间）、不可避免的中断时间、不可避免的无负荷工作时间。机械时间定额以"台班"表示，即 1 台机械工作一个作业班时间。1 个作业班时间为 8 小时。

$$单位产品机械时间定额(台班) = \frac{1}{台班产量}$$

由于机械必须由工人小组配合，所以完成单位合格产品的时间定额，同时列出人工时间定额。即：

$$单位产品人工时间定额(工日) = \frac{小组人员总人数}{台班产量}$$

B. 机械产量定额，是指在合理劳动组织与合理使用机械条件下，机械在每个台班时间内，应完成合格产品的数量。

$$机械台班产量定额 = \frac{1}{机械时间定额(台班)}$$

机械台班产量定额和机械时间定额互为倒数关系。

2. 工程造价

（1）工程造价的含义

工程造价的直意就是工程的建造价格。工程泛指一切建设工程，它的范围和内涵具有很大的不确定性。工程造价有如下两种含义。

第一种含义：工程造价是指建设一项工程预期开支或实际开支的全部固定资产投资费用。显然，这一含义是从投资者——业主的角度来定义的。投资者选定一个投资项目，为了获得预期的效益，就要通过项目评估进行决策，然后进行设计招标、施工招标，直至竣工验收等一系列投资管理活动。在投资活动中所支付的全部费用形成了固定资产和无形资产。所有这些开支就构成了工程造价。从这个意义上说，工程造价就是工程投资费用，建设项目工程造价就是建设项目固定资产投资。

第二种含义：工程造价是指工程价格。即为建成一项工程，预计或实际在土地市场、设备市场、技术劳务市场以及承包市场等交易活动中所形成的建筑安装工程的价格和建设工程总价格。通常，人们将工程造价的第二种含义认定为工程承发包价格。应该肯定，承发包价格是工程造价中一种重要的，也是最典型的价格形式。它是在建设市场通过招投标，由需求主体——投资者和供给主体——承包商共同认可的价格。鉴于建筑安装工程价格在项目固定资产中占有 50%～60% 的份额，又是工程建设中最活跃的部分；而建筑企业是建设工程的实施者和重要的市场主体地位，工程承发包价格被界定为工程造价的第二种含义，很有现实意义。但是，如上所述，这样界定对工程造价的含义理解较狭窄。

工程造价的两种含义，是以不同角度把握同一事物的本质。对建设工程的投资者来说，面对市场经济条件下的工程造价就是项目投资，是"购买"项目要付出的价格；同时也是投资者在作为市场供给主体时"出售"项目时定价的基础。对于承包商，供应商和规划、设计等机构来说，工程造价是他们作为市场供给主体出售商品和劳务的价格的总和，或是特指范围的工程造价，如建筑安装工程造价。

（2）工程造价的特点

由工程建设的特点所决定，工程造价有以下特点：

1）工程造价的大额性

能够发挥投资效用的任一项工程，不仅实物形体庞大，而且造价高昂。动辄数百万、数千万、数亿、十几亿元人民币，特大型工程项目的造价可达百亿、千亿元人民币。工程造价的大额性使其关系到有关各方面的重大经济利益，同时也会对宏观经济产生重大影响。这就决定了工程造价的特殊地位，也说明了造价管理的重要意义。

2）工程造价的个别性、差异性

任何一项工程都有特定的用途、功能、规模。因此，对每一项工程的结构、造型、空间分隔、设备配置和内外装饰都有具体的要求，因而使工程内容和实物形态都具有个别性、差异性。产品的差异性决定了工程造价的个别性差异。同时，每项工程所处地区、地段都不相同，使这一特点得到强化。

3）工程造价的动态性

任何一项工程从决策到竣工交付使用，都有一个较长的建设期间，而且由于不可控因素的影响，在预计工期内，许多影响工程造价的动态因素，如工程变更，设备材料价格，工资标准以及费率、利率、汇率会发生变化。这种变化必然会影响到造价的变动。所以，工程造价在整个建设期中处于不确定状态，直至竣工决算后才能最终确定工程的实际造价。

4）工程造价的层次性

工程造价的层次性取决于工程的层次性。一个建设项目往往含有多个能够独立发挥设计效能的单项工程（车间、写字楼、住宅楼等）。一个单项工程又是由能够各自发挥专业效能的多个单位工程（土建工程、电气安装工程等）组成。与此相适应，工程造价有3个层次：建设项目总造价、单项工程造价和单位工程造价。如果专业分工更细，单位工程（如土建工程）的组成部分——分部分项工程也可以成为交换对象，如大型土方工程、基础工程、装饰工程等，这样工程造价的层次就增加分部工程和分项工程而成为5个层次。即使从造价的计算和工程管理的角度看，工程造价的层次性也是非常突出的。

5）工程造价的兼容性

工程造价的兼容性首先表现在它具有两种含义，其次表现在工程造价构成因素的广泛性和复杂性。在工程造价中，首先是成本因素非常复杂。其中为获得建设工程用地支出的费用、项目可行性研究和规划设计费用、与政府一定时期政策（特别是产业政策和税收政策）相关的费用占有相当的份额。再次，盈利的构成也较为复杂，资金成本较大。

（3）用单价法编制一般工程施工图预算的步骤

用单价法编制一般工程施工图预算时，应根据已审批的施工图，按图2-1所示步骤进行：

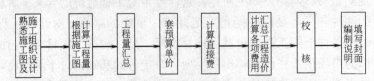

图2-1 单价法编制施工图预算程序示意图

1) 熟悉施工图纸及准备有关资料

编制施工图预算前,应熟悉并检查施工图是否齐全、尺寸是否清楚,了解设计意图,掌握工程全貌。另外,针对要编制的工程内容搜集有关资料,包括熟悉预算定额的使用范围、工程内容及工程量计算规则等。

2) 了解施工组织设计和施工现场情况

编制施工图预算前,应了解施工组织设计中影响工程造价的有关内容。例如,各分部分项工程的施工方法,土方工程中余土外运使用的工具、运距,施工平面图对建筑材料、构件等堆放点到施工操作点的距离等等,这些都影响工程造价直接费的多少。

3) 计算分项工程量

根据施工图确定的工程项目和预算定额规定的分项工程量计算规则,计算各分项工程量。

4) 工程量汇总

各分项工程量计算完毕,并经复核无误后,按预算定额手册规定的分部分项工程顺序逐项汇总,调整列项,为套预算单价提供方便。

5) 套预算定额基价(预算单价)

把土建工程中确定的计算项目及其相应的工程量抄入工程预算表内,把计算项目的相应定额编号、计量单位、预算定额基价以及其中的人工费、材料费、机械台班费填入工程预算表内。

6) 计算工程直接费

计算各分项工程直接费并汇总,即为一般土建工程直接费。并同时列表计算出该工程人工、材料消耗数量,即工料分析表。

7) 计算各项费用

工程直接费确定以后,还需根据本地规定的各种费用定额,以直接(或定额人工工资总额)为计算基础,计算措施费、间接费、利润及税金等费用,最后汇总得出一般土建工程造价。

8) 校核

校核是指工程量清单编制出来后,由有关人员对编制的预算各项内容进行检查核对,以便及时发现差错,提高工程量清单的准确性。在核对中,应对所列项目、工程量计算公式、数字结果,套用的预算定额基价以及采用定额等进行全面核对。

9) 编制说明、填写封面、装订成册

(4) 用实物法编制施工图预算的步骤

用实物法编制工程量清单的步骤如图2-2所示。

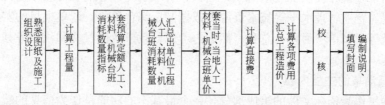

图2-2 实物法编制施工图预算程序示意图

由图 2-2 可看出，用实物法编制施工图预算的步骤与用单价法编制施工图预算相比较，首尾步骤基本相同。即编制施工图预算前，都要熟悉了解设计图纸和施工组织设计，了解施工现场情况，按预算定额工程量计算规则计算分项工程量；在计算工程直接费以后，都需要以直接费（或定额人工工资总额）为计算基础，按规定费用定额计算其他各项费用，并汇总计算出工程预算费用，再填写编制说明和封面，对工程量清单进行核对，按顺序编排，装订成册。

实物法与单价法的主要区别在于工程直接费的计算方法不同。

单价法是把各分项工程量分别乘以单位估价表中相应单价，经汇总后再加上措施费得出直接费。实物法则是把各分项工程数量分别乘以预算定额中人工、材料及机械消耗定额，求出该工程所消耗的人工、各种材料及施工机械台班消耗数量，再乘以当时当地人工、各种材料及施工机械台班单价，汇总得出直接工程费。

（二）工程量清单计价

1. 工程量清单计价的方式及特点

工程量清单计价是改革和完善工程价格管理体制的一个重要的组成部分。工程量清单计价方法相对于传统的定额计价方法是一种新的计价模式，或者说是一种市场定价模式，是由建设产品的买方和卖方在建设市场上根据供求情况、信息状况进行自由竞价，从而最终能够签订工程合同价格的方法。在工程量清单的计价过程中，工程量清单为建设市场的交易双方提供了一个平等的平台，其内容和编制原则的确定是整个计价方式改革中的重要工作。

工程量清单是表现拟建工程的分部分项工程项目、措施项目、其他项目名称和相应数量的明细清单，是按照招标要求和施工设计图纸要求规定，将拟建招标工程的全部项目和内容，依据统一的工程量计算规则、统一的工程量清单项目编制规则要求，计算拟建招标工程的分部分项工程数量的表格。

工程量清单是招标文件的组成部分，是由招标人发出的一套注有拟建工程各实物工程名称、性质、特征、单位、数量及措施项目、税费等相关表格组成的文件。在理解工程量清单的概念时，首先应注意到，工程量清单是一份由招标人提供的文件，编制人是招标人或其委托的工程造价咨询单位。其次，在性质上说，工程量清单是招标文件的组成部分，一经中标且签订合同，即成为合同的组成部分。因此，无论招标人还是投标人都应该慎重对待。再次，工程量清单的描述对象是拟建工程，其内容涉及清单项目的性质、数量等，并以表格为主要表现形式。

工程量清单计价具体做法是：招标人或招标代理单位依据招标文件和施工图纸及技术资料，核算出工程量，提供工程量清单，列入招标文件中；投标方以自身企业人员素质、机械设备情况、企业管理水平等技术资源为依据制定综合单价，清单项目的实物工程量乘以综合单价就等于清单项目计价总和。然后再考虑行政事业性收费和税金等其他因素后进行投标报价。

2. 工程量清单的主要内容

工程量清单作为招标文件的组成部分，一个最基本的功能是作为信息的载体，以便投标人能对工程有全面充分的了解。从这个意义上讲，工程量清单的内容应全面、准确。以建设部颁发的《房屋建筑和市政基础设施工程招标文件范本》为例，工程量清单主要包括工程量清单说明和工程量清单表两部分。

(1) 工程量清单说明

工程量清单说明主要是招标人解释拟招标工程的工程量清单的编制依据以及重要作用，明确清单中的工程量是招标人估算得出的，仅仅作为投标报价的基础，结算时的工程量应以招标人或其授权委托的监理工程师核准的实际完成量为依据，提示投标申请人重视清单以及如何使用清单。

(2) 工程量清单表

工程量清单表作为清单项目和工程数量的载体，是工程量清单的重要组成部分，见表2-1。

工程量清单　　　　　　　　　　　　　　表 2-1

(招标工程项目名称)　　　　　工程　　　　　　　第　页　共　页

序　号	编　号	项目名称	计量单位	工　程　量
一		(分部工程名称)		
1		(分项工程名称)		
2				
...				
二		(分部工程名称)		
1		(分项工程名称)		
2				
...				

合理的清单项目设置和准确的工程数量，是清单计价的前提和基础。对于招标人来讲，工程量清单是进行投资控制的前提和基础，工程量清单表编制的质量直接关系和影响到工程建设的最终结果。

3. 工程量清单的编制

工程量清单是招标文件的组成部分，主要由分部分项工程量清单、措施项目清单和其他项目清单等组成，是编制标底和投标报价的依据，是签订合同、调整工程量和办理竣工结算的基础。

工程量清单由有编制招标文件能力的招标人或受其委托具有相应资质的工程造价咨询机构、招标代理机构依据有关计价办法、招标文件的有关要求、设计文件和施工现场实际情况进行编制。

(1) 工程量清单的项目设置

工程量清单的项目设置规则是为了统一工程量清单项目名称、项目编码、计量单位和工程量计算而制定的，是编制工程量清单的依据。在《建设工程工程量清单计价规范》中，对工程量清单项目的设置作了明确的规定。

1) 项目编码：以五级编码设置，用12位阿拉伯数字表示。一、二、三、四级编码统一；第五级编码由工程量清单编制人区分具体工程的清单项目特征而分别编码。各级编码代表的含义如下：

A. 第一级表示分类码（分2位）；建筑工程为01、装饰装修工程为02、安装工程为03、市政工程为04、园林绿化工程为05。

B. 第二级表示章顺序码（分2位）。

C. 第三级表示节顺序码（分2位）。

D. 第四级表示清单项目码（分3位）。

E. 第五级表示具体清单项目编码（分3位）。

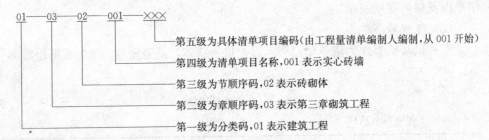

2) 项目名称：原则上以形成工程实体而命名。项目名称如有缺项，招标人可按相应的原则进行补充，并报当地工程造价管理部门备案。

3) 项目特征：是对项目的准确描述，是影响价格的因素，是设置具体清单项目的依据。项目特征按不同的工程部位、施工工艺或材料品种、规格等分别列项。凡项目特征中未描述到的其他独有特征，由清单编制人视项目具体情况确定，以准确描述清单项目为准。

4) 计量单位：应采用基本单位，除专业另有特殊规定外，均按以下单位计量：

A. 以重量计算的项目——t 或 kg；

B. 以体积计算的项目——m^3；

C. 以面积计算的项目——m^2；

D. 以长度计算的项目——m；

E. 以自然计量单位计算的项目——个、套、块、樘、组、台……；

F. 没有具体数量的项目——系统、项……。

各专业有特殊计量单位的，再另外加以说明。

5) 工程内容：工程内容是指完成该清单项目可能发生的具体工程，可供招标人确定清单项目和投标人投标报价参考。以建筑工程的砖墙为例，可能发生的具体工程有搭拆内墙脚手架、运输、砌砖、勾缝等。

凡工程内容中未列全的其他具体工程，由投标人按照招标文件或图纸要求编制，以完成清单项目为准，综合考虑到报价中。

(2) 工程数量的计算

工程数量的计算主要通过工程量计算规则计算得到。工程量计算规则是指对清单项目工程量的计算规定。除另有说明外，所有清单项目的工程量应以实体工程量为准，并以完成后的净值计算；投标人投标报价时，应在单价中考虑施工中的各种损耗和需要增加的工程量。

工程量的计算规则按主要专业划分，包括建筑工程、装饰装修工程、安装工程、市政工程和园林绿化工程5个专业部分。建筑工程包括土石方工程，地基与桩基础工程，砌筑工程，混凝土及钢筋混凝土工程，厂库房大门、特种门、木结构工程，金属结构工程，屋面及防水工程，防腐、隔热、保温工程。装饰装修工程包括楼地面工程，墙柱面工程，顶棚工程，门窗工程，油漆、涂料、裱糊工程，其他装饰工程。

1) 工程量计算的一般原则

在工程量计算时要防止错算、漏算和重复计算。为了准确计算工程量，通常要遵循以下一些原则：

A. 计算口径要一致，避免重复列项。计算工程量时，依据施工图所列的分项工程的口径（指分项工程所包括的工程内容和范围），必须与预算定额中相应分项工程的口径相一致。在计算工程量时，除了熟悉施工图纸以外，还要掌握预算定额中每个分项工程包括的工程内容和范围，避免重复列项。

B. 工程量计算规则要一致，避免错算。按施工图纸计算工程量采用的计算规则，必须与本地区现行预算定额计算规则一致。

C. 计算尺寸的取定要准确。首先要核对施工图纸尺寸的标准。另外，在计算工程量时，对各子目计算尺寸的取定要准确。例如，在计算外墙砖砌体时，按规定，应"按中心线长"计算。如果按偏轴线计量时，就增加（或减少）了工程量。又如，砌一砖半厚砖墙，无论图示尺寸是 360mm 还是 370mm，根据定额规定，尺寸应一律按 365mm 计算。

D. 计量单位要一致。按施工图纸计算工程量时，所列出的各分项工程的计量单位，必须与预算定额中相应的计量单位相一致。例如，预算定额中水泥踢脚线分项工程的计算单位是 m^2，则计算工程量时所用的计量单位也应是 m^2。又如，预算定额装饰工程，有些分项工程计量单位按 m，有些按 m^2，这在预算定额中都已注明，但在计算工程量时应该注意分清楚，以免由于计量单位搞错而影响计算工程量的准确性。

E. 要循着一定的顺序进行计算。计算工程量时在循着一定的计算顺序，依次进行计算，避免漏算或重复计算。

F. 工程量计算精确度要统一。工程量的计算结果，除钢材（以 t 为计量单位）、木材（以 m^3 为计算单位）取三位小数外，其余项目一般取小数点后两位为准。计算建筑面积通常取整数。

2) 计算工程量的注意事项

A. 计算前要熟悉设计图纸和设计说明。对其中的错漏、尺寸不符、用料及做法不清等问题，应及时请设计单位解决。

B. 计算前要熟悉定额的内容及使用方法。工程量计量单位，应以定额的计量单位为准。在列出的工程量计算项目同时，要确定定额项目，并写出定额编号，以利于下一步套用单价和工料分析。工程量的小数位，应按规定的位数保留。

C. 计算前要了解现场情况、施工方案和施工方法等。这样才能使预算更接近实际。

在计算过程中，要按照规定的工程量计算方法进行计算，写出的计算式要清楚明了，准确无误。计算以后，要仔细复核，检查项目、单位、算式、数字及小数点等。如发现错误，应及时更正。

3) 工程量计算的顺序

预算项目众多，数量繁复，在计算工程量时应合理安排计算顺序，避免重复和遗漏。例如计算砖墙工程量，因计算墙面积时要扣除门窗面积，计算墙身体积又要扣除嵌入墙内的构件体积。如果按施工顺序：砖墙→门窗→钢筋混凝土构件进行计算，会造成计算顺序的紊乱，容易重复出错，而按门窗→钢筋混凝土构件→砖墙顺序进行计算，在程序上就比较合理。

对于一个单位工程来说，按常规经验其工程量计算顺序一般为：

建筑面积→打桩工程→土方工程→基础垫层工程→门窗工程→钢筋混凝土工程→砖石工程→抹灰油漆工程→屋面工程→楼地面工程→顶棚工程→脚手架工程→其他工程。

就某一分项工程量本身，也应按一定顺序进行。常用方法有以下：

A. 按顺时针方向计算。即从图纸左上角开始，按顺时针方向计算。如图 2-3 所示。此法适用于计算外墙，地面、顶棚、外墙基础等工程量。

B. 按先横后直、先上后下、先左后右的顺序计算。如图 2-4 所示。此法适用于计算内墙，内墙基础等工程量。

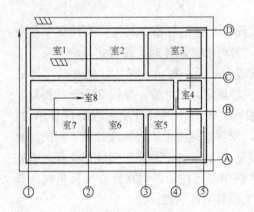

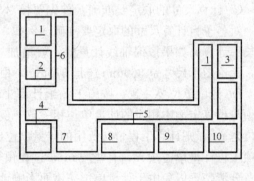

图 2-3 按顺时针计算　　　图 2-4 按先横后直、先上后下、先左后右顺序计算

C. 对钢筋混凝土构件，门窗等工程可按图纸上注明的构件编号计算。如图 2-5，构件工程量的计算顺序应该是：先计算 Z_1-Z_2-Z_3-Z_4，其次再计算 L_1-L_2、联系梁 LL_1-LL_2；最后计算板 B_1-B_2。

D. 按轴线编号顺序计算工程量。

(3) 招标文件中提供的工程量清单的标准格式

工程量清单应采用统一格式，一般应由下列内容组成：

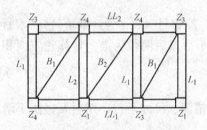

图 2-5 按图纸注明的构件编号计算

1) 封面：见表 2-2。由招标人填写、签字、盖章。

封面　　　　　　　　　　　　　　　表 2-2

_____工程
工程量清单

招　标　人：_____	(单位签字盖章)
法 定 代 表 人：_____	(签字盖章)
中介机构法定代表人：_____	(签字盖章)
造价工程师及注册证号：_____	(签字盖执业专用章)
编　制　时　间：_____	

2) 填表须知：主要包括下列内容。

A. 工程量清单及其计价格式中所要求签字、盖章的地方，必须有规定的单位和人员签字、盖章；

B. 工程量清单及其计价格式中的任何内容不得随意删除或涂改；

C. 工程量清单计价格式中列明的所有需要填报的单价和合价，投标人均应填报，未填报的单价和合价，视为此项费用已包含在工程量清单的其他单价和合价中；

D. 明确金额的表示币种（如人民币）。

3) 总说明：应按下列内容填写。

A. 工程概况：建设规模、工程特征、计划工期、施工现场实际情况、交通运输情况、自然地理条件、环境保护要求等。

B. 工程招标和分包范围。

C. 工程量清单编制依据。

D. 工程质量、材料、施工等的特殊要求。

E. 招标人自行采购材料的名称、规格型号、数量等。

F. 其他项目清单中招标人部分的（包括预留金、材料购置费）金额数量。

G. 其他需说明的问题。

4) 分部分项工程量清单：应表明拟建工程的全部分项实体工程名称和相应数量，编制时应避免漏项、错项，见表2-3。

分部分项工程量清单 表2-3

工程名称： 共　　页　第　　页

序　号	项目编码	项目名称	计量单位	工程数量

分部分项工程清单应包括项目编码、项目名称、计量单位和工程数量四个部分。

5) 措施项目清单：应根据拟建工程的具体情况，表明为完成分项实体工程而必须采用的一些措施性工作。编制时力求全面。参照表2-4列项。

措施项目清单格式见表2-5。

6) 其他项目清单：应根据拟建工程的具体情况，参照下列内容列项。见表2-6。

A. 招标人部分：包括预留金、材料购置费。其中预留金是指招标人为可能发生的工程量变更而预留的金额。

B. 投标人部分：包括总承包服务费、零星工作费等。其中总承包服务费是指为配合协调招标人进行的工程分包和材料采购所需的费用；零星工作费是指完成招标人提出的，不能以实物量计量的零星工作项目所需的费用。

措施项目一览表　　　　　　　　　表2-4

序 号	项 目 名 称
1. 通用项目	
1.1	环境保护
1.2	文明施工
1.3	安全施工
1.4	临时设施
1.5	夜间施工
1.6	二次搬运
1.7	大型机械设备进出场及安拆
1.8	混凝土、钢筋混凝土模板及支架
1.9	脚手架
1.10	已完工程及设备保护
1.11	施工排水、降水
2. 建筑工程	
2.1	垂直运输机械
3. 装饰装修工程	
3.1	垂直运输机械
3.2	室内空气污染测试

措施项目清单　　　　　　　　　表2-5

工程名称：　　　　　　　　　　　　　　　　　　　　第　页 共　页

序 号	项 目 名 称

其他项目清单　　　　　　　　　表2-6

工程名称：　　　　　　　　　　　　　　　　　　　　第　页 共　页

序 号	项 目 名 称
1	招标人部分
2	投标人部分

（三）建筑安装工程费用项目组成及计算程序

我国现行建筑安装工程费用主要由直接费、间接费、利润和税金四部分组成。其具体构成如图2-6所示。

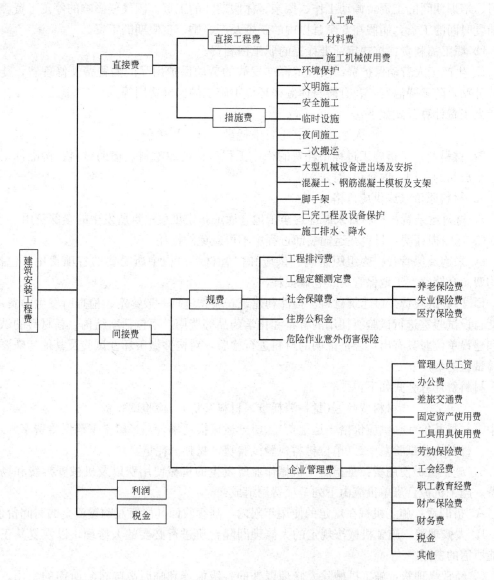

图 2-6　建筑安装工程费用项目组成

1. 直接费

由直接工程费和措施费组成。

（1）直接工程费

它是指施工过程中耗费的构成工程实体的各项费用，包括人工费、材料费、施工机械使用费。

1）人工费：是指直接从事建筑安装工程施工的生产工人开支的各项费用，内容包括：

A. 基本工资：发放给生产工人的基本工资。

B. 工资性补贴：按规定标准发放的物价补贴，煤、燃气补贴，交通补贴，住房补贴，流动施工津贴等。

C. 生产工人辅助工资：生产工人年有效施工天数以外非作业天数的工资，包括职工学习、培训期间的工资，调动工作、探亲、休假期间的工资，因气候影响的停工工资，女工哺乳时间的工资，病假在 6 个月以内的工资及产、婚、丧假期的工资。

D. 职工福利费：按规定标准计提的职工福利费。

E. 生产工人劳动保护费：按规定标准发放的劳动保护用品的购置费及修理费，徒工服装补贴，防暑降温费，在有碍身体健康环境中施工的保健费用等。

人工费计算公式如下：

$$人工费 = \sum (工日消耗量 \times 日工资单价)$$

2) 材料费：是指施工过程中耗费的构成工程实体的原材料、辅助材料、构配件、零件、半成品的费用。内容包括：

A. 材料原价（或供应价格）。

B. 材料运杂费：材料自来源地运至工地仓库或指定堆放地点所发生的全部费用。

C. 运输损耗费：材料在运输装卸过程中不可避免的损耗。

D. 采购及保管费：为组织采购、供应和保管材料过程中所需要的各项费用。包括：采购费、仓储费、工地保管费、仓储损耗。

E. 检验试验费：对建筑材料、构件和建筑安装物进行一般鉴定、检查所发生的费用。包括自设试验室进行试验所耗用的材料和化学药品等费用。不包括新结构、新材料的试验费和建设单位对具有出厂合格证明的材料进行检验，对构件做破坏性试验及其他特殊要求检验试验的费用。

材料费计算公式如下：

$$材料费 = \sum (材料消耗量 \times 材料基价) + 检验试验费$$

式中　材料基价 $= [(供应价格 + 运杂费) \times (1 + 运输损耗率\%)] \times (1 + 采购保管费率\%)$

材料检验试验费 $= \sum (单位材料检验试验费 \times 材料消耗量)$

3) 施工机械使用费：是指施工机械作业所发生的机械使用费以及机械安拆费和场外运费。施工机械台班单价应由下列 7 项费用组成：

A. 折旧费：施工机械在规定的使用年限内，陆续收回其原值及购置资金的时间价值。

B. 大修理费：施工机械按规定的大修理间隔台班进行必要的大修理，以恢复其正常功能所需的费用。

C. 经常修理费：施工机械除大修理以外的各级保养和临时故障排除所需的费用。包括为保障机械正常运转所需替换设备与随机配备工具附具的摊销和维护费用，机械运转中日常所需润滑与擦拭的材料费用及机械停滞期间的维护和保养费用等。

D. 安拆费及场外运费：安拆费指施工机械在现场进行安装与拆卸所需的人工、材料、机械和试运转费用以及机械辅助设施的折旧、搭设、拆除等费用；场外运费指施工机械整体或分体自停放地点运至施工现场或由一施工地点运至另一施工地点的运输、装卸、辅助材料及架线等费用。

E. 人工费：机上司机（司炉）和其他操作人员的工作日人工费及上述人员在施工机械规定的年工作台班以外的人工费。

F. 燃料动力费：指施工机械在运转作业中所消耗的固体燃料（煤、木柴）、液体燃料（汽油、柴油）及水、电等。

G. 养路费及车船使用税：施工机械按照国家规定和有关部门规定应缴纳的养路费、

车船使用税、保险费及年检费等。

施工机械使用费计算公式如下：

$$施工机械使用费 = \sum(施工机械台班消耗量 \times 机械台班单价)$$

（2）措施费

它是指为完成工程项目施工，发生于该工程施工前和施工过程中非工程实体项目的费用。内容包括：

1）环境保护费：是指施工现场为达到环保部门要求所需要的各项费用。环境保护费一般是以直接工程费为计算基数，按年平均需要以费率的形式计取，包干使用。这种方法计算方便，便于企业统筹和包干使用。其计算公式如下：

$$环境保护费 = 直接工程费 \times 环境保护费费率(\%)$$

2）文明施工费：是指施工现场文明施工所需要的各项费用。文明施工增加费一般是以直接工程费为计算基数，按年平均需要以费率形式常年计取，包干使用。其计算公式如下：

$$文明施工费 = 直接工程费 \times 文明施工费费率(\%)$$

3）安全施工费：是指施工现场安全施工所需要的各项费用。安全施工费一般是以直接工程费为计算计数，按年平均需要以费率形式常年计取，包干使用。其计算公式如下：

$$安全施工费 = 直接工程费 \times 安全施工费费率(\%)$$

4）临时设施费：是指施工企业为进行建筑工程施工所必须搭设的生活和生产用的临时建筑物、构筑物和其他临时设施费用等。

A. 临时设施包括：临时宿舍、文化福利及公用事业房屋与构筑物、仓库、办公室、加工厂以及规定范围内道路、水、电、管线等临时设施和小型临时设施。

B. 临时设施费用包括：临时设施的搭设、维修、拆除费或摊销费。

C. 临时设施费计算方法如下：

a. 临时设施费由三部分组成：（a）周转使用临建（如，活动房屋）；（b）一次性使用临建（如，简易建筑）；（c）其他临时设施（如，临时管线）。

b. 计算公式如下：

$$临时设施费 = (周转使用临建费 + 一次性使用临建费) \times (1 + 其他临时设施所占比例(\%))$$

5）夜间施工增加费：是指夜间施工所发生的夜班补助费、夜间施工降效、夜间施工照明设备摊销及照明用电等费用。

A. 费用内容包括：a. 照明设施的安装、拆除和摊销费；b. 电力消耗费用；c. 人工工效降低；d. 机械降效；e. 夜班津贴费。

B. 计算公式如下：

$$夜间施工增加费 = \left(1 - \frac{合同工期}{定额工期}\right) \times \frac{直接工程费中的人工费合计}{平均日工资单价} \times 每工日夜间施工费开支$$

式中　$每工日夜间施工费开支 = \frac{夜间施工开支额}{夜间施工人数}$

6）二次搬运费：是指由于施工场地狭小等特殊情况而发生的二次搬运费用。如已构成材料预算价格的，建筑安装材料、半成品、无法直接运输到施工工地，而必须经过二次搬运所增加的费用。

A. 费用内容包括：装卸费、驳运费和材料损耗费。

B. 此项费用的开支与施工组织及管理有密切的关系，一般以费率形式包干使用，有的工程则根据具体情况协商确定，目的是促使施工企业提高施工组织调度和管理水平，降低搬运费用开支。

C. 计算方法：二次搬运费一般以直接工程费为计算基数，按年平均需要以费率形式常年计取，包干使用。其计算公式如下：

$$二次搬运费 = 直接工程费 \times 二次搬运费费率(\%)$$

7) 大型机械设备进出场及安拆费：是指机械整体或分体自停放场地运至施工现场或由一个施工地点运至另一个施工地点，所发生的机械进出场运输及转移费用，以及机械在施工现场进行安装、拆卸所需的人工费、材料费、机械费、试运转费和安装所需的辅助设施的费用。其计算公式如下：

$$大型机械进出场及安拆费 = \frac{一次进出场及安拆费 \times 年平均安拆次数}{年工作台班}$$

8) 混凝土、钢筋混凝土模板及支架费：是指混凝土施工过程中需要的各种钢模板、木模板、支架等的支、拆、运输费用及模板、支架的摊销（或租赁）费用。

混凝土、钢筋混凝土模板及支架费按自有和租赁二种不同情况分别计算，计算公式如下：

a. 模板及支架费 = 模板摊销量 × 模板价格 + 支、拆、运输费

式中 摊销量 = 一次使用量 × (1 + 施工损耗) × [1 + (周转次数 - 1) × 补损率/周转次数 - (1 - 补损率)50%/周转次数]

b. 租赁费 = 模板使用量 × 使用日期 × 租赁价格 + 支、拆、运输费

9) 脚手架费：是指施工需要的各种脚手架搭、拆、运输费用及脚手架的摊销（或租赁）费用。其计算方法同模板及支架费用，计算公式如下：

A. 脚手架搭拆费 = 脚手架摊销量 × 脚手架价格 + 搭、拆、运输费

$$脚手架摊销量 = \frac{单位一次使用量 \times (1 - 残值率)}{耐用期/一次使用期}$$

B. 租赁费 = 脚手架每日租金 × 搭设周期 + 搭、拆、运输费

10) 已完工程及设备保护费：是指竣工验收前，对已完成工程及设备进行保护所需费用。计算公式如下：

$$已完成工程及设备保护费 = 成品保护所需机械费 + 材料费 + 人工费$$

11) 施工排水、降水费：是指为确保工程在正常条件下施工，采取各种排水、降水措施所发生的各种费用。计算公式如下：

排水、降水费 = Σ排水降水机械台班费 × 排水降水周期 + 排水降水使用材料费、人工费

2. 间接费

(1) 间接费的组成

1) 规费：是指政府和有关权力部门规定必须缴纳的费用（简称规费）。包括：

A. 工程排污费：指施工现场按规定缴纳的工程排污费。

B. 工程定额测定费：指按规定支付工程造价（定额）管理部门的定额测定费。

C. 社会保障费：

a. 养老保险费：指企业按规定标准为职工缴纳的基本养老保险费。
　　b. 失业保险费：指企业按照国家规定标准为职工缴纳的失业保险费。
　　c. 医疗保险费：指企业按照规定标准为职工缴纳的基本医疗保险费。
　　D. 住房公积金：指企业按规定标准为职工缴纳的住房公积金。
　　E. 危险作业意外伤害保险：指企业为从事危险作业的建筑安装施工人员支付的意外伤害保险费。
　　2) 企业管理费：指建筑安装企业组织施工生产和经营管理所需费用。内容包括：
　　A. 管理人员工资：指管理人员的基本工资、工资性补贴、职工福利费、劳动保护费等。
　　B. 办公费：指企业管理办公用的文具、纸张、账表、印刷、邮电、书报、会议、水电、烧水和集体取暖（包括现场临时宿舍取暖）用煤等费用。
　　C. 差旅交通费：指职工因公出差、调动工作的差旅费、住勤补助费，市内交通费和误餐补助费，职工探亲路费，劳动力招募费，职工离退休、退职一次性路费，工伤人员就医路费，工地转移费以及管理部门使用的交通工具的油料、燃料、养路费及牌照费。
　　D. 固定资产使用费：指管理和试验部门及附属生产单位使用的属于固定资产的房屋、设备仪器等的折旧、大修、维修或租赁费。
　　E. 工具用具使用费：指管理使用的不属于固定资产的生产工具、器具、家具、交通工具和检验、试验、测绘、消防等用具的购置、维修和摊销费。
　　F. 劳动保险费：指由企业支付离退休职工的易地安家补助费、职工退职金、6个月以上的病假人员工资、职工死亡丧葬补助费、抚恤费、按规定支付给离休干部的各项经费。
　　G. 工会经费：指企业按职工工资总额计提的工会经费。
　　H. 职工教育经费：指企业为职工学习先进技术和提高文化水平，按职工工资总额计提的费用。
　　I. 财产保险费：指施工管理用财产、车辆保险。
　　J. 财务费：指企业为筹集资金而发生的各种费用。
　　K. 税金：指企业按规定缴纳的房产税、车船使用税、土地使用税、印花税等。
　　L. 其他：包括技术转让费、技术开发费、业务招待费、绿化费、广告费、公证费、法律顾问费、审计费、咨询费等。
　　(2) 间接费的计算
　　间接费的计算方法按取费基数的不同分为以下三种：
　　1) 以直接费为计算基础：
$$间接费 = 直接费合计 \times 间接费费率(\%)$$
　　2) 以人工费为计算基础：
$$间接费 = 人工费合计 \times 间接费费率(\%)$$
　　3) 以人工费和机械费合计：
$$间接费 = 人工费和机械费合计 \times 间接费费率(\%)$$

3. 利润

利润是指施工企业完成所承包工程获得的盈利。

按现行规定，根据不同承包方式利润计算基数有三种：一是以分项直接工程费与间接费之和为基数；二是以直接工程费中的人工费和机械费之和为基数；三是以分项直接工程费中的人工费为计算基数。国家规定的利润率均属于指导性的，施工企业可依据本企业的经营管理水平和市场供求状况，在规定的利润范围内，自行确定本企业的利润水平。

4. 税金

建筑安装工程税金是指国家税法规定的应计入建筑安装工程造价内的营业税、城乡维护建设税及教育费附加。

1) 营业税。营业税是按营业额乘以营业税税率确定。建筑安装企业营业税税率为3%。计算公式为

$$应纳营业税 = 营业额 \times 3\%$$

营业额是指从事建筑、安装、修缮、装饰及其他工程作业取得的全部收入，还包括建筑、修缮、装饰工程所用原材料及其他物资和动力的价款。当安装的设备价值作为安装工程产值时，亦包括所安装设备的价款。但建筑安装工程总承包方将工程分包或转包给他人的，其营业额中不包括付给分包或转包方的价款。

2) 城乡维护建设税。它是国家为了加强城乡的维护建设，稳定和扩大城市、乡镇维护建设的资金来源，而对有经营收入的单位和个人征收的一种税。对于施工企业来讲，城乡维护建设税的计税依据为营业税，纳税人所在地为市区的，按营业税的7%征收；所在地为县城镇的，按营业税的5%征收；所在地为农村的，按营业税的1%征收。

3) 教育费附加。教育费附加是按营业税额的3%确定。

A. 税金计算公式：

$$税金 = (税前造价 + 利润) \times 税率(\%)$$

B. 税率的具体计算方式：

a. 纳税地点在市区的企业：

$$税率(\%) = \frac{1}{1 - 3\% - (3\% \times 7\%) - (3\% \times 3\%)} - 1 = 3.413\%$$

b. 纳税地点在县城、镇的企业：

$$税率(\%) = \frac{1}{1 - 3\% - (3\% \times 5\%) - (3\% \times 3\%)} - 1 = 3.348\%$$

c. 纳税地点不在市区、县城、镇的企业：

$$税率(\%) = \frac{1}{1 - 3\% - (3\% \times 1\%) - (3\% \times 3\%)} - 1 = 3.220\%$$

5. 建筑安装工程计价程序

根据建设部第107号部令《建筑工程施工发包与承包计价管理办法》的规定，发包与承包价的计算方法为工料单价法和综合单价法。

综合单价法是指分部分项项目及施工技术措施项目的单价采用除规费、税金外的全费用单价（综合单价）的一种计价方法，规费、税金单独计取。综合单价是指完成工程量清单中一个规定计量单位项目所需的人工费、材料费、机械使用费、企业管理费和利润，并考虑风险因素。

工料单价法是指分部分项工程项目单价采用直接工程费单价（工料单价）的一种计价方法，综合费用（企业管理费和利润）、规费及税金单独计取。工料单价是指完成一个规

定计量单位项目所需的人工费、材料费、施工机械使用费。

（1）工料单价法计价程序

1）以直接费为计算基础的计价程序如表2-7所示。

以直接费为计算基础的计价程序表　　　　　表2-7

序号	费用项目	计算方法	备注
1	直接工程费	按预算表	
2	措施费	按规定标准计算	
3	小计	(1)+(2)	
4	间接费	(3)×相应费率	
5	利润	((3)+(4))×相应利润率	
6	合计	(3)+(4)+(5)	
7	含税造价	(6)×(1+相应税率)	

2）以人工费和机械费为计算基础的计价程序如表2-8所示。

以人工费和机械费为计算基础的计价程序表　　　　　表2-8

序号	费用项目	计算方法	备注
1	直接工程费	按预算表	
2	其中人工费和机械费	按预算表	
3	措施费	按规定标准计算	
4	其中人工费和机械费	按规定标准计算	
5	小计	(1)+(3)	
6	人工费和机械费小计	(2)+(4)	
7	间接费	(6)×相应费率	
8	利润	(6)×相应利润率	
9	合计	(5)+(7)+(8)	
10	含税造价	(9)×(1+相应税率)	

3）以人工费为计算基础的计价程序如表2-9所示。

以人工费为计算基础的计价程序表　　　　　表2-9

序号	费用项目	计算方法	备注
1	直接工程费	按预算表	
2	直接工程费中人工费	按预算表	
3	措施费	按规定标准计算	
4	措施费中人工费	按规定标准计算	
5	小计	(1)+(3)	
6	人工费小计	(2)+(4)	
7	间接费	(6)×相应费率	
8	利润	(6)×相应利润率	
9	合计	(5)+(7)+(8)	
10	含税造价	(9)×(1+相应税率)	

(2) 综合单价法计价程序

1) 以直接费为计算基础的计价程序如表 2-10 所示。

以直接费为计算基础的计价程序表　　　　　表 2-10

序号	费用项目	计算方法	备注
1	分项直接工程费	人工费+材料费+机械费	
2	间接费	(1)×相应费率	
3	利润	((1)+(2))×相应利润率	
4	合计	(1)+(2)+(3)	
5	含税造价	(4)×(1+相应税率)	

2) 以人工费和机械费为计算基础的计价程序如表 2-11 所示。

以人工费和机械费为计算基础的计价程序表　　　　　表 2-11

序号	费用项目	计算方法	备注
1	分项直接工程费	人工费+材料费+机械费	
2	其中人工费和机械费	人工费+机械费	
3	间接费	(2)×相应费率	
4	利润	(2)×相应利润率	
5	合计	(1)+(3)+(4)	
6	含税造价	(5)×(1+相应税率)	

3) 以人工费为计算基础的计价程序如表 2-12 所示。

以人工费为计算基础的计价程序表　　　　　表 2-12

序号	费用项目	计算方法	备注
1	分项直接工程费	人工费+材料费+机械费	
2	直接工程费中人工费	人工费	
3	间接费	(2)×相应费率	
4	利润	(2)×相应利润费	
5	合计	(1)+(3)+(4)	
6	含税造价	(5)×(1+相应税率)	

（四）材料消耗定额管理

1. 材料消耗定额管理

材料消耗定额是材料利用程度的考核依据，是企业经济核算的重要标准。材料定额是否先进合理，不仅反映了生产技术水平，同时也反映了生产组织管理水平。

2. 材料消耗定额管理的作用

（1）正确制订和认真执行材料消耗定额是编制工程预算材料费用、材料计划以及确定供应量的基础

正确编制材料供应计划，要以合理的材料定额计算需用量，即以工程实物数量乘以材

料消耗定额求得材料需用量，不能以"估计"、"大概"需用量来代替。

编制和确定工程预算材料费用时，需要以材料消耗定额为依据。其计算公式为：

工程预算材料费用＝∑（分部分项工程实物量×材料消耗预算定额×材料单价）

（2）正确制订和认真执行材料消耗定额是加强经济核算、考核经济效果的重要手段

材料消耗定额是材料消耗的标准，是衡量材料节约或浪费的一个重要标志。有了材料消耗定额，就能分析影响生产成本的具体原因，是由于超定额浪费材料，还是由于材料供应不足。材料消耗定额又是核算工程成本和企业实行经济责任制的重要依据。

（3）认真执行消耗定额是增产节约的重要措施

认真执行材料消耗定额，是以先进合理的水平，对工程消耗的各种材料加以限额控制，不搞敞开供应，鼓励施工队组节约使用材料，降低材料消耗，以一定量的材料完成更多量的工程实体，达到以节约求增产的目的。

3. 材料消耗的构成

在制订材料消耗定额时，应先分析材料消耗的构成。在整个施工过程中，材料消耗的去向，一般说来，包括以下三部分：

（1）净用量：即直接构成工程实体的材料消耗，也称有效消耗部分。

（2）工艺损耗：即工艺性操作损耗，指在操作过程中的各种损耗。它由两个因素组成：一是材料加工准备过程中产生的损耗，如端头、短料、边角余料等；二是在施工过程中产生的损耗，如砌墙、抹灰的掉灰等。工艺性损耗的特点，是在施工过程中不可避免地要发生，但随着技术水平的提高，能够减少到最低程度。

（3）管理损耗：又称非工艺性损耗。如在运输、储存保管方面发生的材料损耗；供应条件不符合要求而造成的损耗，包括以大代小、优材劣用等；其他管理不善造成的损耗等。非工艺损耗的特点，也是很难完全避免其发生，损耗量的大小与生产技术水平、组织管理水平密切相关。

4. 材料消耗定额的种类及其用途

（1）材料消耗预算定额

材料消耗预算定额是按社会必要劳动量确定的社会平均生产水平的材料消耗标准。建设工程材料消耗定额是按单位工程的分部分项工程计算确定的，项目较细，是编制工程预算和企业计划、确定材料采购供应量、与业主办理竣工结算的依据。

（2）材料消耗施工定额

材料消耗施工定额是按平均先进的生产水平制订的材料消耗标准，通常由企业根据自己现有的条件所能达到的水平自行编制，是一种企业定额。它反映建筑企业的企业管理水平、工艺水平和技术水平。

材料消耗施工定额是材料消耗定额中最详细的定额，具体反映了单位工程的每个部位、每个分项工程中每一操作项目所需材料的品种、规格和数量。内容包括完成单位工程量所必需的材料净用量和合理的损耗，材料消耗施工定额的定额水平应高于材料消耗预算定额的水平，即在同一操作项目中同一种材料的消耗量，施工定额规定的消耗数量少于预算定额的消耗量。

材料消耗施工定额主要用于企业内部，也可用于投标报价，是编制施工计划和下达施工任务书、编制材料需用计划、组织定额供料或限额领料的依据，是核算工程成本、进行

两算对比和经济活动分析的基础。

（3）材料消耗概算定额

材料消耗概算定额是按投资额度或单位工程量制定的所需材料的估算指标。这是一种管理性质的定额，具体形式有万元定额和平方米定额两种，主要用于初步设计阶段估算材料和设备的需用量，建筑企业的材料管理部门用来编制年度材料计划，即预测计划年度的材料需求量。

（五）材料消耗定额的制订方法

制订材料消耗定额的目的是增加生产、厉行节约，既要保证施工生产的需要，又要降低消耗，提高企业经营管理水平，取得最佳经济效益。

1. 制订材料消耗定额的原则

（1）合理控制消耗水平的原则

1）材料消耗预算定额应反映社会平均消耗水平。

2）材料消耗施工定额应反映企业个别的先进合理的消耗水平。

制订材料消耗施工定额是为了在保证工程质量的前提下节约使用材料，获得好的经济效果，因此，要求定额具有先进性和合理性，应是平均先进的定额。所谓平均先进水平，即是在当前的技术水平、装备条件及管理水平的状况下，大多数职工经过努力可以达到的水平。如果定额水平过高，可望而不可及，会影响职工的积极性；反之，若定额水平过低，无约束力，则起不到定额应有的作用。

（2）制订材料消耗定额必须遵循综合经济效益的原则

要从加强企业管理、全面完成各项技术经济指标出发，而不能单纯的强调节约材料。降低材料消耗，应在保证工程质量、提高劳动生产率、改善劳动条件的前提下进行。所谓综合经济效益，就是优质、高产与低耗统一的原则。

2. 制订材料消耗定额的要求

（1）定质

制订材料消耗定额应对所需材料的品种、规格、质量，作正确的选择，务必达到技术上可靠、经济上合理和采购供应上的可能。具体考虑的因素和要求是：品种、规格和质量均符合工程（产品）的技术设计要求，有良好的工艺性能、便于操作，有利于提高工效；采用通用、标准产品，尽量避免采用稀缺昂贵材料。

（2）定量

定量的关键在损耗。消耗定额中的净用量，一般是不变的量。定额的先进性主要反映在对损耗量的合理判断。正确、合理地判断损耗量的大小，是制订消耗定额的关键。

在消耗材料过程中，总会产生损耗和废品。其中有部分属于当前生产管理水平所限而公认为不可避免的，应作为合理损耗计入定额；另一部分属现有条件下可以避免的，应作为浪费而不计入定额。究竟哪些属合理、哪些属不合理，要采取群专结合、以专为主的方式，正确判断和划分。

3. 材料消耗定额制订的方法

制订消耗定额常用的方法主要有技术分析法、标准试验法、统计分析法、经验估算法和现场测定法。

(1) 技术分析法

根据施工图纸、有关技术资料和施工工艺,确定选用材料的品种、性能、规格并计算出材料净用量与合理的操作损耗的方法。这是一种先进、科学的制订方法,因占有足够的技术资料作依据而得到普遍采用。例如砖砌体材料消耗定额的制订等。

(2) 标准试验法

标准试验通常是在试验室内利用专门仪器设备进行。通过试验求得完成单位工程量或生产单位产品的耗料数量,再对试验条件修正后,制订出材料消耗定额。如混凝土、砂浆的配合比,沥青玛琋脂等。

(3) 经验估算法

根据有关制订定额的业务人员、操作者、技术人员的经验或已有资料,通过估算来制订材料消耗定额的方法。估算法具有实践性强、简便易行、制订迅速的优点,缺点是缺乏科学计算依据、准确性因人而异。

经验估算法常用在急需临时估一个概算,或无统计资料或虽有消耗量但不易计算(如某些辅助材料、工具、低值易耗品等)的情况。

(4) 统计分析法

按某分项工程实际材料消耗量与相应完成的实物工程量统计的数量,求出平均消耗量。在此基础上,再根据计划期与原统计期的不同因素作适当调整后,确定材料消耗定额。

采用统计分析法时,为确保定额的先进水平,通常按以往实际消耗的平均先进数作为消耗定额,具体方法有两种:

1) 求平均先进数。从同类型结构工程的10个单位工程消耗量中,扣除上、下各2个最低和最高值后,取中间6个消耗量的平均值;

2) 将一定时期内比总平均数先进的各个消耗值,求出平均值,这个平均值即为平均先进数。

现举例如表2-13(假定某产品消耗的材料7~12月份已知):

某产品消耗的材料 表2-13

月份 项目	7月	8月	9月	10月	11月	12月	合计(平均)
产量	80	80	80	90	110	100	540
材料消耗量	960	880	800	891	1045	824	5400
单耗(kg/单位工程量)	12	11	10	9.9	9.5	8.24	(10)

从表2-13中看出,7~12月份每月用料的平均单耗为10kg。其中,7、8两个月单耗大于平均单耗,9月与平均单耗相等,10、11、12三个月低于平均单耗,这三个月的单耗即为先进数。再将这三个月的材料消耗数计算出平均单耗,即为平均先进数。计算式为:

$$\frac{891+1045+824}{90+110+100}=\frac{2760}{300}=9.2(kg/单位工程量)$$

上述平均先进数的计算,是按加权算术平均法计算的,当各月产量比较平衡时,也可用简单算术平均法求得,即:

$$\frac{9.9+9.5+8.24}{3}=\frac{27.64}{3}\approx 9.213 (\text{kg/单位工程量})$$

这种统计分析的方法，符合先进、合理的要求，常被各企业采用，但其准确性则随统计资料的准确程度而定。若能在统计资料的基础上，调整计划期的变化因素，就更能接近实际。

(5) 现场测定法

它是组织有经验的施工人员、工人、业务人员，在现场实际操作过程中对完成单一产品的材料消耗进行实地观察和测定、写实记录，用以制订定额的方法。

显然，此法受被测对象的选择和参测人员的素质影响较大。因此，首先要求所选单项施工对象具有普遍性和代表性，其次要求参测人员的思想、技术素质好，责任心强。

现场测定法的优点是目睹现实、真实可靠、易发现问题、利于消除一部分消耗不合理的浪费因素，可提供较为可靠的数据和资料。但工作量大，在具体施工操作中实测较难，还不可避免地会受到工艺技术条件、施工环境因素和参测人员水平等的限制。

在制订材料消耗定额时，根据具体条件常采用一种方法为主，辅以其他方法，通过必要的实测、分析、研究与计算，制订出具有平均先进水平的定额。

4. 编制材料消耗定额的步骤

(1) 确定净用量

材料消耗的净用量，一般用技术分析法或现场测定法计算确定。

如果是混合性材料，如各类混凝土及砂浆等，则先求所含几种材料的合理配合比，再分别求得各种材料的用量。

某地测定的砌筑砂浆、抹灰砂浆、混凝土的配合比如表2-14、表2-15和表2-16。

每立方米常用砌筑砂浆配合比（kg） 表2-14

种 类	砂浆标号	42.5级水泥	砂	石灰膏	备 注
水泥砂浆	M10	360	1440		
混合砂浆	M10	315	1450	90	
混合砂浆	M7.5	247	1410	94	
混合砂浆	M5	204	1378	146	
混合砂浆	M2.5	150	1358	290	

(2) 确定损耗率

建设工程的设计方案确定后，材料消耗中的净用量是不变的，定额水平的高低主要表现在损耗的大小上。正确确定材料损耗率是制订材料消耗定额的关键。

施工生产中，材料在运输、中转、堆放保管、场内搬运和操作中都会产生一定的损耗。按性质不同，这种损耗可分为两类：一类是目前生产水平所不可避免的。如砂浆搅拌后向施工工作面运输过程中，由于运输设备不够精密，必然存在漏灰损失；在使用砂浆时，也必然存在着掉灰、桶底余灰损失。再如砖，在装、运、卸、储等一系列操作中，即使是轻拿轻放，也难免要破碎而形成损耗。这些均属普遍存在，在目前施工条件下无法避免的，需要作为合理的损耗计算到定额中去。另一类是在现有条件下可以避免的。如运灰余中翻车所造成的损失，或是装运砖时利用翻斗汽车倾卸砖，或是保管材料不当而形成的

每立方米常用抹灰砂浆配合比（kg） 表 2-15

种类	42.5级水泥	中粗砂	细砂	石屑(0~3mm)	石灰(3:7)	石灰膏	麻刀	纸筋(草纸)	纸筋灰	石膏粉	防水浆
石灰膏						600					
纸筋灰（纸筋石灰）						600		60			
1:1.5 水泥细砂勾缝	632		868								
1:1.5 水泥砂浆	681	1149									
1:2 水泥砂浆	544	1224									
1:1.25 水泥砂浆	446	1310									
1:3 水泥砂浆	394	1330									
1:2 防水砂浆	544	1224									22
1:1:6 水泥石灰砂浆（手粉）	188	1269				205					
1:1:6 水泥石灰砂浆（机喷）	188	635		635		205					
1:1:4 水泥石灰砂浆（手粉）	258	1164				280					
1:1:4 水泥石灰砂浆（机喷）	258	582		582		280					
1:3 石灰砂浆（手粉）		1260				405					
1:3 石灰砂浆（机喷）		630		630		405					
水泥黄砂纸筋三合灰浆	231	1040							520		
石膏灰浆						280				910	
1:2 水泥石灰浆			1200			600					
1:1 水泥石灰浆			901			901					
1:2 纸筋石灰浆			1200								
1:3 纸筋石灰浆									600		
1:1:1 水泥石膏拉手浆	510		618			618			420		
1:5 水泥纸筋灰筋	52.5级 258								1270		
1:3 石灰麻刀砂浆		1271				410	12				

每立方米施工现场常用混凝土配合比（kg） 表 2-16

混凝土标号	粗集料粒径(mm)	水泥 42.5级	水泥 52.5级	砂	碎石	水
C15	5~40	257		654	1280	180
C15	5~40		224	704	1261	179
C20	5~25	325		659	1180	193
C20	5~25		284	693	1190	190
C20	5~40	304		620	1268	182
C20	5~40		268	651	1273	180
C25	5~25	365		627	1173	195
C25	5~25		332	666	1193	190
C25	5~40	341		590	1264	182
C25	5~40		316	617	1262	181
C30	5~25	409		623	1165	194
C30	5~25		637	644	1153	195
C30	5~40	388		560	1254	182
C30	5~40		352	587	1256	183
C40	5~25		578	592	1108	195
C40	5~40		448	507	1251	183
C20	5~15	350		670	1102	210
C20	5~15		302	709	1118	205
C30	5~15	446		588	1101	210
C30	5~15		388	644	1105	206

材料损失，或是施工操作不慎造成质量事故的材料损失等。这些应看成是不合理的，属可以避免的损耗，不应计算到定额中去。材料损耗的确定通常采用现场测定法测出实际的损耗量，然后按下列几个公式计算确定。

1) 损耗率 = $\dfrac{\text{损耗量}}{\text{总消耗量}} \times 100\%$

2) 损耗量 = 总消耗量 − 净用量

3) 净用量 = 总消耗量 − 损耗量

4) 总消耗量 = $\dfrac{\text{净用量}}{1-\text{损耗率}}$ = 净用量 + 损耗量

各地区由于情况、条件不同，材料损耗率也不尽相同。某地确定的材料损耗率，如表2-17、表2-18所示。

主要材料损耗率表（一）　　　　　　　　　表2-17

材料名称	单位	摘要	损耗率(%) 操作	损耗率(%) 管理	损耗率(%) 小计
42.5~52.5级水泥	t	散装、袋装		1.3	1.3
白水泥	t	袋装		0.9	0.9
统一砖(240mm×115mm×53mm)	块	基础墙	0.4	0.5	0.9
统一砖(240mm×115mm×53mm)	块	1~2砖墙	0.8	0.5	1.3
统一砖(240mm×115mm×53mm)	块	1/2砖墙	1.0	0.5	1.5
多孔承重砖墙(240mm×115mm×90mm)	块	(20孔砖)	1.2	0.5	1.7
空心砖(300mm×200mm×115mm)	块	(3孔砖)	1.0	0.5	1.5
中型硅酸盐砌块240mm厚	块		0.1	0.1	0.2
黄砂(不过筛)	t	混凝土及砂垫层		1.5	1.5
黄砂(过筛)	t	砌筑及抹灰砂浆	3.0	1.5	4.5
石屑 0~3mm	t	砌筑及抹灰砂浆		1.5	1.5
绿豆砂	t	屋面沥青防水层		0.5	0.5
碎石5~15mm 5~40mm 5~25mm 5~70mm	t			3.0	3.0
白云石子2~4号	t			1.0	1.0
石灰3:7	t			2.0	2.0
石灰膏	t	1300kg/m³		1.0	1.0
纸筋灰	t	1350kg/m³		3.0	3.0
石油沥青	t		3.0	0.20	3.20
玻璃 3mm厚	m²		10.0	2.0	12.0
玻璃 5mm及以上	m²		4.0	1.0	5.0
石棉小波瓦(1820mm×720mm)	张		1.5	0.5	2.0
白瓷砖(150mm×150mm×5mm)	块		1.5	0.5	2.0

(3) 计算定额耗用量

材料配合比和材料损耗率确定以后，就可核定材料耗用量了。根据规定的配合比，计算出每一单位产品实体需用材料的净用量，再按损耗率和算出的净用量，运用下列计算公式计算材料消耗定额。

【例2-1】 现场现浇C30钢筋混凝土柱子，采用52.5级普通水泥，粗集料用粒径为5~40mm的碎石。

1) 按配合比每立方米C30混凝土用料

52.5级水泥0.352t，砂（中粗）0.587t（密度=1.33t/m³），5~40mm碎石 1.256t（密度=1.36t/m³）。

主要材料损耗率（二）　　　　　表2-18

材料名称	损耗率(%)		
	操作	管理	小计
砌筑砂浆	1.5		1.5
外墙面手工粉砂浆	6.0		6.0
外墙面机喷砂浆	12.0		12.0
内墙面手工粉砂浆	2.0		2.0
内墙面机喷砂浆	6.0		6.0
平顶（天棚）面手工粉砂浆	4.0		4.0
楼地面水泥砂浆粉刷	1.0		1.0
地面及50m³以上基础混凝土	0.8		0.8
现场预制预应力钢筋混凝土	1.0		1.0
现场现浇墙板钢筋混凝土	1.0		1.2

2）损耗率

水泥1.3%，砂1.5%（不过筛），碎石3%，现场现浇混凝土1.2%。

3）材料消耗预算定额

混凝土：

$$\frac{1}{1-1.2\%}=1.0121\text{m}^3\text{（计算混凝土及砂浆体积时，习惯保留小数4位）}$$

52.5级水泥：

$$\frac{0.352\times1.0121}{1-1.3\%}=0.361\text{t（定额保留小数3位）}$$

砂（中、粗）：

$$\frac{0.587\times1.0121}{1-1.5\%}=0.603\text{t}$$

5～40mm碎石：

$$\frac{1.256\times1.0121}{1-3\%}=1.31\text{t}$$

【例2-2】砌标准砖混水墙用M5混合砂浆砌筑，水平及垂直灰缝为10mm。标准砖规格为240mm×115mm×53mm。

1）计算每立方米砖墙用砖数

对于一砖混水墙，代入公式后

$$A=\frac{1}{(0.24+0.01)(0.053+0.01)\times0.24}\times2=\frac{1}{0.00378}\times2=529\text{块砖净用量}/\text{m}^3\text{砌体}$$

2）计算砂浆用量

$1-529\times0.24\times0.115\times0.053=0.2262\text{m}^3$

砌筑砂浆损耗率为1.5%

砂浆定额用量为$\frac{0.2262}{1-1.5\%}=0.2296\text{m}^3$

查表得每立方米M5号混合砂浆的用料如下：

42.5级水泥204kg，砂（中粗）1378kg，石灰膏146kg。

3）材料损耗率

42.5级水泥1.3%，砂（中粗）4.5%（过筛），石灰膏1%，标准砖（一砖墙身)1.3%。

4) 材料消耗预算定额

42.5级水泥 $\dfrac{0.2296\times 204}{1-1.3\%}=47.46\text{kg}$

砂（中粗） $\dfrac{0.2296\times 1378}{1-4.5\%}=331.30\text{kg}$

石灰膏 $\dfrac{0.2296\times 146}{1-1\%}=33.86\text{kg}$

标准砖 $\dfrac{529}{1-1.3\%}=536\text{ 块}$

【例2-3】 砖墙内粉刷（抹灰），规格为：18mm厚1:3石灰砂浆机喷粉底，2mm厚纸筋灰手工粉面。每平方米粉刷用料计算如下：

1) 计算砂浆用量

砂浆损耗率为6%

$$\dfrac{0.018}{1-6\%}=0.0191\text{m}^3$$

2) 1:3混合砂浆配合比用料

砂（中粗）630kg，石屑（0~3mm）630kg（注：石屑为轧石生产的下脚料，其价格仅为砂的40%左右，砂浆中掺用石屑系节约代用措施），石灰膏405kg。

3) 材料损耗率

砂（过筛）4.5%，石屑（0~3mm）1.5%，石灰膏1%，纸筋灰3%。

4) 计算材料消耗预算定额用料

砂 $\dfrac{630\times 0.0191}{1-4.5\%}=12.6\text{kg}$

石屑（0~3mm） $\dfrac{630\times 0.0191}{1-1.5\%}=12.22\text{kg}$

石灰膏 $\dfrac{405\times 0.0191}{1-1\%}=7.81\text{kg}$

纸筋灰 $\dfrac{1350\times 0.002}{1-3\%}=2.78\text{kg}$

注：纸筋灰每立方米密度为1350kg（稠度14cm）

5. 材料消耗概算定额的编制方法

材料消耗概算定额是以某个建筑物为单位或某种类型、某个部门的许多建筑物为单位编制的定额，表现为每万元建筑安装工作量、每m²建筑面积的材料消耗量。材料消耗概算定额是材料消耗预算定额的扩大与合并，比材料消耗预定额粗，一般只反映主要材料的大致需要数量。

(1) 编制材料消耗概算定额的基本方法

1) 统计分析法。对一个阶段实际完成的建安工作量、竣工面积、材料消耗情况，采用统计分析法计算确定材料消耗概算定额。主要计算公式如下：

每万元建筑安装工作量的某种材料消耗量 = $\dfrac{\text{报告期某种材料总消耗量}}{\text{报告期建筑安装工作量（万元）}}$

某类型工程或某单位工程每平方米竣工面积材料消耗量

$$= \frac{某类型工程或某单位工程材料总消耗量}{某类型工程或某单位工程的竣工面积}$$

2) 技术计算法。根据建筑工程的设计图纸所反映的实物工程量,用材料消耗预算定额计算出材料消耗量,加以汇总整理而成。计算公式同上。

(2) 材料消耗概算定额应按下列情况分类编制

1) 一个系统综合一个阶段(一般为1年)内完成的建筑安装工作量、竣工面积、材料实耗数量计算万元定额或平方米定额

某地根据统计资料,综合工业及民用各类建筑工程,核定综合性三大材料的概算定额如表2-19。

工业建筑、民用工程综合性材料消耗概算定额　　　　表2-19

年度	竣工面积(万 m^2)	建安工作量(万元)	钢材			木材			水泥		
			年耗用(t)	t/m^2	t/万元	年耗用(m^3)	m^3/m^2	m^3/万元	年耗用(t)	t/m^2	t/万元
1193	153.33	23449.3	97299	0.064	4.15	67035	0.044	2.86	250157	0.167	10.69
1994	155.25	30324.7	126872	0.082	4.10	116872	0.072	3.60	396787	0.256	13.02
1995	155.39	35356.6	132428	0.084	3.72	116533	0.075	3.29	401190	0.274	11.00
1996	142.25	30386.2	102908	0.072	3.30	52855	0.037	1.73	326009	0.229	10.72
1997	122.06	26283.67	87553	0.072	3.30	36366	0.030	1.38	271970	0.223	10.35
1998	178.17	36314	131099	0.076	2.70	74292	0.042	2.03	374224	0.210	10.22
1999	178.82	44801	162907	0.091	3.63	80371	0.045	1.82	429211	0.240	9.58
2000	208.81	49931	170814	0.082	3.42	52705	0.025	1.06	520933	0.249	10.43

2) 按不同类型工程制订材料消耗概算定额。以上综合性材料消耗概算定额在任务性质相仿的情况下是可行的。但如果年度中不同类型的工程所占比例不同,最好按不同类型分别计算制订材料消耗概算定额,以求比较切合实际。

某单位按不同类型工程制订的每 m^2 建筑面积材料消耗概算定额如表2-20所示。

不同类型工程每平方米建筑面积平均材料消耗概算定额　　　　表2-20

任务性质	工程类型	钢材(t)	木材(m^3)	水泥(t)
工业	重型厂房	0.11	0.05	0.28
工业	轻型厂房	0.065	0.04	0.25
工业	工业用房	0.050	0.04	0.20
工业	构筑物混凝土每 m^3	0.12	0.05	0.30
民用	工房	0.03	0.05	0.16
民用	高层建筑	0.05	0.05	0.20
民用	其他用房	0.045	0.04	0.18
民用	人防	0.12	0.160	0.30

3) 按不同类型工程和不同结构制订材料消耗概算定额。同一类型的工程,当其结构特点不同时,耗用材料数量也不同。为了适合各个工程不同结构的特点,应进一步按不同结构制订材料消耗概算定额。某单位对某些工业用房按不同结构编制的材料消耗概算定额如表2-21。

4) 典型工程按材料消耗预算定额详细计算后汇总而成的平方米定额或万元定额,如表2-22。

不同类型和结构的工程的材料消耗概算定额　　　　表 2-21

工程情况		××厂泡沫玻璃生产车间 2层预制框架,面积3403m² 总造价520.541元,单价152.97元/m²		××厂机修车间 单层钢筋混凝土,面积1007m² 总造价128.595元,单价127.70元/m²		××厂总仓库 2层钢筋混凝土,面积1105m² 总造价93.943元,单价84.61元/m²	
材料名称	单位	万元耗料	m²耗料	万元耗料	m²耗料	万元耗料	m²耗料
水泥	kg	17861	273.24	15437	197.09	18.094	127.77
钢筋	kg	3673	56.19	2.944	37.60	2.533	21.45
钢材	kg	868	13.27	694.4	8.87	623	5.27
钢窗料	kg	491	7.52	515	6.58	356	3.02
木模	kg	1.77	0.027	2.43	0.030	1.09	0.009
木材	kg	0.24	0.004	0.04	0.001	0.07	0.001
黄砂	t/m³	28.35/21.32	0.434/0.33	30.77/23.14	0.393/0.295	28.83/21.68	0.224/0.118
碎石	t/m³	35.28/25.95	0.54/0.40	36.48/26.82	0.446/0.343	33.15/24.38	0.280/0.206
统一砖	块	8065	123.38	9193.5	117.42	5.884	49.78
石灰	kg	804	12.37	779	9.94	1.003	8.75

典型住宅每平方米材料消耗概算定额　　　　表 2-22

材料名称	单位	190mm 砌块住宅		附加工料		240mm 砌块住宅		240mm 砌块地下室	
		现场用料	工厂加工用料	室外工程	基础加固	现场用料	工厂加工用料	现场用料	工厂加工用料
水泥	kg	89	30	6.50	7.50	93	29	229	41
钢筋	kg	7.12	6.26	0.02	0.41	7.06	5.94	56.00	10.00
钢材	kg	0.74	1.52			0.70	1.47	1.10	
钢窗料	kg		5.45				5.29		1.00
镀锌钢管	kg	0.80				0.77			
铸铁管	kg	7.36			0.0003	7.15			
木模(原材)	m³	0.0063	0.0016			0.0079	0.0016	0.0710	
木材(原材)	m³	0.0007	0.0104		0.021/0.016	0.0007	0.0101		
黄砂	t/m³	0.24/0.18	0.04/0.03	0.04/0.011	0.042/0.031	0.25/0.188	0.04/0.03	0.04/0.33	0.05/0.038
碎石	t/m³	0.16/0.12	0.07/0.0151	0.037/0.027	7.50	0.21/0.154	0.06/0.044	0.77/0.566	0.08/0.059
标准砖	块	76		5.50		85			
中型硅酸盐砌块	m³	0.19				0.23			
石灰	kg	20.13		0.02		20.00			
沥青	kg	0.93				0.92			
油毛毡	m²	0.55				0.55			
玻璃	m²	0.14				0.14			

注：1) 190mm 及 240mm 砌块住宅,系利用工业废渣粉煤灰制作的硅酸盐砌体作为墙体材料的住宅；
　　2) 如 240mm 砌块墙改为砖墙,则每立方米砌块=标准砖684块。

(六) 材料消耗定额的管理

搞好材料消耗定额管理,是搞好材料管理的基础,也是加强经济核算,促进节约使用材料,降低工程成本的有效途径。材料消耗定额的制订、执行和修改,是一项技术性很强、工作量很大、涉及面很广的艰巨复杂的工作。

加强材料消耗定额的管理,主要应做好以下几方面的工作：

1. 配备好材料定额管理人员

材料定额制订后,必须认真贯彻执行。企业应配备人员做好下列管理工作：

1) 在贯彻执行各类定额的工作中,由专职人员负责定额的解释和业务指导;
2) 对基层使用定额的情况进行检查,发现问题,及时纠正;
3) 做好定额的考核工作,对各单位执行定额的水平、节超原因,要能基本掌握;
4) 收集积累有关定额的资料,拟订补充定额和定期组织修改定额。

2. 正确使用材料定额

使用材料消耗定额,必须考虑三个因素:

(1) 工程项目设计的要求

如混凝土和砌筑砂浆的强度等级,抹灰砂浆的配合比,抹灰和地坪的厚度等。抹灰厚度在定额中规定为 18mm,而设计厚度如要求 20mm,或地坪细石混凝土定额厚度为 40mm,而实际设计要求 30mm 时,材料的需用量就应作相应的增加或减少。

(2) 所用材料的质量

如水泥的强度等级、黄砂及石料的规格要求等,若和定额规定的不同,要进行换算。

(3) 工程内容及工艺要求

如抹灰工程,按墙面净面积计算,其突出墙面的砖墩二侧面和门窗洞口天盘及二侧面要按实际面积增加;混凝土浇捣的不同工艺要求,预制或现浇需用材料数量不一样。

3. 做好定额的考核工作

材料消耗定额的考核,目的在于促使企业不断改善经营管理,提高操作技术水平,采用新技术,合理使用原材料。国家统计部门对材料消耗定额的执行情况,有规定的统计报表,如表2-23。

物资消耗定额执行情况年、月(季)报表　　　　　　　表2-23

核算项目	单位产品的消耗量				计划依据				
	计划单位	计划	实际		产品产量			原材料、燃料、动力总消耗量	
			一至本月(季)平均	其中:本月(季)	计量单位	一至本月(季)累计	其中:本月(季)	计量单位	一至本月(季)累计	其中:本月(季)
甲	乙	(1)	(2)=[(6)÷(4)]	(3)=[(7)÷(5)]	丙	(4)	(5)	丁	(6)	(7)

建筑企业内部,对现场材料消耗的考核,应以分部分项工程为主,以限额领料单为依据。

材料消耗定额的考核,主要考核单位产品的材料消耗量,即每个分部分项工程平均实际消耗的材料数量,简称单耗,计算公式为:

$$单位产品原材料实际消耗量 = \frac{分部分项工程原材料总消耗量}{产品产量}$$

产品产量是指经验收合格的产品数量,不包括废品。对施工现场来说,就是质量合格的分部分项的工程量。

原材料实际总消耗量是指生产该产品自投料开始至制出成品的整个生产过程中所消耗的材料数量,废品和返工所消耗的材料应计算在正品的单耗内。

当产品跨月生产时,应考虑在制品的材料消耗数量。因为在这种情况下,报告期初及期末都将有一部分产品已完成生产,其余则处于在制品状态,停留在生产过程各个环节,准确地掌握材料消耗量,必须在本期投料数的基础上,加上期初并减去期末在制品的材料消耗量。其计算公式为:

$$产品材料单耗量 = \frac{本期投料数 + 期初在制品材料消耗量 - 期末在制品材料消耗量}{本期产品完成数量}$$

收集和积累材料定额执行情况的资料,经常进行调查研究和分析,是材料定额管理中的一项重要工作,不仅能弄清材料使用上节约和浪费的原因,研究材料的消耗规律,更重要的是揭露浪费,堵塞漏洞,促使进一步降低材料单耗,降低工程成本,并为今后修改和补充定额提供可靠资料。

【例2-4】 某施工现场现浇C30混凝土60m³,主要材料采用52.5级水泥,粒径为5~40mm的碎石和中粗砂,配合比为:水泥:黄砂:石子=366:635:1178(kg/m³),损耗率为:混凝土操作损耗率1.5%,水泥、黄砂、石子的管理损耗率分别为1.2%、1.3%和2.5%。求:

1) 水泥、黄砂、石子三种材料的限额领料数量。
2) 水泥、黄砂、石子三种材料的预算用量。

【分析】

1) 限额领料数量:混凝土施工定额 $= \dfrac{1}{1-1.5\%} = 1.015 \text{m}^3$

水泥限额领料数量:$60 \times 1.015 \times 366 = 22289.4 \text{kg}$

黄砂限额领料数量:$60 \times 1.015 \times 635 = 38671.5 \text{kg}$

石子限额领料数量:$60 \times 1.015 \times 1178 = 71740.2 \text{kg}$

2) 预算用量:

水泥预算用量:$\dfrac{60 \times 1.015 \times 366}{1-1.2\%} = 22560 \text{kg}$

黄砂预算用量:$\dfrac{60 \times 1.015 \times 635}{1-1.3\%} = 39181 \text{kg}$

石子预算用量:$\dfrac{60 \times 1.015 \times 1178}{1-2.5\%} = 73580 \text{kg}$

【例2-5】 用规格为240mm×115mm×53mm的砖和M5砂浆砌一砖墙,灰缝10mm。已知每立方米M5砂浆用料为:42.5级水泥194kg,黄砂1378kg,石灰膏146kg,操作损耗率:砂浆1.5%,黄砂3%,砖0.8%,管理损耗率:水泥1.3%,黄砂1.5%,石灰膏1.0%,砖0.5%。求:材料消耗施工定额。

【分析】

每立方米一砖墙砖的净用量:$\dfrac{1}{(0.24+0.01)(0.053+0.01) \times 0.24} \times 2 = 530$ 块

砖的施工定额:$530 \div (1-0.8\%) = 535$ 块/m³

每立方米一砖墙砂浆净用量:$1 - 530 \times (0.24 \times 0.115 \times 0.053) = 0.225 \text{m}^3$

M5 砂浆施工定额：$0.225 \div (1-1.5\%) = 0.228 \text{m}^3/\text{m}^3$

42.5 级水泥施工定额：$0.228 \times 194 = 44.23 \text{kg}$

黄砂施工定额：$0.228 \times 1378/(1-3\%) = 323.9 \text{kg}$

石灰膏施工定额：$0.228 \times 146 = 33.29 \text{kg}$

【例 2-6】 某企业前 8 期完成的施工产值、竣工面积及钢材、水泥两大类材料的消耗量如下表 2-24 所示，试运用统计分析法计算确定钢材、水泥两大材料的万元定额和平方米定额。

某企业前 8 期完成的施工产值、竣工面积及钢材、水泥消耗量　　　　表 2-24

报告期	竣工面积（万 m²）	施工产值（万元）	钢材			水泥		
			报告期耗用(t)	t/m²	t/万元	报告期耗用(t)	t/m²	t/万元
1	125	87500	97520			257000		
2	155	108500	126872			396787		
3	156	109200	132428			401190		
4	143	99400	102908			326009		
5	122	85400	87533			271970		
6	178	124600	131099			374224		
7	180	126000	162907			429211		
8	208	145600	170814			520933		

【分析】

1) 计算每一报告期的平方米用量和万元用量如表 2-25。

每一报告期的平方米用量和万元用量　　　　表 2-25

报告期	竣工面积（万 m²）	施工产值（万元）	钢材			水泥		
			报告期耗用(t)	t/m²	t/万元	报告期耗用(t)	t/m²	t/万元
1	125	87500	97520	0.078	1.11	257000	0.206	2.93
2	155	108500	126872	0.082	1.17	396787	0.256	3.66
3	156	109200	132428	0.085	1.21	401190	0.257	3.67
4	143	99400	102908	0.072	1.04	326009	0.228	3.28
5	122	85400	87533	0.072	1.03	271970	0.223	3.18
6	178	124600	131099	0.074	1.05	374224	0.210	3.00
7	180	126000	162907	0.091	1.29	429211	0.238	3.41
8	208	145600	170814	0.082	1.17	520933	0.250	3.58

2) 计算总平均数：

A. 钢材平方米用量总平均数

$$\frac{0.078+0.082+0.085+0.072+0.072+0.074+0.091+0.082}{8} = 0.0795 \text{t/m}^2$$

B. 钢材每万元用量总平均数

$$\frac{1.11+1.17+1.21+1.04+1.03+1.05+1.29+1.17}{8}=1.134\text{t}/万元$$

C. 水泥平方米用量总平均数

$$\frac{0.206+0.256+0.257+0.228+0.223+0.210+0.238+0.250}{8}=0.235\text{t}/\text{m}^2$$

D. 水泥每万元用量总平均数

$$\frac{2.93+3.66+3.67+3.28+3.18+3.00+3.41+3.58}{8}=3.34\text{t}/万元$$

3) 计算平均先进数,作为万元定额和平方米定额:

A. 钢材平方米定额 $=\dfrac{0.078+0.072+0.072+0.074}{4}=0.074\text{t}/\text{m}^2$

B. 钢材万元定额 $=\dfrac{1.11+1.04+1.03+1.05}{4}=1.0575\text{t}/万元$

C. 水泥平方米定额 $=\dfrac{0.206+0.228+0.223+0.210}{4}=0.217\text{t}/\text{m}^2$

D. 水泥万元定额 $=\dfrac{2.93+3.28+3.18+3.00}{4}=3.10\text{t}/万元$

复习思考题

1. 材料消耗定额的基本概念及种类?
2. 材料消耗定额的制订方法及制订过程中应注意的问题?
3. 几种常用的材料消耗预算定额(如:混凝土、砖墙、抹灰等)的计算确定过程?
4. 材料消耗施工定额的基本概念及应用?
5. 材料消耗概算定额的基本概念、作用、种类及编制方法?
6. 材料消耗定额管理的主要工作内容?

三、材料计划管理

（一）材料计划管理概述

材料管理应确定一定时期内所能达到的目标，材料计划就是为实现材料工作目标所做的具体部署和安排。材料计划是企业材料部门的行动纲领，对组织材料资源，满足施工生产需要，提高企业经济效益，具有十分重要的作用。

1. 材料计划管理的概念

材料计划管理，就是运用计划手段组织、指导、监督、调节材料的采购、供应、储备、使用等一系列工作的总称。

社会主义市场经济的确立，要求企业根据生产经营的规律，进行市场预测、需求预测，有计划地安排材料的采购、供应、储备，以适应变化迅速的市场形势。

第一，应确立材料供求平衡的观念。供求平衡是材料计划管理的首要目标。宏观上的供求平衡，使基本建设投资规模必须建立在社会资源条件允许情况下，才有材料市场的供求平衡，才可寻求企业内部的供求平衡。材料部门应积极组织资源，在供应计划上不留缺口，使企业完成施工生产任务有坚实的物质保证。

第二，应确立指令性计划、指导性计划和市场调节相结合的观念。市场的作用在材料管理中所占份额越来越大，编制计划、执行计划均应在这种观念的指导下，使计划切实可行。

第三，应确立多渠道、多层次筹措和开发资源的观念。多渠道、少环节是我国物资管理体制改革的一贯方针。企业一方面应充分利用市场，占有市场，开发资源；另一方面应狠抓企业管理，依靠技术进步，提高材料使用效能，降低材料消耗。

2. 材料计划管理的任务

（1）为实现企业经济目标做好物质准备

建筑企业的经营发展，需要材料部门提供物质保证。材料部门必须适应企业发展的规模、速度和要求，只有这样才能保证企业经营顺利进行。为此材料部门应做到经济采购，合理运输，降低消耗，加速周转，以最少的资金获得最优的经济效果。

（2）做好平衡协调工作

材料计划的平衡是施工生产各部门协调工作的基础。材料部门一方面应掌握施工任务，核实需用情况，另一方面要查清内外资源，了解供需状况，掌握市场信息，确定周转储备，搞好材料品种、规格及项目的平衡配套，保证生产顺利进行。

（3）采取措施，促进材料的合理使用

建筑施工露天作业，操作条件差，浪费材料的问题长期存在。必须加强材料的计划管理，通过计划指标、消耗定额，控制材料使用，并采取一定的手段，如检查、考核、奖励等，提高材料的使用效益，从而提高供应水平。

（4）建立健全材料计划管理制度

材料计划的有效作用是建立在材料计划的高质量的基础上的。建立科学、连续、稳定和严肃的计划指标体系，是保证计划制度良好运行的基础。健全计划流转程序和制度，可以保证施工有秩序、高效率地运行。

3. 材料计划的分类

（1）材料计划按照材料的使用方向分为生产材料计划和基本建设材料计划

1）生产材料计划。是指施工企业所属工业企业，为完成生产计划而编制的材料需用计划。如机械制造、制品加工、周转材料生产和维修、建材产品生产等。所需材料的数量按生产的产品数量和该产品消耗定额计算确定。

2）基本建设材料计划。包括自身基建项目、承建基建项目的材料计划，通常应根据承包协议和分工范围及供应方式编制。

（2）按照材料计划的用途分为材料需用计划、申请计划、供应计划、加工订货计划和采购计划

1）材料需用计划。一般由最终使用材料的施工项目编制，是材料计划中最基本的计划，是编制其他计划的基本依据。材料需用计划应根据不同的使用方向，分单位工程，结合材料消耗定额，逐项计算需用材料的品种、规格、质量、数量，最终汇总成实际需用数量。

2）材料申请计划。是根据需用计划，经过项目或部门内部平衡后，分别向有关供应部门提出的材料申请计划。

3）材料供应计划。是负责材料供应的部门，为完成材料供应任务，组织供需衔接的实施计划。除包括供应材料的品种、规格、质量、数量、使用项目以外，还应包括供应时间。

4）材料加工订货计划。是项目或供应部门为获得材料或产品资源而编制的计划。计划中应包括所需材料或产品的名称、规格、型号、质量及技术要求和交货时间等，其中若属非定型产品，应附有加工图纸、技术资料或提供样品。

5）材料采购计划。是企业为了向各种材料市场采购材料而编制的计划。计划中应包括材料品种、规格、数量、质量，预计采购厂商名称及需用资金。

（3）按照计划期限分为年度计划、季度计划、月计划、一次性用料计划及临时追加计划

1）年度计划。是建筑企业保证全年施工生产任务所需用料的主要材料计划。它是企业向国家或地方计划物资部门、经营单位申请分配、组织订货、安排采购和储备提出的计划，也是指导全年材料供应与管理活动的重要依据。因此，年度材料计划，必须与年度施工生产任务密切结合，计划质量（指反映施工生产任务落实的准确程度）的好与坏，对全年施工生产的各项指标能否实现，有着密切关系。

2）季度计划。根据企业施工任务的落实和安排的实际情况编制季度计划，用以调整年度计划，具体组织订货、采购、供应。落实各项材料资源，为完成本季施工生产任务提供保证。季度计划材料品种、数量一般须与年度计划结合，有增或减的，要采取有效的措施，争取资源平衡或报请上级和主管部门调整计划。如果采取季度分月编制的方法，则需要具备可靠的依据。这种方法可以简化月度计划。

3）月度用料计划。它是基层单位，根据当月施工生产进度安排编制的需用材料计划。它比年度、季度计划更细致，要求内容更全面、及时和准确。以单位工程为对象，按形象

进度实物工程量逐项分析计算汇总使用项目及材料名称、规格、型号、质量、数量等，是供应部门组织配套供料、安排运输、基层安排收料的具体行动计划。它是材料供应与管理活动的重要环节，对完成月度施工生产任务，有更直接的影响。凡列入月计划的施工项目需用材料，都要进行逐项落实，如个别品种、规格有缺口，要采取紧急措施，如借、调、改、代、加工、利库等办法，进行平衡，保证按计划供应。

4) 一次性用料计划，也叫单位工程材料计划。是根据承包合同或协议书，按规定时间要求完成的施工生产计划或单位工程施工任务而编制的需用材料计划，它的用料时间，与季、月计划不一定吻合，但在月度计划内要列为重点，专项平衡安排。因此，这部分材料需用计划，要提前编制交供应部门，并对需用材料的品种、规格、型号、颜色、时间等，都要详细说明，供应部门应保证供应。内包工程可采取签定供需合同的办法。

5) 临时追加材料计划。由于设计修改或任务调整，原计划品种、规格、数量的错漏，施工中采取临时技术措施，机械设备发生故障需及时修复等原因，需要采取临时措施解决的材料计划，叫临时追加用料计划。列入临时计划的一般是急用材料，要作为重点供应。如费用超支和材料超用，应查明原因，分清责任，办理签证，由责任方承担经济责任。

4. 编制材料计划的步骤

施工企业常用的材料计划，是按照计划的用途和执行时间编制的年、季、月的材料需用计划、申请计划、供应计划、加工订货计划和采购计划。在编制材料计划时，应遵循以下步骤：

1) 各建设项目及生产部门按照材料使用方向，分单位工程，作工程用料分析，根据计划期内应完成的生产任务量及下一步生产中需提前加工准备的材料数量，编制材料需用计划。

2) 根据项目或生产部门现有材料库存情况，结合材料需用计划，并适当考虑计划期末周转储备量，按照采购供应的分工，编制项目材料申请计划，分报各供应部门。

3) 负责某项材料供应的部门，汇总各项目及生产部门提报的申请计划，结合供应部门现有资源，全面考虑企业周转储备，进行综合平衡，确定对各项目及生产部门的供应品种、规格、数量及时间，并具体落实供应措施，编制供应计划。

4) 按照供应计划所确定的措施，如：采购、加工订货等，分别编制措施落实计划，即采购计划和加工订货计划，确保供应计划的实现。

5. 影响材料计划管理的因素

材料计划的编制和执行中，常受到多种因素的制约，处理不当极易影响计划的编制质量和执行效果。影响因素主要来自企业外部和企业内部两个方面。

企业内部影响因素，主要是企业内各部门间的衔接问题。例如生产部门提供的生产计划，技术部门提出的技术措施和工艺手段，劳资部门下达的工作量指标等，只有及时提供准确的资料，才能使计划制定有依据而且可行。同时，要经常检查计划执行情况，发现问题及时调整。计划期末必须对执行情况进行考核，为总结经验和编制下期计划提供依据。

企业外部影响因素主要表现在材料市场的变化因素及与施工生产相关的因素。如材料政策因素、自然气候因素等。材料部门应及时了解和预测市场供求及变化情况，采取措施保证施工用料的相对稳定。掌握气候变化信息，特别是对冬、雨季期间的技术处理，劳动力调配，工程进度的变化调整等均应作出预计和考虑。

编制材料计划应实事求是，积极稳妥，不留缺口，使计划切实可行。执行中应严肃、认真，为达到计划的预期目标打好基础。定期检查和指导计划的执行，提高计划制定水平和执行水平，考核材料计划完成情况及效果，可以有效地提高计划管理质量，增强计划的控制功能。

（二）材料计划的编制和实施

1. 材料计划的编制原则

（1）综合平衡的原则

编制材料计划必须坚持综合平衡的原则。综合平衡是计划管理工作的一个重要内容，包括产需平衡，供求平衡，各供应渠道间平衡，各施工单位间的平衡等。坚持积极平衡，按计划做好控制协调工作，促使材料合理使用。

（2）实事求是的原则

编制材料计划必须坚持实事求是的原则，材料计划的科学性就在于实事求是，深入调查研究，掌握正确数据，使材料计划可靠合理。

（3）留有余地的原则

编制材料计划要瞻前顾后，留有余地，不能只求保证供应，扩大储备，形成材料积压。材料计划不能留有缺口，避免供应脱节，影响生产。只有供需平衡，略有余地，才能确保供应。

（4）严肃性和灵活性统一的原则

材料计划对供、需两方面都有严格的约束作用，同时建筑施工受着多种主客观因素的制约，出现变化情况，也是在所难免的，所以在执行材料计划中，既要讲严肃性，又要适当重视灵活性，只有严肃性和灵活性的统一，才能保证材料计划的实现。

2. 材料计划的编制准备

（1）要有正确的指导思想

建筑企业的施工生产活动与国家各个时期国民经济的发展，有着密切的联系，为了很好地组织施工，必须学习党和国家有关方针政策，掌握上级有关材料管理的经济政策，使企业材料管理工作，沿着正确方向发展。

（2）收集资料

编制材料计划要建立在可靠的基础上，首先要收集各项有关资料数据，包括上期材料消耗水平，上期施工作业计划执行情况，摸清库存情况，以及周转材料、工具的库存和使用情况等。

（3）了解市场信息

市场资源是目前建筑企业解决需用材料的主要渠道，编制材料计划时必须了解市场资源情况，市场供需状况，是组织平衡的重要内容，不能忽视。

3. 材料计划的编制程序

（1）计算需用量

1）计划期内工程材料需用量计算。

A. 直接计算法。一般是以单位工程为对象进行编制。在施工图纸到达并经过会审后，根据施工图计算分部分项实物工程量，结合施工方案与措施，套用相应的材料消耗定额编制材料分析表。按分部进行汇总，编制单位工程材料需用计划。再按施工形象进度，编制季、月需用计划。

直接计算法的公式如下：

某种材料计划需用量＝建筑安装实物工程量×某种材料消耗定额（分预算定额和施工定额）

上述计算公式的材料消耗定额，根据使用对象选定。如编制施工图预算向建设单位、上级主管部门和物资部门申请计划分配材料指标、作为结算依据或据以编制订货、采购计划，应采用预算定额计算材料需用量。如企业内部编制施工作业计划，向单位工程承包负责人和班组实行定包供应材料，作为承包核算基础，则采用施工定额计算材料需用量。

B. 间接计算法。当工程任务已经落实，但设计尚未完成，技术资料不全；有的工程甚至初步设计还没有确定，只有投资金额和建筑面积指标，不具备直接计算的条件。为了事前做好备料工作，可采用间接计算法。根据初步摸底的任务情况，按概算定额或经验定额分别计算材料用量，编制材料需用计划，作为备料依据。

凡采用间接计算法编制备料计划的，在施工图到达后，应立即用直接计算法核算材料实际需用量，进行调整。

间接计算法的具体做法如下：

a. 已知工程类型、结构特征及建筑面积的项目，选用同类型按建筑面积平方米消耗定额计算，其计算公式：

某材料计划需用量＝某类型工程建筑面积×某类型工程每平方米某材料消耗定额×调整系数

b. 工程任务不具体，如企业的施工任务只有计划总投资，则采用万元定额计算。其计算公式如下：（由于材料价格浮动较大，因此，计算时必须查清单价、及其浮动幅度，折成系数调整，否则误差较大）

某材料计划需用量＝各类工程任务计划总投资×每万元工作量某材料消耗定额×调整系数

2）周转材料需用量计算

周转材料的特点在于周转，首先根据计划期内的材料分析确定周转材料总需用量，然后结合工程特点，确定计划期内周转次数，再算出周转材料的实际需用量。

例：今年二季度某建筑工程公司，按材料分析，钢模总用量为 $5000m^2$，计划周转次数为 2.5 次/季，则钢模实际需用量为：$5000÷2.5＝2000m^2$。

3）施工设备和机械制造的材料需用量计算

建筑企业自制施工设备，一般没有健全的定额消耗管理制度，而且产品也是非定型的多，可按各项具体产品，采用直接计算法，计算材料需用量。

4）辅助材料及生产维修用料的需用量计算

这部分材料用量较小，有关统计和材料定额资料也不齐全，其需用量可采用间接计算法计算。

需用量＝（报告期实际消费量÷报告期实际完成工程量）×本期计划工程量×增减系数

（2）确定实际需用量编制材料需用计划

根据各工程项目计算的需用量，进一步核算实际需用量。核算的依据有以下几个方面：

1)对于一些通用性材料,在工程进行初期阶段,考虑到可能出现的施工进度超额因素,一般都略加大储备,其实际需用量就略大于计划需用量。

2)在工程竣工阶段,因考虑到工完料清场地净,防止工程竣工材料积压,一般是利用库存控制进料,这样实际需用量要略小于计划需用量。

3)对于一些特殊材料,为保证工程质量,往往要求一批进料,所以计划需用量虽只是一部分,但在申请采购中往往是一次购进,这样实际需用量就要大大增加。

实际需用量的计算公式如下:

$$实际需用量＝计划需用量\pm 调整因素$$

(3)编制材料申请计划

需要上级供应的材料,应编制申请计划。申请量的计算公式如下:

$$材料申请量＝实际需用量＋计划储备量－期初库存量$$

(4)编制供应计划

供应计划是材料计划的实施计划。材料供应部门根据用料单位提报的申请计划及各种资源渠道的供货情况、储备情况,进行总需用量与总供应量的平衡,并在此基础上编制对各用料单位或项目的供应计划,并明确供应措施,如利用库存、市场采购、加工订货等。

(5)编制供应措施计划

在供应计划中所明确的供应措施,必须有相应的实施计划。如市场采购,须相应编制采购计划;加工订货,须有加工订货合同及进货安排计划,以确保供应工作的完成。

4. 材料计划的编制方法

(1)项目材料需用计划和申请计划的编制

1)编制程序

第一步,材料部门应与生产、技术部门积极配合,掌握施工工艺,了解施工技术组织方案,仔细阅读施工图纸;

第二步,根据生产作业计划下达的工作量,结合图纸和施工方案,计算施工实物工程量;

第三步,查材料消耗定额,计算完成生产任务所需材料品种、规格、数量、质量,完成材料分析;

第四步,汇总各操作项目材料分析中材料需用量,编制材料需用计划;

第五步,结合项目库存量,计划周转储备量,提出项目用料申请计划,报材料供应部门。

2)案例分析

【例3-1】 某施工队材料组,负责两个项目的材料管理。一为宿舍工程,处于基础部位。另一为教学楼工程,处于结构部位。本月生产计划下达任务量分别如下,试编制材料需用计划。该施工队钢材、水泥属企业材料分公司负责供应,其他由项目材料组自行采购,试编制申请计划。

项目一:

某宿舍工程某月计划完成基础工程部分工程量,其中M5混合砂浆砌砖$200m^3$;C10碎石垫层混凝土$100m^3$。其各种材料需用量计算如下:

第一步:查砌砖、混凝土相对应的材料消耗定额得到:

每立方米砌砖用标准砖 512 块，砂浆 0.26m³。

每立方米混凝土的用量为 1.01m³。

第二步：计算混凝土、砂浆及砖需用量：

砌砖工程：标准砖 512 块/m³×200m³＝102400 块

砂浆 0.26m³/m³×200m³＝52m³

混凝土工程混凝土量 1.01m³/m³×100m³＝101m³

第三步：查砂浆、混凝土配合比表得：

每立方米 C10 混凝土用水泥 198kg，砂 777kg，碎石 1360kg；

每立方米 M5 砂浆用水泥 320kg，白灰 0.06kg，砂 1599kg；

则砌砖砂浆中各种材料需用量为：

水泥	320kg/m³×52m³	＝16640kg
白灰	0.06kg/m³×52m³	＝3.12kg
砂	1599kg/m³×52m³	＝83148kg

混凝土中各种材料需用量为：

水泥	198kg/m³×101m³	＝19998kg
砂	777kg/m³×101m³	＝78477kg
碎石	1360kg/m³×101m³	＝137360kg

以上材料分析的过程可以列表，如表 3-1。

分项工程材料分析表　　　　表 3-1

单位工程名称　某宿舍
计算部位　基础工程

定额编号	工程名称	单位	工程数量	32.5 级水泥(kg)	砂子(kg)	白灰(kg)	砖(块)	碎石(kg)
×—×	M5 混合砂浆砌砖	m³	200	83.2×200 ＝16640	415.74×200 ＝83148	0.0156×200 ＝3.12	512×200 ＝102400	
×—×	C10 碎石混凝土垫层	m³	100	199.98×100 ＝19998	784.77×100 ＝78477			1373.6×100 ＝137360
—	基础工程小计			36638	161625	3.12	102400	137360

项目二：

某教学楼工程某月份计划完成结构工程中过梁安装、空心板堵眼，其生产计划下达任务量如下表所列，按照项目一计算方法，可以得下列材料分析。

该队材料需用计划根据表 3-1 和表 3-2 汇总而得，见表 3-3。

根据两项目所提供库存报表，并结合本月生产安排，各种材料现库存及计划周转库存量如表 3-4。

根据材料库存情况，按下式计算实际材料申请数量：

材料申请量＝材料需用量－期初库存量＋期末库存量

由于水泥属材料分公司供应，则单独编制水泥申请计划，并报材料分公司，见表 3-5。

分项工程材料分析表　　　　　　　　　　　表 3-2

单位工程名称　某教学楼
计算部位　结构工程

定额编号	工程名称	单位	工程数量	42.5级水泥(kg)	砂子(kg)	砖(kg)
×—×	过梁安装	根	434	10.45×434=4535.3	8.355×434=3626.1	
×—×	空心板堵眼	块	249	2.93×249=729.60	23.4×249=5826.6	4.5×249=1120.5
	结构工程小计			5264.9	9452.7	1120.5

某队某月材料需用计划　　　　　　　　　　　表 3-3

序号	编号	单位工程名称	结构类型	施工部位	42.5级水泥(kg)	砂子(kg)	砖(块)	白灰(kg)	碎石(kg)
	×—×	×宿舍	混合	基础	36638	16125	102400	3.12	137360
	×—×	×教学楼	框架	结构	5364.9	9452.1	1120.5		
		合计			41902.9	171077.1	103520.5	3.12	137360

材料库存情况　　　　　　　　　　　表 3-4

项目	水泥(kg)		砂子(kg)		砖(块)		白灰(kg)		碎石(kg)	
	期初	期末	期初	期末	期初	期末	期初	期末	期初	期末
1	1050	1500	0	7500	0	0	0	2	0	0
2	450	450	0	2250	0	0	0	0	0	0

材料申请计划　　　　　　　　　　　表 3-5

序号	材料名称	规格	单位	项目名称	需用数量	用料时间	备注
1	水泥	42.5	kg	×宿舍	37088	×—×	
2	水泥	42.5	kg	×教学楼	5264.8	×—×	
	合计		kg		42352.8		

砂子、碎石、砖及石灰由项目材料组供应,编制申请计划,报材料组。见表3-6、表3-7。

某宿舍工程某月材料申请计划　　　　　　　　　　　表 3-6

序号	材料名称	规格	单位	期初库存量	本期需用量	期末库存量	申请量
1	砂子		kg	0	161625	7500	169125
2	砖		块	0	102400	0	102400
3	白灰		kg	0	3.12	2	5.12
4	碎石		kg	0	137360	0	137360

某教学楼工程某月材料申请计划　　　　　　　　　　　表 3-7

序号	材料名称	期初库存量	本期需用量	期末库存量	申请量
1	砂子(kg)	0	9452.1	2250	11702.1
2	砖(块)	0	1120.5		1121

(2) 材料供应计划的编制方法

编制材料供应计划,供应部门应对所属需用部门的材料申请计划根据生产任务进行核实,结合资源,进行汇总,经过综合平衡,提出申请、订货、采购、加工、利库等供应措施。材料供应计划是指导材料供应业务活动的具体行动计划。

材料供应计划综合性强，涉及面广，一般应按以下步骤编制：

1) 准备工作

A. 明确施工任务和生产进度安排，核实项目材料需用量；掌握现场交通地理条件，材料堆放位置及现场布置。

B. 调查掌握情况，搜集信息资料。包括建安工程合同（协议）和有关供应分工；三大构件加工所需原材料的品种、规格型号；施工图预算分部分项材料需用量和经营维修材料需用量的品种、规格、型号、颜色、供应时间；施工生产进度、技术要求和施工组织设计；现场交通地理条件、堆放、布置等；材料质量标准，以及市场供需动态，商品信息资料等。

C. 分析上期材料供应计划执行情况。通过供应计划执行情况与消耗统计资料，分析供应与消耗动态，检查分析订货合同执行情况、运输情况、到货规律等，以确定本期供应间隔天数与供应进度。分析库存多余和不足，以确定计划期末周转储备量。

2) 确定材料供应量

A. 应认真核实汇总各项目材料申请量，了解编制计划所需的技术资料是否齐全；定额采用是否合理；材料申请是否合乎实际，有无粗估冒算、计算差错；材料需用时间、到货时间与生产进度安排是否吻合；品种规格能否配套等。

B. 预计供应部门现有库存量。由于计划编制较早，从编制计划时间到计划期初的这段预计期内，材料仍然不断收入和发出，因此预计计划期初库存十分重要。一般计算方法是：

期初预计库量＝编制计划时的实际库存＋预计期计划收入量－预计期计划发出量

计划期初库存量预计是否正确，对平衡计算供应量和计划期内的供应效果有一定影响，预计不准确，少了将造成数量不足，供需脱节而影响施工；数量多了，会造成超储而积压资金。正确预计期初库存数，必须对现场库存实际资源、订货、调剂拨入、采购收入、在途材料、待验收以及施工进度预计消耗、调剂拨出等数据都要认真核实。

C. 根据生产安排和材料供应周期计算计划期末周转储备量。

合理地确定材料周转储备量，即计划期末的材料周转储备，是为下一期期初考虑的材料储备。要根据供求情况的变化、市场信息等，合理计算间隔天数，以求得合理的储备量。

D. 确定材料供应量。

材料供应量＝材料申请量－期初库存资源量＋计划期末周转储备量

上述 4 个数量也称为编制供应计划的四要素。

E. 根据材料供应量和可能获得资源的渠道，确定供应措施，如申请、订货、采购、建设单位供料、利库、加工、改代等，并与资金进行平衡，以利计划实现。

材料供应计划参考表式，如表 3-8。

(3) 材料采购计划、加工订货计划的编制

材料采购及加工订货计划是材料供应计划的具体落实计划。按照供应措施，完成采购及加工订货任务。其编制程序为：

1) 了解供应项目需求特点及质量要求，确定采购及加工订货材料品种、规格、质量

材料供应计划表式 表3-8

材料名称	规格质量	计量单位	期初库存	计划申请量			计划期末周转储备	供应量合计	其中:供应措施					备注
				合计	其中				采购	甲方供料	加工制作	利用库存	申请	
					×项目	×项目								

和数量，了解材料使用时间，确定加工周期和供应时间。

2）确定加工图纸或加工样品，并提出具体加工要求。如果必要，可由加工厂家先期提供加工试验品，在需用方认同情况下再批量加工。

3）按照施工进度和经济批量的确定原则，确定采购批量，同时确定采购及加工订货所需资金及到位时间。

材料采购及加工订货计划的主要内容见表3-9。

采购（加工订货）计划（表式） 表3-9

材料名称	规格质量	计量单位	需用数量	需用时间	采购批量	需用资金

5. 材料计划的实施

材料计划的编制只是计划工作的开始，而更重要的工作还是在计划编制以后，就是材料计划的实施，材料计划的实施，是材料计划工作的关键。

（1）组织材料计划的实施

材料计划工作是以材料需用计划为基础，材料供应计划是企业材料经济活动的主导计划，可使企业材料系统的各部门，不仅了解本系统的总目标和本部门的具体任务，而且了解各部门在完成任务中的相互关系，组织各部门从满足施工需要总体要求出发，采取有效措施，保证各自任务的完成，从而保证材料计划的实施。

（2）协调材料计划实施中出现的问题

材料计划在实施中常因受到内部或外部的各种因素的干扰，影响材料计划的实现，一般有以下几种因素：

1）施工任务的改变。计划实施中施工任务改变主要是指临时增加任务或临时削减任务等，一般是由于国家基建投资计划的改变、建设单位计划的改变或施工力量的调整等。任务改变后材料计划应作相应调整，否则就要影响材料计划的实现。

2）设计变更。施工准备阶段或施工过程中，往往会遇到设计变更，影响材料的需用数量和品种规格，必须及时采取措施，进行协调，尽可能减少影响，以保证材料计划执行。

3）采购情况变化。到货合同或生产厂的生产情况发生了变化，影响材料的及时供应。

4）施工进度变化。施工进度计划的提前或推迟，也会影响到材料计划的正确执行。

在材料计划发生变化的情况下，要加强材料计划的协调作用，做好以下几项工作：

A. 挖掘内部潜力，利用库存储备以解决临时供应不及时的矛盾；
B. 利用市场调节的有利因素，及时向市场采购；
C. 同供料单位协商临时增加或减少供应量；
D. 与有关单位进行余缺调剂；
E. 在企业内部有关部门之间进行协商，对施工生产计划和材料计划进行必要地修改。

为了做好协调工作，必须掌握动态，了解材料系统各个环节的工作进程，一般通过统计检查，实地调查，信息交流等方法，检查各有关部门对材料计划的执行情况，及时进行协调，以保证材料计划的实现。

（3）建立材料计划分析和检查制度

为了及时发现计划执行中的问题，保证计划的全面完成，建筑企业应从上到下按照计划的分级管理职责，在计划实施反馈信息的基础上进行计划的检查与分析。

一般应建立以下几种计划检查与分析制度。

1）现场检查制度。基层领导人员应经常深入施工现场，随时掌握生产进行过程中的实际情况，了解工程形象进度是否正常，资源供应是否协调，各专业队组是否达到定额及完成任务的好坏，做到及早发现问题，及时加以处理解决，并按实际向上一级反映情况。

2）定期检查制度。建筑企业各级组织机构应有定期的生产会议制度，检查与分析计划的完成情况。一般公司级生产会议每月2次，工程处一级每周1次，施工队则每日应有生产碰头会。通过这些会议检查分析工程形象进度、资源供应、各专业队组完成定额的情况等，做到统一思想、统一目标、及时解决各种问题。

3）统计检查制度。统计是检查企业计划完成情况的有力工具，是企业经营活动的各个方面在时间和数量方面的计算和反映。它为各级计划管理部门了解情况、决策、指导工作、制订和检查计划提供可靠的数据和情况。通过统计报表和文字分析，及时准确地反映计划完成的程度和计划执行中的问题，反映基层施工中的薄弱环节，是揭露矛盾、研究措施、跟踪计划和分析施工动态的依据。

（4）计划的变更和修订

实践证明，材料计划的变更是常见的、正常的。材料计划的多变，是由它本身的性质所决定的。计划总是人们在认识客观世界的基础上制定出来的，它受人们的认识能力和客观条件所制约，所编制出的计划的质量就会有差异，计划与实际脱节往往不可能完全避免，重要的是一经发现，就应调整原计划。自然灾害、战争等突然事件，一般不易被认识，一旦发生，会引起材料资源和需求的重大变化。材料计划涉及面广，与各部门、各地区、各企业都有关系，一方有变，牵动他方，也使材料资源和需要发生变化。这些主客观条件的变化必然引起原计划的变更。为了使计划更加符合实际，维护计划的严肃性，就需要对计划及时调整和修订。

1）常变更或修订材料计划的一般情况

材料计划的变更及修订，除了上述基本原因以外，还有一些具体原因。一般地讲，出现了下述情况，也需要对材料计划进行调整和修订。

A. 任务量变化。任务量是确定材料需用的主要依据之一，任务量的增加或减少，都将相应地引起材料需要的追加和减少，在编制材料计划时，不可能将计划任务变动的各种因素都考虑在内，只有待问题出现后，通过调整原计划来解决。

B. 设计变更。分三种情况：

a. 在项目施工过程中，由于技术革新，增加了新的材料品种，原计划需要的材料出现多余，就要减少需要；或者根据用户的意见对原设计方案进行修订，则所需材料的品种和数量将发生变化。

b. 在基本建设中，由于编制材料计划时，图纸和技术资料尚不齐全，原计划实属框算需要，待图纸和资料到齐后，材料实际需要常与原框算情况有所出入。这时也需要调整材料计划。同时，由于现场地质条件及施工中可能出现的变化因素，需要改变结构，改变设备型号，材料计划调整不可避免。

c. 在工具和设备修理中，编制计划时很难预计修理需要的材料，实际修理需用的材料与原计划中申请材料常常有所出入，调整材料计划完全有必要。

C. 工艺变动。设计变更必然引起工艺变更，需要的材料当然就不一样。设计未变，但工艺变了，加工方法、操作方法变了，材料消耗可能与原来不一样，材料计划也要作相应调整。

D. 其他原因。如计划期初预计库存不正确，材料消耗定额变了，计划有误等，都可能引起材料计划的变更，需要对原计划进行调整和修订。

根据我国多年的实践，材料计划变更主要是由生产建设任务的变更所引起的。其他变更对材料计划当然也发生一定影响，但变更的数量远比生产和基建计划变更为少。

由于上述种种原因，必须对材料计划进行合理的修订及调整。如不及时进行修订，将使企业发生停工待料的危险，或使企业材料大量闲置积压。这不仅会使生产建设受到影响，而且也直接影响企业的财务状况。

2）材料计划的变更及修订主要有如下三种方法

A. 全面调整或修订。这主要是指材料资源和需要发生了大的变化时的调整，如前述的自然灾害、战争或经济调整等，都可能使资源和需要发生重大变化，这时需要全面调整计划。

B. 专案调整或修订。这主要是指由于某项任务的突然增减；或由于某种原因，工程提前或延后施工；或生产建设中出现突然情况等，使局部资源和需要发生了较大变化，一般用待分配材料安排或当年储备解决，必要时通过调整供应计划解决。

C. 临时调整或修订。如生产和施工过程中，临时发生变化，就必须临时调整，这种调整也属于局部性调整，主要是通过调整材料供应计划来解决。

3）材料计划的调整及修订中应注意的问题

A. 维护计划的严肃性和实事求是地调整计划。

在执行材料计划的过程中，根据实际情况的不断变化，对计划作相应的调整或修订是完全必要的。但是要注意避免轻易地变更计划，无视计划的严肃性，认为有无计划都得保证供应，甚至违反计划、用计划内材料搞计划外项目，也通过变更计划来满足。当然，不能把计划看作是一成不变的，在任何情况下都机械地强调维持原来的计划，明明计划已不符合客观实际的需要，仍不去调整、修订、解决，这也和事物的发展规律相违背。正确的态度和做法是，在维护计划严肃性的同时，坚持计划的原则性和灵活性的统一，实事求是地调整和修订计划。

B. 权衡利弊和尽可能把调整计划压缩到最小限度。

调整计划虽然是完全必要的，但许多时候调整计划总要或多或少地造成一些损失。所以在调整计划时，一定要权衡利弊，把调整的范围压缩到最小限度，使损失尽可能地减少。

C. 及时掌握情况，归纳起来有以下三个主要方面：

a. 做好材料计划的调整或修订工作，材料部门必须主动和各方面加强联系，掌握计划任务安排和落实情况，如了解生产建设任务和基本建设项目的安排与进度；了解主要设备和关键材料的准备情况；对一般材料也应按需要逐项检查落实，如果发生偏差，迅速反馈，采取措施，加以调整。

b. 掌握材料的消耗情况，找出材料消耗升降的原因，加强定额管理，控制发料，防止超定额用料而调整申请量。

c. 掌握资源的供应情况。不仅要掌握库存和在途材料的动态，还要掌握供方能否按时交货等情况。

掌握上述三方面的情况，实际上就是要求做到需用清楚，消耗清楚和资源清楚，以利于材料计划的调整和修订。

D. 应妥善处理、解决调整和修订材料计划中的相关问题。

材料计划的调整或修订，追加或减少的材料，一般以内部平衡调剂为原则，减少部分或追加部分内部处理不了或不能解决的，由负责采购或供应的部门协调解决。要特别注意的是，要防止在调整计划中拆东墙补西墙，冲击原计划的做法。没有特殊原因，追加材料应通过机动资源和增产解决。

(5) 考评执行材料计划的经济效果

材料计划的执行效果，应该有一个科学的考评方法，一个重要内容就是建立材料计划指标体系，它包括下列指标：

1) 采购量及时到货率；
2) 供应量及配套率；
3) 自有运输设备的运输量；
4) 占用流动资金及资金周转次数；
5) 材料成本的降低率；
6) 三大材料的节约率和节约额。

通过指标考评，激励各部门认真实施材料计划。

【例 3-2】 某工程队下个月的施工任务及相关的定额如下表 3-10，求：
1) 各种材料的合计需用量；
2) 根据上述资料编制下个计划期材料需用计划表。

【分析】
1) 各种材料合计需用量如表 3-11 所示。
2) 表 3-12 为下个计划期材料需用计划表。

【例 3-3】 某单位本月 15 日开始编制下个月的材料供应计划。本月 16 日查库时水泥库存量为 20t，现场库存 25t，至本月底尚有 30t 水泥按合同的约定到货。本月份平均日耗用水泥 4t，预计下月平均每日需用水泥比本月每日需用量增加 25%，水泥平均供应间隔天数为 11 天，保险储备天数为 3 天，验收入库需 1 天，月工作日按 30 天计算。求：

1) 下月的期初库存量。
2) 下月平均每日水泥需用量。

分部分项工程材料用量审核表　　　　建设单位：（略）　　　　表 3-10

单位工程	项目施工任务	工程量	定额编号	砖(千块) 定额	砖(千块) 用量	水泥(kg) 定额	水泥(kg) 用量	黄砂(kg) 定额	黄砂(kg) 用量	石灰(kg) 定额	石灰(kg) 用量
某校学生楼	M5 砂浆砖基础	63m³	略	0.528		43		357		19	
某校学生楼	M2.5 砂浆砌砖外墙	156m³		0.53		33		369		20	
某校学生楼	M2.5 砂浆砌砖内墙	200m³		0.528		32		361		20	
某 2 号工程车间	水泥地坪	200m²				12		35			
某 2 号工程宿舍	砖墙面抹灰	500m²				4.3		32.7		2.7	

3) 下月的期末储备量；
4) 下月的计划水泥供应量。

各种材料合计需用量表　　　　表 3-11

单位工程	项目	砖(千块)	水泥(kg)	黄砂(kg)	石灰(kg)
校学生楼	M5 砂浆砖基础	33.26	2709	22491	1197
校学生楼	M2.5 砂浆砌砖外墙	82.68	5148	57564	3120
校学生楼	M2.5 砂浆砌砖内墙	105.6	6400	72200	4000
某 2 号工程车间	水泥地坪		2400	7000	
某 2 号工程宿舍	砖墙面抹灰		2150	16350	1350
合计		221.54	18807	175605	9667

下个计划期材料需用计划表　　　　表 3-12

序号	材料名称	规格	本月合计（t）	单位工程需用量 某校工程	单位工程需用量 某 2 号工程
1	砖	标准砖	22.2	22.2	
2	水泥	32.5 级普通水泥	19	14.4	4.6
3	黄砂	中粗	176	152.5	23.5
4	石灰	三七灰	10	8.5	1.5

【分析】

1) 期初库存量 $=20+25-15\times4+30=15t$；
2) 下月水泥平均每日需用量 $=4\times(1+25\%)=5t$；
3) 下月期末储备量 $=4(1+25\%)\times(11+3+1)=75t$；
4) 下月水泥计划供应量 $=4\times(1+25\%)\times30-15+75=210t$。

【例 3-4】 某些施工单位编制材料计划以后，很少能在整个计划期内得到贯彻，从而使材料管理工作混乱，忙于应付。问题：

1) 材料计划不能正确实施的原因是什么？
2) 简述材料计划的实施要点。

【分析】

1) 材料计划不能正确实施的原因：

A. 编制计划脱离施工生产实际情况，确实执行不了；

B. 材料计划编制所依据的客观情况是变化的，客观情况变动后，如果不及时调整计划，使原计划执行不了；

C. 材料计划的实施需要各有关部门的配合，各部门之间的工作不协调，会使材料计划执行不了。

2) 材料计划实施要点：

A. 组织材料计划的实施。

B. 协调材料计划实施中出现的问题。

① 挖掘内部潜力，利用库存解决临时供应不及时的矛盾；

② 利用市场调节的有利因素，及时向市场采购；

③ 同供料单位协商临时增加或减少供应量；

④ 与企业内部各部门协调，对企业计划作必要的修改等。

C. 建立计划分析和检查制度：

a. 现场检查制度；b. 定期检查制度；c. 统计检查制度。

D. 计划的变更和修订：由于任务量变化、设计变更、工艺变动等原因，使计划需要变更和修订，修订的方法有：a. 全面调整或修订；b. 专案调整或修订；c. 临时调整或修订等。

E. 考核执行材料计划的效果。

【例3-4】 某施工单位全年计划进货水泥257000t，其中合同进货192750t，市场采购38550t，建设单位来料25700t。最终实际到货的情况是：合同到货183115t，市场采购32768t，建设单位来料15420t。问题：

1) 分析全年水泥进货计划完成情况。

2) 激励各部门实施材料计划的手段是什么，指标有哪些？

【分析】

1) 水泥进货计划完成情况分析：

A. 总计划完成率 $= \dfrac{183115+32768+15420}{257000} \times 100\% = 90\%$；

B. 合同到货完成率 $= \dfrac{183115}{192750} \times 100\% = 95\%$；

C. 市场采购完成率 $= \dfrac{32768}{38550} \times 100\% = 85\%$；

D. 建设单位来料完成率 $= \dfrac{15420}{25700} \times 100\% = 60\%$。

2) 激励各部门实施材料计划的手段是考核各部门实施材料计划的经济效果，主要指标有：

A. 采购量及时到货率；

B. 供应量及配套率；

C. 自有运输设备的运输量；

D. 占用流动资金及资金周转次数；
E. 材料成本降低率；
F. 三大材料的节约额和节约率。

复习思考题

1. 材料计划管理的主要任务是什么？
2. 常用的材料计划有哪几种？简述它们之间的关系。
3. 简述材料计划的编制程序？
4. 如何编制项目材料需用计划和申请计划？
5. 简述材料供应计划的编制程序？
6. 材料计划实施中应做好哪些管理工作？

四、材料采购管理

(一) 材料采购概述

1. 材料采购的概念

建筑企业材料管理的四大业务环节是采购、运输、储备和供应,采购是首要环节。材料采购就是通过各种渠道,把建筑施工所需用的各种材料购买进来,保证施工生产的顺利进行。

经济合理地选择采购对象和采购批量,并按质、按量、按时运入企业,对于保证施工生产,充分发挥材料使用效能,提高工程质量,降低工程成本,提高企业的经济效益,都具有重要的意义。

2. 材料采购应遵循的原则

(1) 遵守法律法规的原则

材料采购,必须遵守国家、地方的有关法律和法规,以物资管理政策和经济管理法令指导采购。熟悉合同法、财会制度及工商行政管理部门的有关规定。

(2) 按计划采购的原则

采购计划的依据是施工生产需用。按照生产进度安排采购时间、品种、规格和数量,可以减少资金占用,避免盲目采购而造成积压,发挥资金最大效益。

(3) 坚持"三比一算"的原则

比质量、比价格、比运距、算成本是对采购环节加强核算和管理的基本要求。在满足工程质量要求条件下,选用价格低、距离近的采购对象,从而降低采购成本。

3. 材料采购决策

1) 确定采购材料的品种、规格、质量。

2) 确定计划期的采购总量。

3) 选择供应渠道及供应单位。

4) 选择采购的形式和方法。例如是期货或现货、同品种材料是向一家采购或多家采购、是定期定量还是随机采购等。

5) 决定采购批量。

6) 决定采购时间和进货时间。

以上各项,主要由材料计划部门,以施工生产的需要为基础,根据市场反馈信息,进行比较分析,综合决策,会同采购人员制定采购计划,及时展开采购工作。

4. 建筑材料采购的范围

建筑材料采购的范围包括建设工程所需的大量建材、工具用具、机械设备和电气设备等,这些材料设备约占工程合同总价的 60% 以上,大致可以划分为以下几大类:

1) 工程用料。包括土建、水电设施及其他一切专业工程的用料。

2) 暂设工程用料。包括工地的活动房屋或固定房屋的材料、临时水电和道路工程及临时生产加工设施的用料。

3) 周转材料和消耗性用料。

4) 机电设备。包括工程本身的设备和施工机械设备。

5) 其他。如办公家具、仪器等。

5. 影响材料采购的因素

流通环节的不断发展，社会物资资源渠道增多，企业内部项目管理办法的普遍实施等，使材料采购受企业内、外诸多因素的影响。在组织材料采购时，应综合各方面各部门利益，保证企业整体利益。

(1) 企业外部因素影响

1) 资源渠道因素。按照物资流通经过的环节，资源渠道一般包括三类：一是生产企业，这一渠道供应稳定，价格较其他部门和环节低，并能根据需要进行加工处理，因此是一条较有保证的经济渠道；二是物资流通部门，特别是属于某行业或某种材料生产系统的物资部门，资源丰富，品种规格齐备，对资源保证能力较强，是国家物资流通的主渠道；三是社会商业部门，这类材料经销部门数量较多，经营方式灵活，对于解决品种短缺起到良好的作用。

2) 供方因素，即材料供方提供资源能力的影响。在时间上、品种上、质量上及信誉上能否保证需方所求，是考核供应能力的基本依据。采购部门要定期分析供方供应水平并作出定量考核指标，以确定采购对象。

3) 市场供求因素。在一定时期内供求因素是经常变化的，造成变化的原因涉及工商、税务、利率、投资、价格、政策等诸多方面。掌握市场行情，预测市场动态是采购人员的任务，也是在采购竞争中取胜的重要因素。

(2) 企业内部因素

1) 施工生产因素。建筑施工生产程序性、配套性强，物资需求呈阶段性。材料供应批量与零星采购交叉进行。由于设计变更、计划改变及施工工期调整等因素，使材料需求非确定因素较多。各种变化都会波及材料需求和使用。采购人员应掌握施工规律，预计可能出现的问题，使材料采购适应生产需用。

2) 储存能力因素。采购批量受料场、仓库堆放能力的限制，采购批量的大小也影响着采购时间间隔。根据施工生产平均每日需用量，在考虑采购间隔时间、验收时间和材料加工准备时间的基础上，确定采购批量及采购次数等。

3) 资金的限制。采购批量是以施工生产需用为主要因素确定的，但资金的限制也将改变或调整批量，增减采购次数。当资金缺口较大时，可按缓急程度分别采购。

除上述影响因素外，采购人员自身素质、材料质量等对材料采购都有一定的影响。

6. 材料采购管理模式

材料采购业务的分工，应根据企业机构设置、业务分工及经济核算体制确定。目前，一般都按核算单位分别进行采购。在一些实行项目承包或项目经理负责制的企业，都存在着不分材料品种、不分市场情况而盲目争取采购权的问题。企业内部公司、工区（处）、施工队、施工项目以及零散维修用料、工具用料均自行采购。这种做法既有调动各部门积极性等有利的一面，也存在着影响企业发展的不利一面，其主要利弊有：

（1）分散采购的利

1）分散采购可以调动各级各部门积极性，有利于各部门各项经济指标的完成。

2）可以及时满足施工需要，采购工作效率较高。

3）就某一采购部门内来说，流动资金量小，有利于部门内资金管理。

4）采购价格一般低于多级多层次采购的价格。

（2）分散采购的弊

1）分散采购难以形成采购批量，不易形成企业经营规模，从而影响企业整体经济效益。

2）局部资金占用少，但资金分散，其总体占用额度往往高于集中采购资金占用，资金总体效益和利用率下降。

3）机构人员重叠，采购队伍素质相对较弱，不利于建筑企业材料采购供应业务水平的提高。

（3）材料采购管理模式的选择

一定时期内，是分散采购还是集中采购，是由国家物资管理体制和社会经济形势及企业内部管理机制决定的，既没有统一固定的模式，也非一成不变。不同的企业类型，不同的生产经营规模，甚至承揽的工程不同，其采购管理模式均应根据具体情况而确定。

我国建筑企业主要有三种类型：

1）现场型施工企业。这类企业一般是规模相对较小或相对于企业经营规模而言承揽的工程任务相对较大。企业材料采购部门与建设项目联系密切，这种情况不宜分散采购而应集中采购。一方面减少项目采购工作量，形成采购批量；另一方面有利于企业对施工项目的管理和控制，提高企业管理水平。

2）城市型施工企业。是指在某一城市或地区内经营规模较大，施工力量较强，承揽任务较多的企业。我国最初建立的国营建筑企业多属于城市型企业。这类企业机构健全，企业管理水平较高，且施工项目多在一个城市或地区内分布，企业整体经营目标一致，比较适宜采用统一领导分级管理的采购模式。主要材料、重要材料及利于综合开发的材料资源采取统一筹划，形成较强的采购能力和开发能力，适宜与大型材料生产企业协作，对稳定资源、稳定价格、保证工程用料，有较强的保证作用。特别是当市场供小于求时尤其显著。一般材料由基层材料部门或施工项目部视情况自行安排，分散采购。这样做既调动了各部门积极性，又保证了整体经济利益；既能发挥各自优势，又能抵御市场带来的冲击。

3）区域型施工企业。这类企业一般经营规模庞大，能够承揽跨省、跨地区甚至跨国项目，如中国建筑工程总公司。也有从事某区域内专业项目建设施工任务的企业，如中国铁路建设总公司、中国水利建设总公司等。这类企业技术力量雄厚，但施工项目和人员分散，因此其采购模式要视其所在地区承揽的项目类型和采购任务而定。往往是集中采购与分散采购配合进行，分散采购和联合采购并存，采购方式灵活多样。

由此可见，采购管理模式的确定绝非惟一的、不变的，应根据具体情况分析，以保证企业整体利益为目标而确定。

（二）材料采购管理的内容

1. 材料采购信息管理

采购信息是施工企业材料决策的依据，是提供采购业务咨询的基础资料，是进行资源开发，扩大资源渠道的条件。

(1) 材料采购信息的种类

1) 资源信息。包括资源的分布，生产企业的生产能力，产品结构，销售动态，产品质量，生产技术发展，甚至原材料基地，生产用燃料和动力的保证能力，生产工艺水平，生产设备等。

2) 供应信息。包括基本建设信息，建筑施工管理体制变化，项目管理方式，材料储备运输情况，供求动态，紧缺及呆滞材料情况。

3) 价格信息。现行国家价格政策，市场交易价格及专业公司牌价，地区建筑主管部门颁布的预算价格，国家公布的外汇交易价格等。

4) 市场信息。生产资料市场及物资贸易中心的建立、发展及其市场占有率，国家有关生产资料市场的政策等。

5) 新技术、新产品信息。新技术、新产品的品种，性能指标，应用性能及可靠性等。

6) 政策信息。国家和地方颁布的各种方针、政策、规定、国民经济计划安排，材料生产、销售、运输管理办法，银行贷款、资金政策，以及对材料采购发生影响的其他信息。

(2) 信息的来源

材料采购信息，首先应具有及时性，即速度要快，效率要高。失去时效也就失去了使用价值。第二应具有可靠性，有可靠的原始数据，切忌道听途说，以免造成决策失误。第三应具有一定的深度，反映或代表一定的倾向性，提出符合实际需要的建议。在收集信息时，应力求广泛，其主要途径有：

1) 各报刊、网络等媒体和专业性商业情报刊载的资料；

2) 有关学术、技术交流会提供的资料；

3) 各种供货会、展销会、交流会提供的资料；

4) 广告资料；

5) 政府部门发布的计划、通报及情况报告；

6) 采购人员提供的资料及自行调查取得的信息资料等。

(3) 信息的整理

为了有效高速地采撷信息、利用信息，企业应建立信息员制度和信息网络，应用电子计算机等管理工具，随时进行检索、查询和定量分析。采购信息整理常用的方法有：

1) 运用统计报表的形式进行整理。按照需用的内容，从有关资料、报告中取得有关的数据，分类汇总后，得到想要的信息。例如根据历年材料采购业务工作统计，可整理出企业历年采购金额及其增长率，各主要采购对象合同兑现率等。

2) 对某些较重要的、经常变化的信息建立台账，做好动态记录，以反映该信息的发展状况。如按各供应项目分别设立采购供应台账，随时可以查询采购供应完成程度。

3) 以调查报告的形式就某一类信息进行全面的调查、分析、预测，为企业经营决策提供依据。如针对是否扩大企业经营品种，是否改变材料采购供应方式等展开调查，根据调查结果整理出"是"或"否"的经营意向，并提出经营方式、方法的建议。

(4) 信息的使用

搜集、整理信息是为了使用信息，为企业采购业务服务。信息经过整理后，应迅速反馈有关部门，以便进行比较分析和综合研究，制定合理的采购策略和方案。

2. 材料采购及加工业务

建筑企业采购和加工业务，是有计划、有组织地进行的。其内容有决策、计划、洽谈、签订合同、验收、调运和付款等工作，其业务过程，可分为准备、谈判、成交、执行和结算等五个环节。

（1）材料采购和加工业务的准备

采购和加工业务，在通常情况下需要有一个较长时间的准备，无论是计划分配材料或市场采购材料，都必须按照材料采购计划，事先做好细致的调查研究工作，摸清需要采购和加工材料的品种、规格、型号、质量、数量、价格、供应时间和用途等，以便落实资源。准备阶段中，必须做好下列主要工作：

1）按照材料分类，确定各种材料采购和加工的总数量计划；

2）按照需要采购的材料（如一般的产需衔接材料），了解有关厂矿的供货资源，选定供应单位，提出采购矿点的要货计划；

3）选择和确定采购和加工企业，这是做好采购和加工业务的基础。必须选择设备齐全、加工能力强、产品质量好和技术经验丰富的企业。此外，如企业的生产规模、经营信誉等，在选择中均应摸清情况。在采购和加工大量材料时，还可采用招标和投标的方法，以便择优落实供应单位和承揽加工企业。

4）按照需要编制市场采购和加工材料计划，报请领导审批。

（2）材料采购和加工业务的谈判

材料采购和加工计划经有关单位平衡安排，领导批准后，即可开展业务谈判活动。所谓业务谈判，就是材料采购业务人员与生产、物资或商业等部门进行具体的协商和洽谈。

业务谈判应遵守国家和地方制定的物资政策、物价政策和有关法令，供需双方应本着地位平等、相互谅解、实事求是，搞好协作的精神进行谈判。

1）采购业务谈判的主要内容有：

A. 明确采购材料的名称、品种、规格和型号；

B. 确定采购材料的数量和价格；

C. 确定采购材料的质量标准（国家标准、部颁标准、企业专业标准和双方协商确定的质量标准）和验收方法；

D. 确定采购材料的交货地点、方式、办法、交货日期以及包装要求等；

E. 确定采购材料的运输办法，如需方自理、供方代送或供方送货等；

F. 确定违约责任、纠纷解决方法等其他事项。

2）加工业务谈判的主要内容有：

A. 明确加工品的名称、品种和规格；

B. 确定加工品的数量；

C. 确定供料方式，如由定作单位提供原材料的带料加工或承揽单位自筹材料的包工包料，以及所需原材料的品种、规格、质量、定额、数量和提供日期；

D. 确定加工品的技术性能和质量要求，以及技术鉴定和验收方法；

E. 确定定作单位提供加工样品的，承揽单位应按样品复制；定作单位提供设计图纸资料的，承揽单位应按设计图纸加工；生产技术比较复杂的，应先试制，经鉴定合格后成批生产；

F. 确定加工品的加工费用和自筹材料的材料费用，以及结算办法；

G. 确定原材料的运输办法及其费用负担；

H. 确定加工品的交货地点、方式、办法，以及交货日期及其包装要求；

I. 确定加工品的运输办法；

J. 确定双方应承担的责任。如承揽单位对定作单位提供原材料应负保管的责任，按规定质量、时间和数量完成加工品的责任；不得擅自更换定作单位提供的原材料的责任；不得把加工品任务转让给第三方的责任；定作单位按时、按质、按量提供原材料的责任；按规定期限付款的责任等。

业务谈判，一般要经过多次反复协商，在双方取得一致意见时，业务谈判就告完成。

(3) 材料采购加工的成交

材料采购加工业务，经过与供应单位反复酝酿和协商，取得一致意见时，达成采购、销售协议，称为成交。

成交的形式，目前有签订合同的订货形式、签发提货单的提货形式和现货现购等形式。

1) 订货形式。建筑企业与供应单位按双方协商确定的材料品种、质量和数量，将成交所确定的有关事项用合同形式固定下来，以便双方执行。订购的材料，按合同交货期分批交货。

2) 提货形式。由供应单位签发提货单，建筑企业凭单到指定的仓库或堆栈，按规定期限提取。提货单有一次签发和分期签发二种，由供需双方在成交时确定。

3) 现货现购。建筑企业派出采购人员到物资门市部、商店或经营部等单位购买材料，货款付清后，当场取回货物，即所谓"一手付钱、一手取货"银货两讫的购买形式。

4) 加工形式。加工业务在双方达成协议时，签订承揽合同。承揽合同是指承揽方根据定作方提出的品名、项目、质量要求，使用定作方提供的原料，为其加工特定的产品，收取一定加工费的协议。

(4) 材料采购和加工业务的执行

材料采购和加工，经供需双方协商达成协议签订合同后，由供方交货，需方收货。这个交货和收货过程，就是采购和加工的执行阶段。主要有以下几个方面：

1) 交货日期。供需双方应按规定的交货日期及其数量如期履行，供方应按规定日期交货，需方应按规定日期收（提）货。如未按合同规定日期交货或提货，应作未履行合同处理。

2) 材料验收。材料验收，应由建筑企业派员对所采购的材料和加工品进行数量和质量验收。

数量验收，应对供方所交材料进行检点。发现数量短缺，应迅速查明原因，向供方提出。

材料质量分为外观质量和内在质量，分别按照材料质量标准和验收办法进行验收。发现不符合规定质量要求的，不予验收；如属供方代运或送货的，应一面妥为保管，一面在规定期限内向供方提出书面异议。

材料数量和质量经验收通过后,应填写材料入库验收单,报本单位有关部门,表示该批材料已经接收完毕,并验收入库。

3) 材料交货地点。材料交货地点,一般在供应企业的仓库、堆场或收料部门事先指定的地点。供需双方应按照成交确定的或合同规定的交货地点进行材料交接。

4) 材料交货方式。材料交货方式,指材料在交货地点的交货方式,有车、船交货方式和场地交货方式。由供方发货的车、船交货方式,应由供应企业负责装车或装船。

5) 材料运输。供需双方应按成交确定的或合同规定的运输办法执行。委托供方代运或由供方送货,如发生材料错发到货地点或接货单位,应立即向对方提出,按协议规定负责运到规定的到货地点或接货单位,由此而多支付运杂费用,由供方承担;如需方填错或临时变更到货地点,由此而多支付的费用,应由需方承担。

(5) 材料采购和加工的经济结算

经济结算,是建筑企业对采购的材料,用货币偿付给供货单位价款的清算。采购材料的价款,称为货款;加工的费用,称为加工费,除应付货款和加工费外,还有应付委托供货和加工单位代付的运输费、装卸费、保管费和其他杂费。

经济结算有异地结算和同城结算两大类:

异地结算:系指供需双方在二个城市间进行结算。它的结算方式有:异地托收承付结算、信汇结算,以及部分地区试行的限额支票结算等方式;

同城结算:是指供需双方在同一城市内进行结算。结算方式有:同城托收承付结算、委托银行付款结算、支票结算和现金结算等方式。

1) 托收承付结算。托收承付结算,系由收款单位根据合同规定发货后,委托银行向付款单位收取货款,付款单位根据合同核对收货凭证和付款凭证等无误后,在承付期内承付的结算方式。

2) 信汇结算。信汇结算,是由收款单位在发货后,将收款凭证和有关发货凭证,用挂号函件寄给付款单位,经付款单位审核无误通过银行汇给收款单位。

3) 委托银行付款结算。委托银行付款结算,由付款单位按采购材料货款,委托银行从本单位账户中将款项转入指定的收款单位账户的一种同城结算方式。

4) 支票结算。支票结算,由付款单位签发支票,由收款单位通过银行,凭支票从付款单位账户中支付款项的一种同城结算方式。

5) 现金结算。现金结算,是由采购单位持现金向商店购买零星材料的货款结算方式。每笔现金货款结算金额,按照各地银行所规定的现金限额内支付。

货款和费用的结算,应按照中国人民银行的规定,在成交或签订合同时具体明确结算方式和具体要求。

A. 结算的具体要求

a. 明确结算方式;

b. 明确收、付款凭证;一般凭发票、收据和附件(如发货凭证、收货凭证等);

c. 明确结算单位,如通过当地建材公司向需方结算货款。

B. 建筑企业审核付货款和费用的主要内容

a. 材料名称、品种、规格和数量是否与实际收料的材料验收单相符;

b. 单价，是否符合国家或地方规定的价格，如无规定价格的，应按合同规定的价格结算；

c. 委托采购和加工单位代付的运输费用和其他费用，应按照合同规定核付，自交货地点装运到指定目的地的运费，一般应由委托单位负担；

d. 收、付款凭证和手续是否齐全；

e. 总金额经审核无误，才能通知财务部门付款。

如发现数量和单价不符、凭证不齐、手续不全等情况，应退回收款单位更正、补齐凭证、补办手续后，才能付款；如托收承付结算的，可以采取部分或全部拒付货款。

3. 材料采购资金管理

材料采购过程伴随着企业材料流动资金的运动过程。材料流动资金运用情况决定着企业经济效益的优劣。材料采购资金管理是充分发挥现有资金的作用，挖掘资金的最大潜力，获得较好的经济效益的重要途径。

编制材料采购计划的同时，必须编制相应的资金计划，以确保材料采购任务的完成。材料采购资金管理办法，根据企业采购分工不同、资金管理手段不同而有以下几种方法。

(1) 品种采购量管理法

品种采购量管理法，适用于分工明确，采购任务量确定的企业或部门。按照每个采购员的业务分工，分别确定一个时期内其采购材料实物数量指标及相应的资金指标，用以考核其完成情况。对于实行项目自行采购的资金管理和专业材料采购的资金管理，使用这种方法可以有效地控制项目采购支出，管好用好专业材料。

(2) 采购金额管理法

采购金额管理法是确定一定时期内采购总金额，并明确这一时期内各阶段采购所需资金，采购部门根据资金情况安排采购项目及采购量。这种管理方法对于资金紧张的项目或部门可以合理安排采购任务，按照企业资金总体计划分期采购。一般综合性采购部门可以采取这种方法。

(3) 费用指标管理法

费用指标管理法是确定一定时期内材料采购资金中成本费用指标，如采购成本降低额或降低率，用以考核和控制采购资金使用。鼓励采购人员负责完成采购业务的同时注意采购资金使用，降低采购成本，提高经济效益。

上述几种方法都可以在确定指标的基础上按一定时间期限实行经济责任制，将指标落实到部门、落实到人，充分调动部门和个人的积极性，达到提高资金使用效率的目的。

4. 材料采购批量的管理

材料采购批量是指一次采购材料的数量。其数量的确定是以施工生产需用为前提，按计划分批进行采购。采购批量直接影响着采购次数、采购费用、保管费用和资金占用、仓库占用。在某种材料总需用量中，每次采购的数量应选择各项费用综合成本最低的批量，即经济批量或最优批量。经济批量的确定受多方因素影响，按照所考虑主要因素的不同一般有以下几种方法：

(1) 按照商品流通环节最少的原则选择最优批量

从商品流通环节看，向生产厂直接采购，所经过的流通环节最少，价格最低。不过生产厂的销售往往有最低销售量限制，采购批量一般要符合生产厂的最低销售批量。这样既减少了中间流通环节费用，又降低了采购价格，而且还能得到适用的材料，最终降低了采购成本。

(2) 按照运输方式选择经济批量

在材料运输中有铁路运输、公路运输、水路运输等不同的运输方式。每种运输中一般又分整车（批）运输和零散（担）运输。在中、长途运输中，铁路运输和水路运输较公路运输价格低，运量大。而在铁路运输和水路运输中，又以整车运输费用较零散运输费用低。因此一般采购应尽量就近采购或达到整车托运的最低限额以降低采购费用。

(3) 按照采购费用和保管费用支出最低的原则选择经济批量

材料采购批量越小，材料保管费用支出越低，但采购次数越多，采购费用越高。反之，采购批量越大，保管费用越高，但采购次数越少，采购费用越低。因此采购批量与保管费用成正比例关系，与采购费用成反比例关系，用图表示为图4-1。

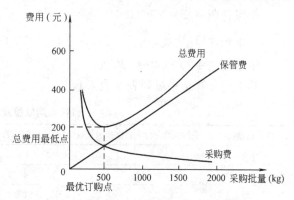

图 4-1 采购批量与费用关系图

某种材料的总需用量中，每次采购数量能使其保管费和采购费之和为最低，则该批量称为经济批量。

当企业某种材料全年耗用量确定的情况下，其采购批量与保管费用及采购费之间的关系是：

$$年保管费 = \frac{1}{2} 采购批量 \times 单位材料年保管费 \quad (4-1)$$

$$年采购费 = 采购次数 \times 每次采购费用 \quad (4-2)$$

$$年总费用 = 年保管费 + 年采购费$$

【例 4-1】 某种材料某企业全年耗用总量为 120t，每次采购费是 80 元，年保管费率为材料平均储备价值的 20%，材料单价为 60 元/t，求总费用最低的经济采购批量。

【分析】

1) 设全年采购 1 次，则每次采购 120t，由以上式（4-1）和式（4-2）计算可得：

$$年保管费 = \frac{1}{2} \times 120 \times 60 \times 20\% = 720 元$$

年采购费 = 1×80 = 80 元

年总费用 = 720+80 = 800 元

2) 设全年采购 3 次，则每次采购 120÷3 = 40t

$$年保管费 = \frac{1}{2} \times 40 \times 60 \times 20\% = 240 元$$

年采购费 = 3×80 = 240 元

年总费用 = 240+240 = 480 元

3) 设全年采购 6 次，则每次采购 120÷6 = 20t

年保管费＝$\frac{1}{2}$×20×60×20％＝120 元

年采购费＝6×80＝480 元

年总费用＝120＋480＝600 元

4) 设全年采购 8 次,则每次采购 120÷8＝15t

年保管费＝$\frac{1}{2}$×15×60×20％＝90 元

年采购费＝8×80＝640 元

年总费用＝90＋640＝730 元

其上述计算结果可列表如表 4-1。

材料采购数量及费用表　　　　　　　　　　　　　　　　　表 4-1

总需用量(t)	采购次数(次)	每次采购量(t/次)	平均库存(t)	保管费用(元)	采购费用(元)	总费用(元)
120	1	120	120/2	720	80	800
120	3	40	40/2	240	240	480
120	6	20	20/2	120	480	600
120	8	15	15/2	90	640	730

由表 4-1 可见:采购 3 次,每次采购 40t,能使采购费与保管费之和最低,为 480 元,则 40t 为该材料的经济采购批量,其年保管费用支出为 240 元;采购费用支出为 240 元;总费用为 480 元。

以上过程也可通过以下公式计算:

$$Q=\sqrt{\frac{2RK}{PL}} \tag{4-3}$$

式中　Q——一次采购量,即经济批量;

　　　R——总采购量;

　　　P——材料单价;

　　　L——保管费率(％);

　　　K——每次采购费用。

将上例中各种数字直接代入式(4-3)得:

$$Q=\sqrt{\frac{2\times120\times80}{60\times20％}}=40\text{t}$$

即最优经济批量为 40t,全年宜分 120÷40＝3 次采购,其保管费用和采购费用支出为:

年保管费＝$\frac{1}{2}$×40×60×20％＝240 元

年采购费＝3×80＝240 元

年总费用＝240＋240＝480 元

采用这种方法计算经济批量时,必须具备四个条件:

1) 需求比较确定;

2) 消耗比较均衡;
3) 资源比较丰富,能及时补充库存;
4) 仓库条件及资金不受限制。

(三) 材料采购方式

1. 建设工程材料的采购方式

为工程项目采购材料、设备而选择供货商并与其签订物资购销合同或加工订购合同,多采用如下三种方式之一。

(1) 招标方式

这种方式适用于采购大宗的材料和较重要的或较昂贵的大型机具设备,或工程项目中的生产设备和辅助设备。承包商或业主根据项目的要求,详细列出采购物资的品名、规格、数量、技术性能要求;承包商或业主自己选定的交货方式、交货时间、支付货币和支付条件,以及品质保证、检验、罚则、索赔和争议解决等合同条件和条款作为招标文件,邀请有资格的制造厂家或供应商参加投标(也可采用公开招标方式),通过竞争择优签订购货合同,这种方式实际上是将询价和商签合同连在一起进行,在招标程序上与施工招标基本相同。

(2) 询价方式

这种方式是采用询价—报价—签订合同程序,即采购方对3家以上的供货商就采购的标的物进行询价,对其报价经过比较后选择其中一家与其签订供货合同。这种方式实际上是一种议标的方式,无需采用复杂的招标程序,又可以保证价格有一定的竞争性,一般适用于采购建筑材料或价值较小的标准规格产品。

(3) 直接订购

直接订购方式一般不进行产品的质量和价格比较,是一种非竞争性采购方式。一般适用于以下几种情况:

1) 为了使设备或零配件标准化,向原经过招标或询价选择的供货商增加购货,以便适应现有设备。

2) 所需设备具有专卖性质,只能从一家制造商获得。

3) 负责工艺设计的承包单位要求从指定供货商处采购关键性部件,并以此作为保证工程质量的条件。

4) 尽管询价通常是获得最合理价格的较好方法,但在特殊情况下,由于需要某些特定机电设备早日交货,也可直接签订合同,以免由于时间延误而增加开支。

2. 市场采购

市场采购就是从材料经销部门、物资贸易中心、材料市场等地购买工程所需的各种材料。随着国家指令性计划分配材料范围的缩小,市场自由购销范围越来越大,市场采购这一组织资源的渠道在企业资源来源所占比重迅速增加。保证供应、降低成本,必须抓好市场采购的管理工作。

(1) 市场采购的特点

1) 材料品种、规格复杂,采购工作量大,配套供应难度大;

2) 市场采购材料由于生产分散,经营网点多,质量、价格不统一,采购成本不易控

制和比较;

3) 受社会经济状况影响,资源、价格波动较大。

由于市场采购材料的上述特点使工程成本中材料部分的非确定因素较多,工程投标风险大。因此控制采购成本成为企业确保工程成本的重要环节。

(2) 市场采购的程序

1) 根据材料供应计划中确定的供应措施,确定材料采购数量及品种规格。根据各施工项目提报的材料申请计划,期初库存量和期末库存量确定出材料供应量后,应将该量按供应措施予以分解。其中分解出的材料采购量即成为确定材料采购数量和品种规格的基本依据。再参考资金情况、运输情况及市场情况确定实际采购数量及品种规格。

2) 确定材料采购批量。按照经济批量的确定方法,确定材料采购批量,采购次数及各项费用的预计支出。

3) 确定采购时间和进货时间。按照生产部门下达的作业进度计划,考虑现场运输、储备能力和加工准备周期,确定进货时间。

4) 选择和比较可供材料的企业或经营部门,确定采购对象。当同一种材料,可供资源部门较多且价格、质量、服务差异较大时,要进行比较判断。常用的方法有以下几种:

A. 经验判断法。根据专业采购人员的经验和以前掌握的情况进行分析、比较、综合判断,择优选定采购对象。

B. 采购成本比较法。当几个采购对象对所购材料在数量上、质量上、价格上均能满足,而只在个别因素上有差异,可分别考核计算采购成本,选择低成本的采购对象。

例如:采购某种材料 200t,甲、乙、丙、丁四个供应部门在数量、质量和供应时间上都能满足要求,但费用情况存在差异,列表如表 4-2。

采购成本比较表　　　　　　　　　　　　　　表 4-2

供应单位	单价(元/t)	运费(元/t)	每次订购费	供应单位	单价(元/t)	运费(元/t)	每次订购费
甲	320	10	210	丙	300	20	200
乙	330	10	230	丁	290	30	240

对其采购成本分别计算如下:

甲　$(320+10)\times 200+210=66210$ 元

乙　$(330+10)\times 200+230=68230$ 元

丙　$(300+20)\times 200+200=64200$ 元

丁　$(290+30)\times 200+240=64240$ 元

由以上采购成本计算结果比较而知,丙部门为最宜采购对象。

C. 综合评分法。通过规定采购中应考虑的主要指标及其评价方法,得出各供货单位的评价总分,分值高的为选定的供货单位。

例:某采购单位对甲、乙、丙、丁四个供货单位进行评价。设:产品质量 40 分,价格 35 分,合同完成率 25 分。其中价格的评分,以价格最低的得满分。用此最低价与其他单位的价格作比较,价越高得分越低。各供应单位的相关资料见表 4-3。

对各供应单位的评价结果如下:

甲:$(1920\div 2000)\times 40+(0.86\div 0.89)\times 35+0.98\times 25=96.7$

乙：(2200÷2400)×40+(0.86÷0.86)×35+0.92×25=94.7

丙：(480÷600)×40+(0.86÷0.93)×35+0.95×25=88.1

丁：(900÷1000)×40+(0.86÷0.90)×35+1.00×25=94.4

各供应单位相关资料表 表 4-3

供应单位	质量		单价(元)	合同完成率(%)
	收到材料数量(件)	检验合格材料数量(件)		
甲	2000	1920	0.98	98
乙	2400	2200	0.86	92
丙	600	480	0.93	95
丁	1000	900	0.90	100

比较结果是甲供应单位得分最高，选定为下期合适的供应单位。

D. 采购招标法。由材料采购管理部门提出材料需用的数量和基本性能指标等招标条件。由各供应（销售）部门根据招标条件进行投标，材料采购部门进行综合比较后进行评标和决标，与中标人签订购销合同或协议。这种方法竞争性强，有利于获得质量好、价格优的供货单位，促进材料生产企业自身产品质量的提高。但这种方法须有一套行之有效的监督机制和相应的法律制度，以确保公平竞争、平等合作。

5）按照协商的各项内容，明确供需双方的权利义务，签订材料采购合同。

3. 加工订货

材料加工订货是按照施工图纸要求将工程所需的制品、零件及配件委托加工制作，满足施工生产需求。进行加工订货的材料和制品，一般按照其组成材料的品种不同分为金属制品、木制品和混凝土制品。

（1）金属制品的加工订货

金属制品一般包括成型钢筋和铁件制品两大类。钢筋的加工应按翻样提供的图纸和资料，进行加工成型。材料部门应及时提供所需钢筋，并加强钢筋的加工管理。从目前的管理水平和技术水平看，钢筋适宜集中加工。集中加工有利于材料的套裁、配料和综合利用，材料的利用率较高；同时通过集中加工可以提高加工工艺和加工质量。铁件制品包括预埋铁件、楼梯栏杆、垃圾斗、落水管等。品种规格多，容易丢失、漏项。加工成型的制品零散多样，不易保管。因此金属制品的加工必须按施工部位进度安排加工，制定详细的加工计划，逐项与施工图纸核对。

（2）木制品（门窗）的加工订货

木制品中门窗占有一定比例，门窗有钢质、铝质、塑料质和木质等多种。任何门窗都应首先按图纸详细计算各种规格型号门窗数量，确定准确详细的加工订货数量，并按施工进度安排进场时间。对改形及异形门窗应附加工图，甚至可要求加工样品，待认为完全符合加工意图后再进行批量加工订货。

（3）混凝土制品的加工订货

按照施工图纸核实确定混凝土制品的品种数量后，按照施工进度分批加工，**避免混凝土制品到场后的码放、运输和使用困难。因此要求加工计划准确，加工时间确定，加工质量优良。**

4. 组织材料的其他方式

(1) 与建设单位协作采购

与建设单位协作进行材料采购必须明确分工，划分采购范围及结算方式，并按照施工图预算由施工部门提出其负责采购部分材料的具体品种、规格及进场时间，以免造成停工待料。对于建设单位对工程所提出的特殊材料和设备，应由建设单位与设计部门、施工部门共同协商确定采购、验收使用及结算事宜，并做好各业务环节的衔接工作。

(2) 补偿贸易

建材生产企业由施工企业提供部分或全部资金，用于补偿贸易企业新建、扩建、改建项目或购置机械设备。提供的资金分有偿投资和无偿投资两种。普遍采取的是有偿投资方式。有偿投资按投资金额分期归还，利息负担通过协商确定。补偿贸易企业生产的建筑材料，可以全部或部分作为补偿产品供应给施工企业。

补偿贸易方式可以建立长期稳定、可靠的采购协作基地，有利于开发新材料、新品种，促进建材生产企业提高产品质量和工艺水平。实行补偿贸易，应做好可行性调查，落实资金，签订补偿贸易合同，以保证经济关系的合法和稳定。

(3) 联合开发

建筑企业可以按照不同材料的生产特点和产品特点，与材料生产企业合资经营、联合生产、产销联合和技术协作等，开发更宽的资源渠道，获得较优的材料资源。

合资经营，是指建筑企业与材料生产企业共同投资，共同经营管理，共担风险，实行利润分成。这种方式对稳定资源、扩大施工企业经营范围十分有利。

联合生产，是由建筑企业提供生产技术，将产品的生产过程分解到材料生产企业，所生产的产品由建筑企业负责全部或部分包销。

产销联合，是指建筑企业与材料生产企业之间对生产和销售的协作联合，一般是由建筑企业实行有计划的包购，这样不仅可以保证材料生产企业专心生产，而且成为建筑企业长期稳定的供应基地。

技术协作，指企业间有偿地转让科技成果，工艺技术、技术咨询、培训人员，以资金或建材产品偿付其劳动支出的合作形式。

(4) 调剂与协作组织资源

企业之间本着互惠互利的原则，对短缺材料的品种规格进行调剂和串换，以满足临时、急需和特殊用料。一般通过以下几种形式进行：

1) 全国性的物资调剂会；
2) 地区性的物资调剂会；
3) 系统内的物资串换；
4) 各部门设立的积压物资处理门市；
5) 委托商业部门代为处理和销售；
6) 企业间相互调剂、串换及支援。

(四) 建设工程材料、设备采购的询价

对于大型机电设备和成套设备，为了确保产品质量，获得合理报价，一般选用竞争性的招投标作为采购的常用方式。而对于小批量建筑材料或价值较小的标准规格产品，则可

以简化采购方式,用询价的方式进行采购。由于市场上的销售渠道有进出口商、批发商、零售商和代理商等多层次,材料设备的生产制造厂家众多,其质量和性能规格差别甚大,而且交货状态和付款方式也各有不同,要通过多方正式询价、对比和议价才能作出决策。在正式询价之前,应首先搞清楚材料、设备的计价方式,其次要讲究询价的方法。

1. 材料、设备报价的计价方式和常用的交货方式

货物的实际支付价格往往与货物来源、交货状态、付款方式以及销售和购买方承担的责任、风险有关。总的来说,材料设备的采购来源可分为两大类:国内采购和国外进口。按照采购货物的特点又可分为标准设备(或标准规格材料)和非标准设备(或非标准规格材料)。根据以上的划分,材料、设备采购价的组成内容和计价方式也有所不同,但基本均由两大部分组成,即材料、设备原价(或进口材料、设备到岸价)和运杂费。

(1)国内采购标准材料、设备的计价

国产标准材料、设备是指按照主管部门颁布的标准图纸和技术要求,由我国生产厂批量生产的,符合国家质量检验标准的材料、设备。国产标准材料、设备原价一般指的是材料、设备制造厂的交货价,即出厂价。如设备系由设备成套公司供应,则由其报价作为原价。有的设备有两种出厂价,即带有备件的出厂价和不带有备件的出厂价,在计算设备原价时,一般按带有备件的出厂价计算。

如交货方式为在卖方所在地交货,则货物计价中不含买方支付的运杂费;相反,如交货方式为运抵买方指定的交货地点,则计价中应含从生产厂到目的地的运杂费,运杂费包括运输费和装卸费等。

(2)国内采购非标准材料、设备的计价

非标准材料、设备是指国家尚无定型标准,各生产厂不可能在工艺过程中采用批量生产方式,只能按每一次订货提供的具体设计图纸制造材料、设备。非标准材料、设备原价有多种不同的计算方法,如成本计算估价法、系列设备插入估价法、分部组合估价法、定额估价法等。如按成本计算估价法,非标准设备的原价由以下费用组成。

1)材料费。计算公式为

$$材料费 = 材料净重 \times (1 + 加工损耗系数) \times 每吨材料综合价$$

2)加工费。包括生产工人工资和工资附加费、燃料动力费、设备折旧费、车间经费、按加工费计算的企业管理费等。其计算公式为

$$加工费 = 设备总重量(t) \times 设备每吨加工费$$

3)辅助材料费。包括焊条、焊丝、氧气、氩气、氮气、油漆、电石等的费用,按设备单位重量的辅助材料费指标计算。其计算公式为

$$辅助材料费 = 设备总重量 \times 辅助材料费指标$$

4)专用工具费。按1)~3)项之和乘以合同约定的百分比计算。

5)废品损失费。按1)~4)项之和乘以合同约定的百分比计算。

6)外购配套件费。按设备设计图纸所列的外购配套件的名称、型号、规格、数量、重量,按双方商定的价格加运杂费计算。

7)包装费。按以上1)~6)项之和乘以合同约定的百分比计算。如订货单位和承制厂在同一厂区内,则不计包装费。如在同一城市或地区,距离较近,包装可简化,则可适当减少包装费用。

8) 利润。可按 1)～5) 项加 7) 项之和的 10% 计算。
9) 税金。现为增值税，基本税率为 17%。其计算公式为

$$增值税 = 当期销项税额 - 进项税额$$
$$当期销项税额 = 税率 \times 销售额$$

10) 非标准设备设计费。按国家规定的设计费收费标准另行计算。

综上所述，单台非标准设备出厂价格可用下面的公式计算，即

单台设备出厂价格 = [(材料费+辅助材料费+加工费)×(1+专用工具费率)×(1+废品损失费率)+外购配套件费]×(1+包装费率)×(1+利润率)+增值税+非标准设备设计费

运杂费的计算同标准材料、设备。

(3) 国外进口材料、设备的计价

1) 进口材料、设备的交货方式

进口材料、设备的交货方式可分为内陆交货类、目的地交货类和装运港交货类。

内陆交货类即卖方在出口国内陆的某个地点完成交货任务。在交货地点，卖方及时提交合同规定的货物和有关凭证，并负担交货前的一切费用和风险；买方按时接受货物，交付货款，负担接货后的一切费用和风险，并自行办理出口手续和装运出口。货物的所有权也在交货后由卖方转移给买方。

目的地交货类即卖方要在进口国的港口或内地交货，包括目的港船上交货价，目的港船边交货价 (FOS) 和目的港码头交货价 (关税已付) 及完税后交货价 (进口国目的地的指定地点)，它们的特点是：买卖双方承担的责任、费用和风险是以目的地约定交货点为分界线，只有当卖方在交货点将货物置于买方控制下方算交货，方能向买方收取货款，这类交货价对卖方来说承担的风险较大，在国际贸易中卖方一般不愿采用这类交货方式。

装运港交货类即卖方在出口国装运港完成交货任务，主要有装运港船上交货价 (FOB)、运费在内价 (C&F) 和运费、保险费在内价 (CIF)。它们的特点主要是：卖方按照约定的时间在装运港交货，只要卖方把合同规定的货物装船后提供货运单据便完成交货任务，并可凭单据收回货款。

装运港船上交货价 (FOB) 是我国进口材料、设备采用最多的一种货价，采用船上交货价时卖方的责任是：负责在合同规定的装运港口和规定的期限内，将货物装上买方指定的船只，并及时通知买方；负责货物装船前的一切费用和风险；负责办理出口手续；提供出口国政府或有关方面签发的证件；负责提供有关装运单据。买方的责任是：负责租船或订舱，支付运费，并将船期、船名通知卖方；负担货物装船后的一切费用和风险；负责办理保险及支付保险费，办理在目的港的进口和收货手续；接受卖方提供的有关装运单据，并按合同规定支付货款。

2) 进口材料、设备到岸价的构成

我国进口材料、设备采用最多的是装运港船上交货价 (FOB)，其到岸价构成可概括为：

进口设备价格 = 货价 + 国外运费 + 运输保险费 + 银行财务费 + 外贸手续费 + 关税 + 增值税

A. 进口材料、设备的货价。一般可采用下列公式计算：

$$货价＝外币金额×银行牌价（卖价）$$

式中的外币金额一般是指引进设备装运港船上交货价（FOB）。

B. 进口材料、设备的装运费。我国进口材料、设备大部分采用海洋运输方式，小部分采用铁路运输方式，个别采用航空运输方式。

海洋运输就是利用商船在国内外港口之间通过一定航区和航线进行货物运输的方式，它不受道路和轨道的限制，运输能力大，运费比较低廉。铁路运输一般不受气候条件的影响，可保证全年正常运输，速度较快，运量较大，风险较小。航空运输是一种现代化的运输方式，特别是交货速度快，时间短，安全性高，货物破损率小，能节省保险费、包装费和储藏费，但运输费用较高。

C. 运输保险费。对外贸易货物运输保险是由保险人（保险公司）与被保险人（出口人或进口人）订立保险契约，在被保险人交付议定的保险费后，保险人根据保险契约的规定对货物在运输过程中发生的承保责任范围内的损失给予经济上的补偿。

D. 银行财务费。一般指中国银行手续费，可按离岸货价的 0.5％ 计算，以简化计算。

E. 外贸手续费。是指按对外经济贸易部规定的外贸手续费率计取的费用，可按下式简化计算，即

$$外贸手续费＝（离岸货价＋国外运费＋运输保险费）×1.5\%$$

F. 关税。关税是由海关对进出国境或关境的货物和物品征收的一种税，属于流转性课税。对进口材料、设备征收的进口关税实行最低和普通两种税率，普通税率适用于产自与我国未订有关税互惠条款的贸易条约或协定的国家与地区的进口材料、设备；最低税率适用于产自与我国订有关税互惠条款的贸易条约或协定的国家与地区的进口材料、设备。进口材料、设备的完税价格是指设备运抵我国口岸的到岸价格。

G. 增值税。增值税是我国政府对从事进口贸易的单位和个人，在进口商品报关进口后征收的税种。我国增值税条例规定，进口应税产品均按组成计税价格，依税率直接计算应纳税额，不扣除任何项目的金额或已纳税额，即：

$$进口产品增值税额＝组成计税价格×增值税率$$
$$组成计税价格＝关税完税价格＋关税＋消费税$$

增值税基本税率为 17％。

3）进口材料、设备的运杂费

进口材料、设备的运杂费是指我国到岸港口、边境车站起至买方的用货地点发生的运费和装卸费，由于我国材料、设备的进口常采用到岸价交货方式，故国内运杂费不计入采购价内。

（4）材料、设备计价的其他影响因素

除了上述以货物来源和交货方式计价外，还应考虑卖方的计价可能与其他一些有关的因素。

1）一次购货数量对价格的影响。许多供应商常根据买方的购货量不同而划分为：

A. 零售价（某一最低货物数量限额以下）；

B. 小批量销售价；

C. 批发价；

D. 出厂价；

E. 特别优惠价等。

2) 支付条件对价格的影响。不同的支付条件对卖方的风险和利息负担有所不同，因而其价格自然也就不一样，如：

    A. 即期支付信用证；

    B. 迟期（60 天、90 天或 180 天）付款信用证；

    C. 付款交单；

    D. 承兑交货；

    E. 卖方提供出口信贷等。

3) 支付货币对价格的影响。在国际承包工程的物资采购中，可能业主（工程合同的付款方）、承包商（物资采购合同的付款方）和供货商（物资采购的收款方），以及制造商（物资的生产和最后受益方）属于不同国别，习惯于采用各自的计价货币；或者他们受到某些汇兑制度的约束，对计价货币有各自的要求，因而究竟是用何种货币支付货款，应当事先约定，这是一个最终由何方承担汇率变化风险的问题，在迟期付款的情况下，汇率风险可能是很大的。

2. 材料、设备采购的询价步骤

在国内外工程承包中，对材料和设备的价格要进行多次调查和询价。

(1) 为投标报价计算而进行的询价活动

这一阶段的询价并不是为了立即达成货物的购销交易，作为承包商，只是为了使自己的投标报价计算比较符合实际，作为业主，是为了对材料、设备市场有更深入的了解。因此，这一阶段的询价属于市场价格的调查性质。

价格调查有多种渠道和方式。

1) 查阅当地的商情杂志和报刊。这种资料是公开发行的，有些可以从当地的政府专门机构或者商会获得。应当注意有些商情资料的价格是指零售价格，这种价格对于大量使用材料的承包商或业主来说，可能只是参考而已，甚至是毫无实际使用价值的，因为这种价格包括了从生产厂商、出口商、进口商、批发商和零售商好几个层次的管理费和利润，它们可能比承包商或业主自己成批订货进口价格要高出 1 倍以上。

2) 向当地的同行（建筑工程公司或建设单位）调查了解。这种调查要特别注意同行们在竞争意识作用下的误导，因此，最好是通过当地的代理人进行这类调查。

3) 向当地材料的制造厂商直接询价。

4) 向国外的材料设备制造厂商或其当地代理商询价。

在上述 3) 和 4) 中的直接询价，因为属于投标阶段的一般询价，并非为达成实际交易的询盘，通常称之为"询问报价"。它可以采取口头方式（例如电话、约谈等），也可以采取书面方式（例如电传、传真和信函等），这种报价对需求方和供应方均无任何法律上的约束力。

(2) 实际采购中的询价程序

1) 根据"竞争择优"的原则，选择可能成交的供应商。由于这是选定最后可能成交的供货对象，不一定找过多的厂商询价，以免造成混乱。通常对于同类材料设备等物资，找一两家最多三家有实际供货能力的厂商询价即可。

2) 向供应厂商询盘。这是对供货厂商销售货物的交易条件的询问，为使供货厂商了解所需材料设备的情况，至少应告知所需的品名、规格、数量和技术性能要求等，这种询盘可以要求对方作一般报价，还可以要求作正式的发盘。

3）卖方的发盘。通常是应买方（承包商或业主）的要求而作出的销售货物的交易条件。发盘有多种，如果对于形成合同的要约内容是含糊的、模棱两可的，它只是属于一般报价，属于"虚盘"性质，例如价格注明为"参考价"或者"指示性价格"等，这种发盘对于卖方并无法律上的约束力。通常的发盘是指发出"实盘"，这种发盘应当是内容完整、语言明确，发盘人明示或默示承受约束的。一项完整的发盘通常包括货物的品质、数量、包装、价格、交货和支付等主要交易条件。卖方为保护自身的权益，通常还在其发盘中写明该项发盘的有效期，即在此有效期内买方一旦接受，即构成合同成立的法律责任，卖方不得反悔或更改其重要条件。

4）还盘、拒绝和接受。买方（承包商或业主）对于发盘条件不完全同意而提出变更的表示，即是还盘，也可称之为还价。如果供应商对还盘的某些更改不同意，可以再还盘。有时可能经过多次还盘和再还盘进行讨价还价，才能达成一致，而形成合同。买方不同意发盘的主要条件，可以直接予以"拒绝"，一旦拒绝，即表示发盘的效力已告终止。此后，即使仍在发盘规定的有效期内，买方反悔而重新表示接受，也不能构成合同成立，除非原发盘人（供应商）对该项接受予以确认。

如果承包商或业主完全同意供应商发盘的内容和交易条件，则可予以"接受"。构成在法律上有效的"接受"，应当具备：

A. 应当是原询盘人作出的决定，当然原询盘人应是有签约的权力；

B. "接受"应当以一定的行为表示，例如用书面形式（包括信函或传真）通知对方；

C. 这项通知应当在发盘规定的有效期内送达给发盘人（关于"接受"的通知是以发出的时间生效，还是收到的时间生效，国际上不同法系的规则不尽一致）；

D. "接受"必须与发盘完全相符，有些法系规定，应当符合"镜像规则"，即"接受"必须像照镜子一样丝毫不差地反映发盘内容。但在有些法系或实际业务中，只要"接受"中未对发盘的条件作实质性的变更，也应被认为是有效的。所谓"实质性"是指该项货物的价格、质量（包括规格和性能要求）、数量、交货地点和时间、赔偿责任等条件。

3. 材料、设备采购的询价方法和技巧

（1）充分做好询价准备工作

从以上程序可以看出，在材料、设备采购实施阶段的询价，已经不是普通意义的市场商情价格的调查，而是签订购销合同的一项具体步骤——采购的前奏。因此，事前必须做好准备工作。

1）询价项目的准备。首先要根据材料、设备使用计划列出拟询价的物资的范围及其数量和时间要求。特别重要的是，要整理出这些拟询价物资的技术规格要求，并向专家请教，搞清楚其技术规格要求的重要性和确切含义。

例：某公司采购人员向几家不同国别的供应商就铝合金型材询价，这批材料是用于做门窗的，数量较大，尽管详细列出了型材规格并附有型材剖面图和尺寸，但对型材的技术要求未给予足够重视。在询价中，韩国某公司在同等交货条件下的报价最低，而且差额达30多万美元。采购人员迅速与之签订了购销合同，到货后立即按图纸加工为铝合金门窗，并在数十栋承包的住宅中进行了安装。但是监理工程师在验收时，用仪器对铝合金门窗的表面氧化层进行测定后发出通知,要求将已安装的铝合金门窗全部拆除更换。监理工程师在其通知中指出,合同文件明确规定门窗铝合金型材的氧化层厚度不得小于 $18\mu m$,而实测结果表明,承包商安装的铝合金门窗的型材氧化层仅 $8 \sim 11 \mu m$,完全不符合合同要求。尽管后来经过与工程业主反复磋商谈判,部分铝合金门窗拆换和另一部分降价后予以保留,但该承包商不仅没有赚到该项差价 30 余万美元,相反还损失了约 40 万美元。这类由于忽视合同中对材料的技术性能的要求而询价并购货失误的事件,在工程承包中并不鲜见。

2) 对供应商进行必要和适当的调查。在国内外找到各类物资的供应商的名单及其通信地址和电传、电话号码等并非难事,在国内外大量的宣传材料、广告、商家目录,或者电话号码簿中都可以获得一定的资料,甚至会收到许多供应商寄送的样品、样本和愿意提供服务的意向信等自我推荐的函电。应当对这些潜在的供应商进行筛选,那些较大的和本身拥有生产制造能力的厂商或其当地代表机构可列为首选目标;而对于一些并无直接授权代理的一般性进口商和中间商则必须进行调查和慎重考核。

3) 拟定自己的成交条件预案。事先对拟采购的材料设备采取何种交货方式和支付办法要有自己的设想,这种设想主要是从自身的最大利益(风险最小和价格在投标报价的控制范围内)出发的。有了这样成交条件预案,就可以对供应商的发盘进行比较,迅速作出还盘反应。

(2) 选择最恰当的询价方法

前面介绍了由承包商或业主发出询盘函电邀请供应商发盘的方法,这是常用的一种方法,适用于各种材料设备的采购。但还可以采用其他方法,比如招标办法、直接访问或约见供应商询价和讨论交货条件等方法,可以根据市场情况、项目的实际要求、货物的特点等因素灵活选用。

(3) 注意询价技巧

1) 为避免物价上涨,对于同类大宗物资最好一次将全工程的需用量汇总提出,作为询价中的拟购数量。这样,由于订货数量大而可能获得优惠的报价,待供应商提出附有交货条件的发盘之后,再在还盘或协商中提出分批交货和分批支付货款或采用"循环信用证"的办法结算货款,以避免由于一次交货即支付全部货款而占用巨额资金。

2) 在向多家供应商询价时,应当相互保密,避免供应商相互串通,一起提高报价;但也可适当分别暗示各供应商,他可能会面临其他供应商的竞争,应当以其优质、低价和良好的售后服务为原则作出发盘。

3) 多采用卖方的"销售发盘"方式询价,这样可使自己处于还盘的主动地位。但也要注意反复地讨价还价可能使采购过程拖延过长而影响工程进度,在适当的时机采用"递盘",或者对不同的供应商分别采取"销售发盘"和"购买发盘"(即"递盘"),也是货物购销市场上常见的方式。

4) 对于有实力的材料设备制造厂商,如果他们在当地有办事机构或者独家代理人,不妨采用"目的港码头交货(关税已付)"的方式,甚至采用"完税后交货(指定目的地)"的方式。因为这些厂商的办事处或代理人对于当地的港口、海关和各类税务的手续和税则十分熟悉,他们可能提货快捷、价格合理,甚至由于对税则熟悉而可能选择优惠的关税税率进口,比起另外委托当地的清关代理商办理各项手续更省时、省事和节省费用。

5) 承包商应当根据其对项目的管理职责的分工,由总部、地区办事处和项目管理组分别对其物资管理范围内材料设备进行询价活动。例如,属于现场采购的当地材料(砖瓦、砂石等)由项目管理组询价和采购;属于重要的机具和设备则因总部的国际贸易关系网络较多,可由总部统一询价采购。

(五) 招标采购

1. 建设工程物资采购招投标概述

在市场竞争中,为了保证产品质量、缩短建设工期、降低工程造价、提高投资效益,对建设工程中使用的金额巨大的大型机电设备和大宗材料等均采用招标的方式进行采购。在国际上,机电设备的招标采购十分常见,并且也形成了一整套规范的招标程序与方法。我国于 1999 年 8 月 30 日颁布了《中华人民共和国招标投标法》,规范我国境内建设项目的勘察、设计、施工、监理和工程建设重要设备、材料采购等的招标投标活动。

(1) 设备、材料招标的范围

设备、材料招标的范围大体包含以下 3 种情况:

1) 以政府投资为主的公益性、政策性项目需采购的设备、材料,应委托有资格的招标机构进行招标。

2) 国家规定必须招标的进口机电产品等货物,应委托国家指定的有资格的招标机构进行招标。

3) 竞争性项目等采购的设备、材料招标,其招标范围另行规定。

属于下列情况之一者,可不进行招标:

A. 采购的设备、材料只能从惟一制造商处获得的;

B. 采购的设备、材料需方可自产的;

C. 采购活动涉及国家安全和秘密的;

D. 法律、法规另有规定的。

各省、市、自治区对建设工程设备、材料招标的范围一般均有明确的规定。

(2) 招标方式

招标方式有多种多样,招标的方式不同,其工作程序也随之不同。当前最常见的具体招标方式有国际竞争性招标、国际有限竞争性招标和国内竞争性招标 3 种。

1) 国际竞争性招标。这种招标方式也叫国际公开招标,其基本特点在于业主对其拟采购设备、材料的供货对象,没有民族、国家、地域、人种或信仰上的限制,只要制造商、供货商能按标书要求,提供质量上乘、价格低廉、充分满足招标文件要求的设备、材料,均可参加投标竞争。经过开标、询标等阶段,评出性能价格比最佳的为中标者,这种招标的特点就是它不受限制,只要能供货,都可参加竞争,所以它又叫无限竞争性招标。它要求将招标信息公开发表,便于世界各国有兴趣的潜在投标者及时得到信息。这类招标方式,需要组织完善,涉及环节多,时间较长,故要求有相当数量的标的,使中标金额的服务费足以抵消这期间发生的费用支出,招标金额在 200 万美元以上的,大多采用这种方式。

国际竞争性招标是国际上常见的一种方式,我国招标活动与国际惯例接轨,主要是指向这种招标方式过渡。

2) 有限竞争性国际招标。这种招标方式在下面几种情况下采用：其一，该采购的设备、材料生产制造厂商在国际上不是很多；其二，对拟采购设备、材料的生产制造商、供应商的情况比较了解，对其设备、材料性能，供货周期，以及他们在世界上特别在中国的履约能力都较为熟悉，潜在投标者资信可靠；其三，由于项目的采购周期很短，时间紧迫；或者由于对外承诺（由于资金原因，或技术条款保密等因素造成的），不宜于进行公开竞争招标。

有限竞争招标，就是邀请招标，是在上述条件下，由招标机构向有制造能力的制造商或有供货能力的供货商发出专门邀请函，邀请其前来参加投标的一种招标方式。

3) 国内竞争性招标。这种招标方式包括两种情况：一是利用国内资金；二是利用国外资金条件下，对允许进行区域采购的那一部分，在中国各地区的设备、材料生产制造商或代理商中采购设备、材料的一种公开竞争招标。采用国内竞争性招标方式，首先要特别掌握投标者的资信和制造或供应设备、材料的能力，必要时可组织专人到现场考察。其次，要核实招标方资金到位的情况，对国内签约比较注意履约情况。再次，要注意使投标者有利可图，不允许暴利，但也要有薄利。

(3) 招标程序

招标的一般程序如下：

1) 办理招标委托；
2) 确定招标类型和方式；
3) 编制实施计划筹建项目评标委员会；
4) 编制招标文件；
5) 刊登招标公告或寄发投标邀请函；
6) 资格预审；
7) 发售招标文件；
8) 投标；
9) 公开开标；
10) 阅标、询标；
11) 评标、定标；
12) 发中标或落标通知书；
13) 组织签订合同；
14) 项目总结归档、标后跟踪服务。

(4) 招标单位应具备的条件

目前建设工程中的设备采购，有的是建设单位负责，有的是施工单位负责，还有的是委托中介机构（或称代理机构）负责。由于采购和招标工作人员素质良莠不齐，很难保证物资质量和工作质量。因此，招标单位一般应具备如下条件：

1) 具有法人资格，招标活动是法人之间的经济活动，招标单位必须具有合法身份；
2) 具有与承担招标业务和物资供应工作相适应的技术经济管理人员；
3) 有编制招标文件、标底文件和组织开标、评标、决标的能力；
4) 有对所承担的招标设备、材料进行协调服务的人员和设施。

上述2)、3)、4) 项，主要是对招标单位人员素质、技术、经济管理水平、组织管理能力和招标工作经验以及协调、服务的能力所作的规定，目的是为了确保招标工作的顺利进行和取得良好的效果，保证招标单位能正确地编制招标文件和标底文件，组织签订设备、材料供货合同，避免无效劳动，减少漏洞和纠纷。

不具备上述条件的建设单位，应委托经招投标管理机构核准的代理机构进行招标。代理机构除应具备上述4项条件外，还应当具有与所承担的招标任务相适应的经济实力，保证代理机构因自身原因给招标、投标单位造成经济损失时，能承担相应的民事责任。

(5) 投标单位应具备的条件

凡实行独立核算、自负盈亏、持有营业执照的国内生产制造厂家、设备公司（集团）及设备成套（承包）公司，具备投标的基本条件，均可参加投标或联合投标，但与招标单位或设备需方有直接经济关系（财务隶属关系或股份关系）的单位及项目设计单位不能参加投标。采用联合投标，必须明确一个总牵头单位承担全部责任，联合各方的责任和义务应以协议形式加以确定，并在投标文件中予以说明。

2. 建设工程物资采购招投标工作内容

(1) 招标前的准备工作

在进入正式招标工作之前，尚需完成一些前期准备工作。

1) 作为招标机构，要了解与掌握本建设项目立项的进展情况、项目的目的和要求，了解国家关于招标投标的具体规定。作为招标代理机构，则应向业主了解工程进展情况，并向项目单位介绍国家招标投标的有关政策，介绍招标的经验和以往取得的效果，介绍招标的工作方法、招标程序和招标周期内时间的安排等。

2) 根据招标的需要，要对项目中涉及的设备、工程和服务等的一系列的要求，开展信息咨询，收集各方面的有关资料，做好准备工作。这种工作一是要做早，二是要做细。做早，就是招标工作要尽早地介入，一般在项目建议书上报或主管单位审批项目建议书时就要介入。这样在将来编制标书时可以对项目中的各种需要和应坚持的原则问题做到心领神会，配合紧密，也会取得好的效果。招标机构从这时起，就应指定业务人员专门负责这一项目，人员一经确定，就不宜变动，放手让这一专门小组与用户、信息中心多接触，多联系，发挥这些专门人员的积极性。

(2) 招标前的分标工作

由于材料、设备的种类繁多，不可能有一个能够完全生产或供应工程所用材料、设备的制造商或供货商存在，所以，不管是以询价、直接订购还是以公开招标方式采购材料、设备，都不可避免地要遇到分标的问题。这里主要介绍机电设备招标的分标工作内容，材料或其他机电设备的询价、直接订购分标可参照此方法。

分标的原则是：有利于吸引更多的投标者参加投标，以发挥各个供货商的专长，降低机电设备价格，保证供货时间和质量，同时，要考虑便于招标工作的管理。机电设备采购分标和工程招标不同，一般是将一个工程有关的机电设备采购分为若干个标，也就是说将机电设备招标内容按工程性质和机电设备性质划分为若干个独立的招标文件，而每个标又分为若干个包，每个包又分为若干项。每次招标时，可根据货物的性质只发一个合同包或划分成几个合同分别发包，如电气设备包、电梯包等。供货商投标的基本单位是包，在一次招标时其可以投全部的合同包，也可以只投一个或其中几个包，但不能仅投一个包中的某几项。

机电设备采购分标时需要考虑的因素主要有：

1）招标项目的规模。根据工程项目中各设备之间的关系，预计金额大小等来分标。每一个标如果分得太大，则要求技术能力强的供货商来单独投标或由其他组织投标，一般中小供货商则无力问津。由于投标者数量会减少，从而可能引起投标报价的增加。反之，如果标分得比较小，可以吸引众多的供货商，但很难引起大型供货商的兴趣。同时，招标评标工作量会加大。因此，分标时要大小适当，以吸引众多的供货商，这样有利于降低报价、便于买方挑选。

2）机电设备性质和质量要求。如果分标时考虑到大部分或全部机电设备由同一厂商制造供货，或按相同行业划分（例如大型起重机械可划分为一个标），则可减少招标工作量，吸引更多竞争者。有时考虑到某些技术要求国内完全可以达到，则可单列一个标向国内招标，而将国内制造有困难的设备单列一个标向国外招标。

3）工程进度与供货时间。如果一个工程所需供货时间较长，而在项目实施过程中对各类设备、材料的需要时间不同，则应从资金、运输、仓储等条件来进行分标，以降低成本。

4）供货地点。如果一个工程地点分散，则所需机电设备的供货地点也势必分散，因而应考虑外部供货商、当地供货商的供货能力，运输、仓储等条件来进行分标，以利于保证供应和降低成本。

5）市场供应情况。有时一个大型工程需要大量的建筑材料和设备，如果一次采购，势必引起价格上涨，应合理计划、分批采购。

6）货款来源。如果买方资金是由一个以上单位提供货款的，各单位对采购的限制条件有不同要求，则应合理分标，以吸引更多的供货商参加投标。

（3）招标文件的编制

招标文件是招标活动的重要内容，是投标和评标的主要依据。招标文件由招标单位编制，招标文件编制的质量，直接关系到下一步招标工作的成败。招标文件的内容应做到完整、准确，招标条件应该公平、合理，符合国家有关法律、法规的要求。

1）我国设备、材料采购的招标文件。招标文件由招标书、投标须知、招标货物清单和技术要求及图纸、投标书格式、合同条款、其他需要说明的问题等内容组成。

A. 招标书。包括招标单位名称、建设工程名称及简介、招标货物简要内容（设备主要参数、数量、要求交货期等），投标截止日期和地点、开标日期和地点。

B. 投标须知。包括对招标文件的说明及对投标者投标文件的基本要求，评标、定标的基本原则等内容。

C. 招标货物清单和技术要求及图纸：

a. 招标文件中技术条款是举足轻重的，对货物的技术参数和性能要求应根据实际情况确定，要求过高就会增大费用。主要技术参数要写全、具体、准确，不能有太大的响应幅度，否则将会使投标报价差异过大，不利评标。

b. 应明确货物的质量要求，交货期限、方式、地点和验收标准等，专用、非标准设备应有设计技术资料说明及齐全的图纸，以及可提供的原材料清单、价格、供应时间、地点和交货方式。

c. 投标单位应提供的货物的备品、备件数量和价格要求。

d. 售前、售后服务要求。

D. 主要合同条款。包括价格及付款方式、交货条件、质量验收标准以及违约罚款等内容。条款要详细、严谨，防止以后发生纠纷。

E. 投标书格式、投标货物数量及价目表格式。

F. 其他需要说明的事项。招标文件一经发出，不得随意修改或增加附加条件。如确需修改或补充，一般应在投标截止日期前10天以信函或电报等书面方式通知到投标单位。

2) 国际货物的招标文件。国际货物招标文件的内容则较为具体全面，包括投标邀请书、投标者须知、货物需求一览表、技术规格、合同条件、合同格式、各类附件等7大部分。

A. 投标邀请书。投标邀请书是招标人向投标人发出的投标邀请，号召供货商对项目所需的货物进行密封式投标。

在投标邀请书中一般明确所附的全部招标文件，买方回答投标者咨询的地址、电传、传真，投标书送交的地点、截止日期和时间，以及开标的时间和地点。

B. 投标须知：

a. 对建设工程的简要说明。

b. 招标文件的主要内容，招标文件的澄清、修改。

c. 投标文件的编写：

(a) 投标语言。与工程采购招标文件相同。

(b) 组成投标书的文件。投标者准备的投标文件应包括按投标须知要求填写的投标书格式（包含单独装在一个信封内的开标一览表）、投标价格表和货物说明一览表；投标者的资格和能力的证明文件；证明投标者提供的货物及辅助服务合格的资料；投标保证等。

d. 投标书格式。

e. 投标报价。投标人应在招标文件附件中适用的投标价格表中报价，指明不同填表要求，说明如果单价与总价有出入以单价为准。说明按投标文件分组报价只是用于评标时比较，但并不限制买方以不同条件签订合同。投标者的报价为履行合同的固定价格，不得随意改动，按可调价格的报价将被拒绝。

f. 投标的货币。在投标书格式和投标价格表中应按以下货币报价：国内货物用人民币报价；国外货物用一种国际贸易货币或投标者所在国货币报价，如投标者希望用多种货币报价，则应在投标文件中声明。

g. 投标者资格证明文件。投标者应提交证明其有资格进行投标和有能力履行合同的文件，作为投标文件的一部分。

这些证明文件应使买方满意，并能充分证明：

(a) 若投标者按合同要求提供的货物不是投标者制造或生产的，投标者必须得到货物制造商或生产商的充分授权，向买方所在国提供该货物。

(b) 投标者具有履行合同所需的财务、技术和生产能力。

(c) 如投标者不在买方所在国营业，应让有能力的代理人履行合同条件规定的、由卖方承担的各种服务性（如维修保养、修理、备件供应等）义务。

投标者应填写和提交附在招标文件中的"资格预审文件"。

h. 货物合格并符合招标文件规定的证明文件。例如货物主要技术和性能特点的详细描述；一份说明所有细节的清单，包括使货物在特定时间（如 2 年）内所需要的所有零备件、特殊工具的货源和价格情况表。

i. 投标保证。

j. 投标有效期。

k. 投标文件格式。

l. 投标文件的密封和标记。在有的招标文件中要求投标者在投标时填写附件中规定的"开标一览表"，与投标保证单独装在一个信封内密封送交。"开标一览表"包括投标者名称、投标者国别、制造商国别、标号或包号、总 CIF 价或出厂价、有无投标保证等。

m. 投标文件递交截止日期。

n. 迟到的投标文件。

o. 投标文件的修改和撤销。

p. 开标。

q. 对投标文件的初审和确定其符合性。

对投标文件初步审查的目的是为了确定投标文件是否符合招标文件的要求，在供货范围、质量与性能等方面是否响应了招标文件的要求，有没有重要的、实质性的不符之处。

r. 评标。说明评标的方法以及在评标时考虑的因素等。

s. 投标文件的澄清。

t. 保密程序。

u. 授予合同的准则。买方将把合同授予能基本符合招标文件要求的最低标，并且是买方认为能圆满地履行合同的投标者。

v. 授予合同时变更数量的权利。买方在授予合同时有权在招标文件事先规定的一定幅度内对"货物需求一览表"中规定的货物数量或服务予以增加或减少。

w. 买方有权接受任何投标和拒绝任何或所有的投标。

x. 授予合同的通知。

y. 签订合同及合同格式。

z. 履约保证。

C. 货物需求一览表。格式如表 4-4 所示。

货物需求一览表　　　　　　　　　　　　　　表 4-4

项目号	货物名称	规　格	数　量	交货期	目的港

D. 技术规格。技术规格文件一般包括以下内容：总则、说明和评标准则、技术要求和检验。

a. 总则、说明和评标准则：

（a）前言。提醒投标者仔细阅读全部招标文件，使投标文件能符合招标要求。如承包商有替代方案，应在投标价格表中单独列出并说明。前言要规定货物生产厂家的制造经验与资格,说明投标商要在技术部分投标文件中编列的文件资料格式、内容和图纸等。

(b) 供货内容。对单纯的货物采购,其供货范围和要求在货物需求一览表中说明即可,还应说明要求供货商承担的其他任务(如设计、制造、发运、安装、调试、培训等),要注意供货商承担的任务与土建工程承包商任务的衔接。

供货内容按分项开列,还应包括备件、维修工具及消耗品等。

(c) 与工程进度的关系。对单纯的货物采购,在货物需求一览表中规定交货期即可,但对工程项目的综合采购,则应考虑与工程进度的关系,以便考虑安装和土建工程的配合以及调试等环节。对交货期应有明确规定,包括是否允许提前交货。

(d) 备件、维修工具和消耗材料。备件可以分为三大类,第一类是按照标准或惯例应随货物提供的标准备件,这类备件的价格包括在基本报价之内,投标者应在投标文件中列表填出标准备件的名称、数量和总价。第二类是招标文件中规定可能需要的备件,这类备件不计入投标价格,但要求投标者按每种备件规格报出单价。如果中标,买方根据需要数量算出价格,加到合同总价中去。第三类是保证期满后需要的备件,投标者可列出建议清单,包括名称、数量和单价,以备买方考虑选购。

维修工具和消耗材料也分类报价,第一类是随货物提供的标准成套工具和易耗材料,逐个填出名称、数量、单价和总价,此总价应计入投标报价内。第二类是招标文件中提出要求的工具内容,由投标者在投标文件中进行报价,在中标后根据选择的品种和数量计算价格后再计入合同总价中。

(e) 图纸和说明书。

(f) 审查、检验、安装、测试、考核和保证,这些工作是指货物交货前的一些有关技术规定和要求。

(g) 通用的技术要求。指各分包和分项共同的技术要求,一般包括:使用的标准、涂漆、机械、材料和电气设备通用技术要求。

招标文件中应规定货物需符合的总的标准体系,如投标者在设计、制造时采用独自的标准,应事先申请买方审查批准。

(h) 评标准则。

b. 技术要求。技术要求有时也称特殊技术条件,这一部分详细说明采购货物的技术规范。货物的技术规格、性能是判断货物在技术上是否符合要求的重要依据,应在招标文件中规定得详细、具体、准确。对工程项目综合采购中的主体设备和材料的规格及与其关联的部件,也应叙述得明确、具体,这些说明加上图纸,就可反映出工程设计及其中准备安装的永久设备的设计意图和技术要求,这也是鉴别投标者的投标文件是否作出实质性响应的依据。

编写技术要求时应注意以下几点:

(a) 应写明具体订购货物的形式、规格和性能要求、结构要求、结合部位的要求、附属设备以及土建工程的限制条件等。

(b) 在保证货物的质量和与有关设备布置相协调的前提下,要使投标者发挥其专长,不宜对结构的一般形式和工艺规定得太死。

(c) 综合的工程项目采购中,应注意说明供应的辅助设备、装备、材料与土建工程和其他相关工程项目的分界面,必要时用图纸作为辅助手段进行解释。

(d) 替代方案。要说明买方可以接受的替代方案的范围和要求,以便投标者作出响应。

(e) 注意招标文件的一致性。如技术要求说明应与供货范围,招标文件技术要求应与投标书格式中的一致等。

E. 合同条件、合同格式。

F. 各类附件。

(4) 标底文件的编制

标底文件由招标单位编制,非标准设备招标的标底文件应报招投标管理机构审查,其他设备、材料招标的标底文件报招投标管理机构备案。

标底文件应当依据设计单位出具的设计概算和国家、地方发布的有关价格政策编制,标底价应当以编制标底文件时的全国设备、材料市场的平均价格为基础,并包括不可预见费、技术措施费和其他有关政策规定的应计算在内的各种费用。

(5) 资格预审

设备、材料采购的招标程序中,对投标人的资格审查,包括投标人资质的合格性审查和所提供货物的合格性审查两个方面。

1) 对投标人资质的审查。投标人填报的"资格证明文件"表明他有资格参加投标和具有履约能力。如果投标人是生产厂家,则必须具有履行合同所必需的财务、技术和生产能力;若投标人按合同提供的货物不是自己制造或生产的,则应提供制造厂家或生产厂家正式授权同意提供该货物的证明资料。要求投标人提交供审查的证明资格的文件,包括以下几方面内容:

A. 营业执照的复印件。

B. 法人代表的授权书或制造厂家的授权信。

C. 银行出具的资信证明。

D. 产品鉴定书。

E. 生产许可证。

F. 产品荣获国优、部优的荣誉证书。

G. 制造厂家的资格证明。除了厂家的名称、地址、注册或成立的时间、主管部门等情况外还应有以下内容:

a. 职工情况调查,主要指技术工人、管理人员的数量调查。

b. 近期资产负债表。

c. 生产能力调查,包括生产项目、年生产能力、哪些货物可以自己生产、哪些自己不能生产而需从其他厂家购买主要零部件。

d. 近3年该货物主要销售给国内外单位的情况。

e. 近3年的年营业额。

f. 易损件的供应条件。

g. 其他情况。

h. 贸易公司(作为代理)的资格证明。

i. 审定资格时需提供的其他证明材料。

2) 对所提交货物的合格性审查。投标人应提交根据招标要求提供的所有货物及其附属服务的合格性证明文件，这些文件可以是手册、图纸和资料说明等。证明资料应说明以下情况：

A. 表明货物的主要技术指标和操作性能。

B. 为使货物正常、连续使用，应提供货物使用 2 年期内所需零配件和特种工具等清单，包括货源和现行价格情况。

C. 资格预审文件或招标文件中指出的工艺、材料、设备等参照的商标或样本目录号码仅作为基本要求的说明，并不作为严格的限制条件。投标人可以在标书说明文件中选用替代标准，但替代标准必须优于或相当于技术规范所要求的标准。

(6) 解答标书疑问，发送补充文件

在向通过资格预审的投标单位发售招标文件后，投标人如发现合同条件、招标文件或其他文件中有任何不符或遗漏，或发现某些条文意图和含义不清时，应在投标前及时以书面形式提请招标管理机构解释、澄清或更正。对于上述投标人的请求，招标单位只能以补遗的形式予以答复。

招标单位可以在开标日期以前，对已发售的招标文件进行补遗、修订或更改招标文件的任何部分。每一次补遗、修订或更改均应同时发给已购买招标文件的每一位投标人。

(7) 投标单位编报投标书

投标书是评标的主要依据之一，其内容和形式都应符合招标文件的要求，基本内容包括：

1) 投标书；
2) 投标设备、材料数量及价目表；
3) 偏差说明书（对招标文件某些要求有不同意见的说明）；
4) 证明投标单位资格的有关文件；
5) 投标企业法人代表授权书；
6) 投标保证金（根据需要）；
7) 招标文件要求的其他需要说明的事项。

投标书的有效期应符合招标文件的要求，其期限应能满足评标和定标要求。投标单位投标时，如招标文件有要求，应在投标文件中向招标单位提交投标保证金，金额一般不超过投标设备金额的 2%，招标工作结束后（最迟不得超过投标文件有效期限），招标单位应将投标保证金及时退还给投标单位。

投标单位对招标文件中某些内容不能接受时，应在投标文件中申明。

在投标书编写完毕后，应由投标单位法人代表或法人代表授权的代理人签字，并加盖单位公章，密封后递送招标单位。

投标单位投标后，在招标文件规定的时间内，可以用补充文件的形式修改或补充投标内容，补充文件作为投标文件的一部分，具有同等效力。

(8) 评标和定标

评标工作由招标单位组织的评标委员会秘密进行。

评标委员会应具有一定的权威性，一般由招标单位邀请有关的技术、经济、合同等方面的专家组成。为了保证评标的科学性和公正性，评标委员会成员由 5 人以上的单数人员组成，其中的技术经济专家不得少于总人数的三分之二。

不得邀请与投标单位有直接经济业务关系的人员参加。评标过程中有关评标情况不得向投标人或与招标工作无关的人员透露。凡招标申请公证的,评标过程应在公证部门的监督下进行,招标投标管理机构派人参加评标会议,对评标活动进行监督。

设备、材料招标的评标工作一般不超过10天,大型项目设备承包的评标工作最多不超过30天。评标过程中,如有必要可请投标单位对其投标内容作澄清解释,澄清时不得对投标内容作实质性修改。澄清解释内容必要时可做局部纪要,经投标单位授权代表签字后,作为投标文件的组成部分。

机电设备采购的评标不仅要看采购时所报的现价是多少,还要考虑设备在使用寿命期内可能投入的运营和管理费高低。尽管投标人所报的货物价格较低,但运营费很高时,仍不符合业主以最合理的价格采购的原则,下面就评标阶段的工作加以介绍。

1) 评标主要考虑的因素

A. 投标价。对投标人的报价,既包括生产制造的出厂价格,还包括他所报的安装、调试、协作等售后服务的价格。

B. 运输费。包括运费、保险费和其他费用,如超大件运输时对道路、桥梁加固所需的费用等。

C. 交付期。以招标文件中规定的交货期为标准,如投标书中所提出的交货期早于规定时间,一般不给予评标优惠,因为当施工还不需要时要增加业主的仓储管理费和货物的保养费。如果迟于规定的交货日期,但推迟日期尚属于可以接受的范围之内,则在评标时应考虑这一因素。

D. 设备的性能和质量。主要比较设备的生产效率和适应能力,还应考虑设备的运营费用,即设备的燃料、原材料消耗、维修费用和所需运行人员费等。如果设备性能超过招标文件要求,使业主得到收益时,评标时也应将这一因素予以考虑。

E. 备件价格。对于各类备件,特别是易损备件,考虑在2年内取得的途径和价格。

F. 支付要求。合同内规定了购买货物的付款条件,如果标书中投标人提出了付款的优惠条件或其他的支付要求,尽管与招标文件规定偏离,但业主可以接受,也应在评标时加以计算和比较。

G. 售后服务。包括可否提供备件、进行维修服务,以及安装监督、调试、人员培训等可能性和价格。

H. 其他与招标文件偏离或不符合的因素等。

2) 评标方法

设备、材料采购的评标方法通常有以下几种形式。

A. 低投标价法。采购简单商品、半成品、原材料,以及其他性能质量相同或容易进行比较的货物时,价格可以作为评标时考虑的惟一因素,以此作为选择中标单位的尺度。国内生产的货物,报价应为出厂价,出厂价包括为生产所提供的货物购买的原材料和支付的费用,以及各种税款,但不包括货物售出后所征收的销售税以及其他类似税款。如果所提供的货物是投标人早已从国外进口、目前已在国内的,则应报仓库交货价或展室价,该价格应包括进口货物时所交付的进口关税,但不包括销售税。

B. 综合评标价法。综合评标价法是指以报价为基础,将其他评标时所考虑的因素也折算为一定价格而加到投标价上,去计算评标价,然后再以各评标价的高低决出中标人。

对于采购机组、车辆等大型设备时，大多采用这种方法。评标时具体的处理办法如下：

a. 运费、保险及其他费用。按照铁路（公路、水运）运输、保险公司以及其他部门公布的费用标准，计算货物运抵最终目的地将要发生的运费、保险费及其他费用。

b. 交货期。以招标文件中"供货一览表"规定的具体交货时间作为标准，若标书中的交货时间早于标准时间，评标时不给予优惠；如果迟于标准时间时，每迟交货1个月，可按报价的一定百分比（货物一般为2%）计算折算价，将其加到报价上。

c. 付款条件。投标人必须按照招标文件中规定的付款条件来报价，对于不符合规定的投标，视为非响应性投标而予以拒绝。但采购大型设备的招标中，如果投标人在投标致函中提出若采用不同的付款条件可使其报价降低而供业主选择时，这一付款要求在评标过程中也应予以考虑。当投标人提出的付款要求偏离招标文件的规定不是很大，尚属可接受的范围时，应根据偏离条件给业主增加的费用，按招标文件中规定的贴现率换算成评标时的净现值，加到投标人在致函中提出的修改报价中作为评标价格。

d. 零配件和售后服务。零配件的供应和售后服务费用要视招标文件的规定而异，当这笔费用已要求投标人包括在报价之内，则评标时不再考虑这一因素，若要求投标人单报这笔费用，则应将其加到报价中。如果招标文件中没有作出上述两种规定中的任何一种，那么在评标时要按技术规范附件中开列由投标人填报的，该设备在运行前2年可能需要的主要部件、零配件的名称、数量，计算可能需支付的总价格，并将其加到报价中去。售后服务费用如果需要业主自己安排的话，这笔费用也应加到报价中去。

e. 设备性能、生产能力。投标设备应具备技术规范中规定的基本生产效率，评标时应以投标设备实际生产效率单位成本为基础。投标人应在标书内说明其所投设备的保证运营能力或效率，若设备的性能、生产能力没有达到技术规范要求的基准参数，凡每种参数比基准参数降低1%时，将在报价中增加若干金额。

f. 技术服务和培训。投标人在标书中应报出设备安装、调试等方面以及有关培训费，如果这些费用未包括在总报价内，评标时应将其加到报价中作为评标价来考虑。

计算出各标书的评标价后，再进行标书间的比较，最后选出最低评标价者。

C. 以寿命周期成本为基础的评标价法。在采购生产线、成套设备、车辆等运行期内各种后续费用（零配件、油料及燃料、维修等）很高的货物时，可采用以设备的寿命周期成本为基础的评标价法。评标时应首先确定一个统一的设备运行期，然后再根据各标书的实际情况，在标书报价中加上一定年限运行期间所发生的各项费用，再减去一定年限运行期后的设备残值（扣除这几年折旧费后的设备剩余值）。在计算各项费用或残值时，都应按招标文件中规定的贴现率折算成现值。

这种方法是在综合评标价法的基础上，进一步加上运行期内的费用，这些以贴现值计算的费用包括3个部分：

a. 估算寿命期内所需的燃料费。

b. 估算寿命期内所需零件及维修费用。零配件费用可以投标人在技术规范的答复中提供的担保数字，或过去已用过可作参考的类似设备实际消耗数据为基础，并以运行时间来计算。

c. 估算寿命期末的残值。

D. 打分法。打分法是指评标前将各评分因素按其重要性确定评分标准，按此标准对各投标人提供的报价和各种服务进行打分,得分最高者中标。

货物采购评分的因素包括以下几个方面:

a. 投标价格;
b. 运输费、保险费和其他费用;
c. 投标所报交货期;
d. 偏离招标文件规定的付款条件;
e. 备件价格和售后服务;
f. 设备的性能、质量、生产能力;
g. 技术服务和培训;

采用打分法时,首先要确定各种因素所占的比例,再以计分评标。下面是世界银行贷款项目通常采用的比例:

投标价	65~70分
零配件价格	0~10分
技术性能、维修、运行费	0~10分
售后服务	0~5分
标准备件等	0~5分
总计	100分

打分法简便易行,能从难以用金额表示的各个标书中,将各种因素量化后进行比较,从中选出最好的投标。但其缺点是各评标人独立给分,对评标人的水平和知识面要求高,否则主观随意性较大。另外,难以合理确定不同技术性能的有关分值和每一性能应得的分数,有时会忽视一些重要的指标。若采用打分法评标,评分因素和各个因素的分数分配均应在招标文件中说明。

评标定标以后,招标单位应尽快向中标单位发出中标通知,同时通知其他未中标单位。

(9) 签订合同

中标单位从接到中标通知书之日起,一般应在30日内,与需方签订设备、材料供货合同。如果中标单位拒签合同,则投标保证金不予退还;招标单位拒签合同,则按中标总价的2%的款额赔偿中标单位的经济损失。

合同签订后10日内,由招标单位将一份合同副本报招投标管理部门备案,以便实施监督。

(六) 建设工程物资采购合同管理

1. 建设工程物资采购合同

(1) 建设工程物资采购合同概述

1) 建设工程物资采购合同的概念

建设工程物资采购合同是指具有平等主体的自然人、法人、其他组织之间为实现建设工程物资买卖,设立、变更、终止相互权利义务关系的协议。依照协议,出卖人(简称卖方)转移建设工程物资的所有权于买受人(简称买方),买受人接受该项建设工程物资并支付价款。

2) 建设工程物资采购合同的分类

建设工程物资采购合同一般分为材料采购合同和设备采购合同,两者的区别主要在于标的不同。

材料采购合同是指平等主体的自然人、法人、其他组织之间,以工程项目所需材料为标的、以材料买卖为目的,出卖人(简称卖方)转移材料的所有权于买受人(简称买方),买受人支付材料价款的合同。

设备采购合同是指平等主体的自然人、法人、其他组织之间,以工程项目所需设备为标的、以设备买卖为目的,出卖人(简称卖方)转移设备的所有权于买受人(简称买方),买受人支付设备价款的合同。

3) 建设工程物资采购合同管理的重要性

建设工程物资采购在建设工程项目实施中具有举足轻重的地位,是建设工程项目建设成败的关键因素之一。从某种意义上讲,采购工作是项目的物质基础,这是因为在一个项目中,设备、材料等费用占整个项目费用的主要部分。

同时,项目的计划和规划必须体现在采购之中,如果采购到的设备、物资不符合项目设计或规划要求,必然降低项目的质量或导致项目的失败。

物资采购对工程项目的重要性可概括为以下几个方面:

A. 能否经济有效地进行采购,直接影响到能否降低项目成本,也关系到项目建成后的经济效益。如果采购计划订得周密、严谨,不但采购时可以降低成本,而且在设备和货物制造、交货等过程中可以尽可能地避免各种纠纷。

B. 良好的采购工作可以通过招标方式,保证合同的实施,使供货方按时、按质交货。

C. 健全的物资采购工作,要求采购前对市场情况进行认真调查分析,充分掌握市场的趋势与动态,因而制定的采购计划切合实际,预算符合市场情况并留有一定的余地,可以有效地避免费用超支。

D. 由于工程项目的物资采购涉及巨额资金和复杂的横向关系,如果没有一套严密而周全的程序和制度,可能会出现浪费、受贿等现象,而严格周密的采购程序可以从制度上最大限度地抑制贪污、浪费等现象的发生。

合同管理从法律上约束当事人双方在物资采购执行中严格履行双方的权利和义务,认真地完成采购工作,依照合同价格成交,从根本上保证物资采购工作的顺利进行。因此,建设工程物资采购合同管理在建设工程项目的实现过程中具有重要地位。

(2) 建设工程物资采购合同的特征

1) 买卖合同的特征

建设工程物资采购合同属于买卖合同,它具有买卖合同的一般特点:

A. 买卖合同以转移财产的所有权为目的。出卖人与买受人之所以订立买卖合同,是为了实现财产所有权的转移。

B. 买卖合同中的买受人取得财产所有权,必须支付相应的价款;出卖人转移财产所有权,必须以买受人支付价款为代价。

C. 买卖合同是双务、有偿合同。所谓双务、有偿是指买卖双方互负一定义务,卖方必须向买方转移财产所有权,买方必须向卖方支付价款,买方不能无偿取得财产的所有权。

D. 买卖合同是诺成合同。除法律有特别规定外，当事人之间意思表示一致买卖合同即可成立，并不以实物的交付为成立条件。

E. 买卖合同是不要式合同。当事人对买卖合同的形式享有很大的自由，除法律有特别规定外，买卖合同的成立和生效并不需要具备特别的形式或履行审批手续。

2) 建设工程物资采购合同的特征

建设工程物资采购合同除具有买卖合同的一般特征外，由于其自身的特点，又具有如下特征：

A. 建设工程物资采购合同应依据施工合同订立。施工合同中确立了关于物资采购的协商条款，无论是发包方供应材料和设备，还是承包方供应材料和设备，都应依据施工合同采购物资。根据施工合同的工程量来确定所需物资的数量，根据施工合同的类别来确定物资的质量要求。因此，施工合同一般是订立建设工程物资采购合同的前提。

B. 建设工程物资采购合同以转移财物和支付价款为基本内容。建设工程物资采购合同内容繁多，条款复杂，涉及物资的数量和质量条款、包装条款、运输方式、结算方式等，但最为根本的是双方应尽的义务，即卖方按质、按量、按时地将建设物资的所有权转归买方；买方按时、按量地支付货款，这两项主要义务构成了建设工程物资采购合同的最主要内容。

C. 建设工程物资采购合同的标的品种繁多，供货条件复杂。建设工程物资采购合同的标的是建筑材料和设备，它包括钢材、木材、水泥和其他辅助材料以及机电成套设备，这些建设物资的特点在于品种、质量、数量和价格差异较大，根据建设工程的需要，有的数量庞大，有的要求技术条件较高。在合同中必须对各种所需物资逐一明细，以确保工程施工的需要。

D. 建设工程物资采购合同应实际履行。由于物资采购合同是根据施工合同订立的，物资采购合同的履行直接影响到施工合同的履行，建设工程物资采购合同一旦订立，卖方义务一般不能解除，不允许卖方以支付违约金和赔偿金的方式代替合同的履行，除非合同的迟延履行对买方成为不必要。

E. 建设工程物资采购合同采用书面形式。根据《合同法》的规定，订立合同依照法律、行政法规的规定或当事人约定采用书面形式的，应当采用书面形式。建设工程物资采购合同的标的物用量大，质量要求复杂，且根据工程进度计划分期分批均衡履行，同时还涉及到售后维修服务工作，合同履行周期长，应当采用书面形式。

2. 建设工程物资采购合同的订立及履行

(1) 合同管理的原则和规则

1) 合同管理的原则

A. 合同当事人的法律地位平等，一方不得将自己的意志强加给另一方；

B. 当事人依法享有自愿订立合同的权利，任何单位和个人不得非法干预；

C. 当事人确定各方的权利与义务应当遵守公平原则；

D. 当事人行使权利、履行义务应当遵循诚实信用原则；

E. 当事人应当遵守法律、行政法规和社会公德，不得扰乱社会经济秩序，不得损害社会公共利益。

2) 合同履行的原则

A. 全面履行的原则：
a. 实际履行：按标的履行合同。
b. 适当履行：按照合同约定的品种、数量、质量、价款或报酬等履行。
B. 诚实信用原则：当事人要讲诚实，守信用，要善意，不提供虚假信息等。
C. 协作履行原则：根据合同的性质、目的和交易习惯善意地履行通知、协助和保密等随附义务，促进合同的履行。
D. 遵守法律法规，不损害社会公共利益。

3）合同履行的规则

A. 对约定不明条款的履行规则：约定不明条款是指合同生效后发现的当事人订立合同时，对某些合同条款的约定有缺陷，为了便于合同的履行，应当按照对约定不明条款的履行规则，妥善处理。

a. 补充协议。合同当事人对订立合同时没能约定或者约定不明确的合同内容，通过协商，订立补充协议。

b. 按照合同有关条款或者交易习惯履行。当事人不能就约定不明条款达成或补充协议时，可以依据合同的其他方面的内容确定，或者按照人们在同样的合同交易中通常采用的合同内容（即交易习惯），予以补充或加以确定后履行。

c. 执行合同法的规定。合同内容不明确，既不能达成补充协议，又不能按交易习惯履行的，可适用《合同法》第61条的规定。

（a）质量要求不明确的，按照国家标准、行业标准履行；没有国家标准、行业标准的，按照通常标准或者符合合同目的的特定标准履行。

（b）价款或者报酬不明确的，按照订立合同时的市场价格履行；依法应当执行政府定价或者政府指导价的，按照规定执行。

（c）履行地点不明确的：给付货币，在接受货币一方所在地履行；交付不动产的，在不动产所在地履行；其他标的，在履行义务一方所在地履行。

（d）履行期限不明确的：债务人可以随时履行；债权人可以随时要求履行，但应当给对方必要的准备时间。

（e）履行方式不明确的，按照有利于实现合同目的的方式履行。

（f）履行费用的负担不明确的，由履行义务一方负担。

B. 价格发生变化的履行规则：

a. 执行政府定价或者政府指导价的，在合同约定的履行期限内政府价格调整时，按照交付时的价格计价；

b. 逾期交付标的物的，遇价格上涨时，按照原价格执行，价格下降时，按照新价格执行；

c. 逾期提取标的物或者逾期付款的，遇价格上涨时按照新价格执行，价格下降时按照原价格执行。

（2）材料采购合同的订立及履行

1）材料采购合同的订立方式

材料采购合同的订立可采用以下几种方式：

A. 公开招标。即由招标单位通过新闻媒介公开发布招标广告，以邀请不特定的法人或者其他组织投标，按照法定程序在所有符合条件的材料供应商、建材厂家或建材经营公司中择优选择中标单位的一种招标方式。大宗材料采购通常采用公开招标方式进行材料采购。

B. 邀请招标。即招标人以投标邀请书的方式邀请特定的法人或者其他组织投标，只有接到投标邀请书的法人或其他组织才能参加投标的一种招标方式，其他潜在的投标人则被排除在投标竞争之外。一般地，邀请招标必须向3个以上的潜在投标人发出邀请。

C. 询价、报价、签订合同。物资买方向若干建材厂商或建材经营公司发出询价函，要求他们在规定的期限内作出报价，在收到厂商的报价后，经过比较，选定报价合理的厂商或公司并与其签订合同。

D. 直接订购。由材料买方直接向材料生产厂商或材料经营公司报价，生产厂商或材料经营公司接受报价、签订合同。

2）材料采购合同的主要条款

依据《合同法》规定，材料采购合同的主要条款如下：

A. 双方当事人的名称、地址，法定代表人的姓名，委托代理订立合同的，应有授权委托书并注明委托代理人的姓名、职务等。

B. 合同标的。它是供应合同的主要条款，主要包括购销材料的名称（注明牌号、商标）、品种、型号、规格、等级、花色、技术标准等，这些内容应符合施工合同的规定。

C. 技术标准和质量要求。质量条款应明确各类材料的技术要求、试验项目、试验方法、试验频率以及国家法律规定的国家强制性标准和行业强制性标准。

D. 材料数量及计量方法。材料数量的确定由当事人协商，应以材料清单为依据，并规定交货数量的正负尾差、合理磅差和在途自然减（增）量及计量方法，计量单位采用国家规定的度量标准。计量方法按国家的有关规定执行，没有规定的，可由当事人协商执行。一般建筑材料数量的计量方法有理论换算计量、检斤计量和计件计量，具体采用何种方式应在合同中注明，并明确规定相应的计量单位。

E. 材料的包装。材料的包装是保护材料在储运过程中免受损坏不可缺少的环节。材料的包装条款包括包装的标准和包装物的供应及回收，包装标准是指材料包装的类型、规格、容量以及印刷标记等。材料的包装标准可按国家和有关部门规定的标准签订，当事人有特殊要求的，可由双方商定标准，但应保证材料包装适合材料的运输方式，并根据材料特点采取防潮、防雨、防锈、防振、防腐蚀等保护措施。同时，在合同中规定提供包装物的当事人及包装品的回收等。除国家明确规定由买方供应外，包装物应由建筑材料的卖方负责供应。包装费用一般不得向需方另外收取，如买方有特殊要求，双方应当在合同中商定。如果包装超过原定的标准，超过部分由买方负担费用；低于原定标准的，应相应降低产品价格。

F. 材料交付方式。材料交付可采取送货、自提和代运3种不同方式。由于工程用料数量大、体积大、品种繁杂、时间性较强，当事人应采取合理的交付方式，明确交货地点，以便及时、准确、安全、经济地履行合同。

G. 材料的交货期限。材料的交货期限应在合同中明确约定。

H. 材料的价格。材料的价格应在订立合同时明确，可以是约定价格，也可以是政府指定价或指导价。

I. 结算。结算指买卖双方对材料货款、实际交付的运杂费和其他费用进行货币清算和了结的一种形式。我国现行结算方式分为现金结算和转账结算两种,转账结算在异地之间进行,可分为托收承付、委托收款、信用证、汇兑或限额结算等方法;转账结算在同城进行,有支票、付款委托书、托收无承付和同城托收承付等方式。

　　J. 违约责任。在合同中,当事人应对违反合同所负的经济责任作出明确规定。

　　K. 特殊条款。如果双方当事人对一些特殊条件或要求达成一致意见,也可在合同中明确规定,成为合同的条款。当事人对以上条款达成一致意见形成书面后,经当事人签名盖章即产生法律效力,若当事人要求鉴证或公证的,则经鉴证机关或公证机关盖章后方可生效。

　　L. 争议的解决方式。

　　3) 材料采购合同的履行

　　材料采购合同订立后,应当依照《合同法》的规定予以全面地、实际地履行。

　　A. 按约定的标的履行。卖方交付的货物必须与合同规定的名称、品种、规格、型号相一致,除非买方同意,不允许以其他货物代替履行合同,也不允许以支付违约金或赔偿金的方式代替履行合同。

　　B. 按合同规定的期限、地点交付货物。交付货物的日期应在合同规定的交付期限内,实际交付的日期早于或迟于合同规定的交付期限,即视为提前或延期交货。提前交付,买方可拒绝接受,逾期交付的,应当承担逾期交付的责任。如果逾期交货,买方不再需要,应在接到卖方交货通知后 15 天内通知卖方,逾期不答复的,视为同意延期交货。

　　交付的地点应在合同指定的地点。合同双方当事人应当约定交付标的物地点,如果当事人没有约定交付地点或者约定不明确,事后没有达成补充协议,也无法按照合同有关条款或者交易习惯确定,则适用下列规定:标的物需要运输的,卖方应当将标的物交付给第一承运人以便运交给买方;标的物不需要运输的,买卖双方在订立合同时知道标的物在某一地点的,卖方应当在该地点交付标的物;不知道标的物在某一地点的,应当在卖方合同订立时的营业地交付标的物。

　　C. 按合同规定的数量和质量交付货物。对于交付货物的数量应当当场检验,清点账目后,由双方当事人签字。对质量的检验,外在质量可当场检验,对内在质量,需作物理或化学试验的,试验的结果为验收的依据。卖方在交货时,应将产品合格证随同产品交买方据以验收。

　　材料的检验,对买方来说既是一项权利也是一项义务,买方在收到标的物时,应当在约定的检验期间内检验,没有约定检验期间的,应当及时检验。

　　当事人约定检验期间的,买方应当在检验期间内将标的物的数量或者质量不符合约定的情形通知卖方。买方怠于通知的,视为标的物的数量或者质量符合约定。当事人没有约定检验期间的,买方应当在发现或者应当发现标的物的数量或者质量不符合约定的合理期间内通知卖方。买方在合理期间内未通知或者自标的物收到之日起 2 年内未通知卖方的,视为标的物的数量或者质量符合约定,但对标的物有质量保证期的,适用质量保证期,不适用该 2 年的规定。卖方知道或者应当知道提供的标的物不符合约定的,买方不受前两款规定的通知时间的限制。

　　D. 买方的义务。买方在验收材料后,应按合同规定履行支付义务,否则承担法律责任。

E. 违约责任：

a. 卖方的违约责任。卖方不能交货的，应向买方支付违约金；卖方所交货物与合同规定不符的，应根据情况由卖方负责包换、包退，包赔由此造成的买方损失；卖方承担不能按合同规定期限交货的责任或提前交货的责任。

b. 买方违约责任。买方中途退货，应向卖方偿付违约金；逾期付款，应按中国人民银行关于延期付款的规定或合同的约定向卖方偿付逾期付款违约金。

4）标的物的风险承担

所谓风险，是指标的物因不可归责于任何一方当事人的事由而遭受的意外损失。一般情况下，标的物损毁、灭失的风险，在标的物交付之前由卖方承担，交付之后由买方承担。

因买方的原因致使标的物不能按约定的期限交付的，买方应当自违反约定之日起承担其标的物损毁、灭失的风险。卖方出卖交由承运人运输的在途标的物，除当事人另有约定的以外，损毁、灭失风险自合同成立时起由买方承担。卖方按照约定未交付有关标的物的单证和资料的，不影响标的物损毁、灭失风险的转移。

5）不当履行合同的处理

卖方多交标的物的，买方可以接收或者拒绝接收多交部分，买方接收多交部分的，按照合同的价格支付价款；买方拒绝接收多交部分的，应当及时通知出卖人。

标的物在交付之前产生的孳息，归卖方所有，交付之后产生的孳息，归买方所有。

因标的物的主物不符合约定而解除合同的，解除合同的效力及于从物，因标的物的从物不符合约定被解除的，解除的效力不及于主物。

6）监理工程师对材料采购合同的管理

A. 对材料采购合同及时进行统一编号管理。

B. 监督材料采购合同的订立。工程师虽然不参加材料采购合同的订立工作，但应监督材料采购合同符合项目施工合同中的描述，指令合同中标的质量等级及技术要求，并对采购合同的履行期限进行控制。

C. 检查材料采购合同的履行。工程师应对进场材料作全面检查和检验，对检查或检验的材料认为有缺陷或不符合合同要求，工程师可拒收这些材料，并指示在规定的时间内将材料运出现场；工程师也可指示用合格适用的材料取代原来的材料。

D. 分析合同的执行。对材料采购合同执行情况的分析，应从投资控制、进度控制或质量控制的角度对执行中可能出现的问题和风险进行全面分析，防止由于材料采购合同的执行原因造成施工合同不能全面履行。

（3）设备采购合同的订立及履行

1）建设工程中的设备供应方式

建设工程中的设备供应方式主要有3种：

A. 委托承包。由设备成套公司根据发包单位提供的成套设备清单进行承包供应，并收取一定的成套业务费，其费率由双方根据设备供应的时间、供应的难度，以及需要进行技术咨询和开展现场服务范围等情况商定。

B. 按设备包干。根据发包单位提出的设备清单及双方核定的设备预算总价，由设备成套公司承包供应。

C. 招标投标。发包单位对需要的成套设备进行招标，设备成套公司参加投标，按照中标价格承包供应。

2) 设备采购合同的内容

设备采购合同通常采用标准合同格式，其内容可分为3部分：

A. 约首。即合同的开头部分，包括项目名称、合同号、签约日期、签约地点、双方当事人名称或姓名和地址等条款。

B. 正文。即合同的主要内容，包括合同文件、合同范围和条件、货物及数量、合同金额、付款条件、交货时间和交货地点、验收方法、现场服务和保修内容，以及合同生效等条款，其中合同文件包括合同条款、投标格式和投标人提交的投标报价表、要求一览表（含设备名称、品种、型号、规格、等级等）、技术规范、履约保证金、规格响应表、买方授权通知书等；货物及数量（含计量单位）、交货时间和交货地点等均在要求一览表中明确；合同金额指合同的总价，分项价格则在投标报价表中确定。

C. 约尾。即合同的结尾部分，规定本合同生效条件，具体包括双方的名称、签字盖章及签字时间、地点等。

3) 设备采购合同的条款

A. 定义。对合同中的术语作统一解释，主要有：

a. "合同"系指买卖双方签署的，合同格式中载明的买卖双方所达成的协议，包括所有的附件、附录和构成合同的所有文件。

b. "合同价格"系指根据合同规定，卖方在完全履行合同义务后买方应付给的价款。

c. "货物"系指卖方根据合同规定须向买方提供的一切设备、机械、仪表、备件、工具、手册和其他技术资料。

d. "服务"系指根据合同规定，卖方承担与供货有关的辅助服务，如运输、保险及其他服务，如安装、调试、提供技术援助、培训和其他类似义务。

e. "买方"系指根据合同规定支付货款的需方的单位。

f. "卖方"系指根据合同提供货物和服务的具有法人资格的公司或其他组织。

B. 技术规范。除应注明成套设备系统的主要技术性能外，还要在合同后附各部分设备的主要技术标准和技术性能的文件。提供和交付的货物和技术规范应与合同文件的规定相一致。

C. 专利权。若合同中的设备涉及到某些专利权的使用问题，卖方应保证买方在使用该货物或其他任何一部分时不受第三方提出侵犯其专利权、商标权和工业设计权的起诉。

D. 包装要求。卖方提供货物的包装应适应于运输、装卸、仓储的要求，确保货物安全无损运抵现场，并在每份包装箱内附一份详细装箱单和质量合格证，在包装箱表面作醒目的标志。

E. 装运条件及装运通知。卖方应在合同规定的交货期前30天以电报或电传形式将合同号、货物名称、数量、包装箱号、总毛重、总体积和备妥交货日期通知买方。同时，应用挂号信将详细交货清单以及对货物运输和仓储的特殊要求和注意事项通知买方。如果卖方交货超过合同的数量或重量，产生的一切法律后果由卖方负责。卖方在货物装完24h内以电报或电传的方式通知买方。

F. 保险。根据合同采用的不同价格,由不同当事人办理保险业务。出厂价合同,货物装运后由买方办理保险。目的地交货价合同,由卖方办理保险。

G. 支付。合同中应规定卖方交付设备的期限、地点、方式,并规定买方支付货款的时间、数额、方式。卖方按合同规定履行义务后,可按买方提供的单据,交付资料一套寄给买方,并在发货时另行随货物发运一套。

H. 质量保证。卖方须保证货物是全新的、未使用过的,并完全符合合同规定的质量、规格和性能的要求,在货物最终验收后的质量保证期内,卖方应对由于设计、工艺或材料的缺陷而发生的任何不足或故障负责,费用由卖方负担。

I. 检验与保修。在发货前,卖方应对货物的质量、规格、性能、数量和重量等进行准确而全面的检验,并出具证书,但检验结果不能视为最终检验。成套设备的安装是一项复杂的系统工程,安装成功后,试车是关键。因此,合同中应详细注明成套设备的验收办法,买方应在项目成套设备安装后才能验收。某些必须安装运转后才能发现内在质量缺陷的成套设备,除另有规定或当事人另行商定提出的异议的期限外,一般可在运转之日起6个月内提出异议。成套设备是否保修、保修期限、费用负担者都应在合同中明确规定。

J. 违约罚款。在履行合同过程中,如果卖方遇到不能按时交货或提供服务的情况,应及时以书面形式通知买方,并说明不能交货的理由及延误时间。买方在收到通知后,经分析可通过修改合同,酌情延长交货时间。如果卖方毫无理由地拖延交货,买方可没收履约保证金,加收罚款或终止合同。

K. 不可抗力。发生不可抗力事件后,受事故影响一方应及时书面通知另一方,双方协商延长合同履行期限或解除合同。

L. 履约保证金。卖方应在收到中标通知书30天内,通知银行向买方提供相当于合同总价10%的履约保证金,其有效期到货物保证期满为止。

M. 争议解决。执行合同中发生的争议,双方应通过友好的协商解决或请第三方调解解决,不能解决时,可以仲裁解决或诉讼解决,具体解决方式应在合同中明确规定。

N. 破产终止合同。卖方破产或无清偿能力时,买方可以书面形式通知卖方终止合同,并有权请求卖方赔偿有关损失。

O. 转让或分包。双方应就卖方能否完全或部分转让其应履行的合同义务达成一致意见。

P. 其他。包括合同生效时间、合同正副本份数、修改或补充合同的程序等。

4) 设备采购合同的履行

A. 交付货物。卖方应按合同规定,按时、按质、按量地履行供货义务,并做好现场服务工作,及时解决有关设备的技术质量、缺损件等问题。

B. 验收交货。买方对卖方交货应及时进行验收,依据合同规定,对设备的质量及数量进行核实检验,如有异议,应及时与卖方协商解决。

C. 结算。买方对卖方交付的货物检验没有发现问题,应按合同的规定及时付款;如果发现问题,在卖方及时处理达到合同要求后,也应及时履行付款义务。

D. 违约责任。在合同履行过程中,任何一方都不应借故延迟履约或拒绝履行合同义务,否则,应追究违约当事人的法律责任。

  a. 由于卖方交货不符合合同规定，如交付的设备不符合合同标的，或交付设备未达到质量技术要求，或数量、交货日期等与合同规定不符时，卖方应承担违约责任。
  b. 由于卖方中途解除合同，买方可采取合理的补救措施，并要求卖方赔偿损失。
  c. 买方在验收货物后，不能按期付款的，应按中国人民银行有关延期付款的规定或合同约定交付违约金。
  d. 买方中途退货，卖方可采取合理的补救措施，并要求买方赔偿损失。
  5) 监理工程师对设备采购合同的管理
  A. 对设备采购合同及时编号，统一管理。
  B. 参与设备采购合同的订立。工程师可参与设备采购的招标工作，参加招标文件的编写，提出对设备的技术要求及交货期限的要求。
  C. 监督设备采购合同的履行。在设备制造期间，工程师有权对根据合同提供的全部工程设备的材料和工艺进行检查、研究和检验，同时检查其制造进度。根据合同规定或取得承包方的同意，检验单位可将工程设备的检查和检验授权给一名独立的工程师。
  工程师认为检查、研究或检验的结果是设备有缺陷或不符合合同规定时，可拒收此类工程设备，并就此立即通知承包方。任何工程设备必须得到工程师的书面许可后方可运至现场。

3. 国际工程货物采购合同
(1) 国际货物采购合同简介
1) 国际货物采购合同的概念和种类
  国际货物采购合同是指营业地在不同国家境内的当事人之间关于一方提供出口物资、收取货款，另一方接收进口货物并支付货款的协议。
  国际货物采购合同可以从不同的角度进行分类：
  A. 从一方当事人或一个国家的观点看，可分为进口合同和出口合同，一个国家往往对进口合同与出口合同规定不同的法律和政策。
  B. 从交易货物的种类分，有大宗商品买卖合同、一般商品买卖合同和成套设备买卖合同。
  C. 按交货地点的不同，可分为内陆交货合同（指在原产地或货源地交货合同）、目的地交货合同和启运地交货合同（如装运港交货合同）。
  D. 从货物的价格构成和当事人的责任分，装运港交货合同又可分为离岸价合同（FOB合同）、到岸价合同（CIF合同）、成本加运费合同（C&F合同）、到岸和佣金价合同（CIFC合同）等。
  2) 调整国际货物采购合同关系的法律和惯例。
  A. 国内立法。我国有关调整涉外经济法律关系的法律，主要是指《合同法》，同时还包括国内与涉外经济合同有关的法律、法规等。
  B. 国际立法。由于国际贸易的特殊性，必然使双方当事人在适用法律上发生纠纷或争议，从而兴起了国际贸易法统一化运动，这种统一化的结果是出现了一些国际条约，这些条约可分为两类，一类是统一实体法条约，另一类是统一冲突法条约。下面主要介绍两个条约。
  a. 1980年《联合国国际货物销售合同公约》。1980年3月10日～4月11日，在维也纳外交会议上通过了《联合国国际货物销售合同公约》，简称《维也纳公约》，该公约规定：

(a) 本公约适用于营业地在不同国家的当事人之间所订立的货物销售合同。

(b) 本公约的适用国家主要是依据当事人所属国家是否是缔约国、当事人意思表示是否选用、各种冲突规范是否适用某缔约国的法律。

(c) 关于合同形式，可以是书面的、口头的或其他任何证明合同存在的方式。

(d) 合同自收到承诺时成立。

(e) 卖方的基本义务是按照公约和合同的约定交付货物，移交一切与货物有关的单据并转移货物所有权；买方的基本义务是按照公约和合同的约定支付货物价款和收取货物。

(f) 此公约于1980年1月1日生效。

我国于1986年12月11日加入该条约，并对其中合同形式条款提出保留。

b. 1985年《国际货物销售合同法律适用性公约》。该公约规定：

(a) 当事人可以选择适用于合同的法律，但选择须是明示的，所选法律可适用于合同的全部或部分，当事人可协议改变已选择的法律。

(b) 如果作出选择时双方当事人在同一国家没有营业所，则对外国法律的选择不得影响其营业所所在国的强制性法律规范的适用。

(c) 当事人未选择准据法时，依合同订立时卖方营业所所在地国家的法律。但是，如果双方是在买方国家谈判和签订合同，或卖方在买方国家交货，或合同依买方所定条款和应买方招标订立，则合同受买方营业地国家的法律支配。但如果另一国家法律与合同有更加密切的关系，则合同依该国法律。

(d) 如无相反约定，货物检验的形式和程序依检验地国家法律。

(e) 拍卖依拍卖举行地国家法律。

(f) 合同的形式，符合合同订立地国法律或依公约确定的合同准据法的规定，均认为有效。

(g) 合同的准据法主要用于对合同的解释、履行，买方取得或卖方保留所有权的时间，买方承担货物风险时间，不履行合同的后果，合同的无效及其后果，合同的终止与时效。

(h) 依公约确定适用的法律，只有在其使用将违反公共政策时方可予以拒绝。

C. 国际贸易惯例。国际工程货物采购不同于一般意义上的货物采购，它具有复杂性及自身的特点，是一项复杂的系统工程，它不但应遵守一定的采购程序，还要求采购人员或机构了解国际市场的价格情况和供求关系、所需货物的供求来源、外汇市场情况、国际贸易支付方式、保险、运输等与采购有关的国际贸易惯例与商务知识。

a. 国际贸易惯例的形成。国际贸易惯例是在长期的国际贸易业务中反复实践并经国际组织或权威机构加以编纂和解释的习惯做法。国际贸易活动环节繁多，在长期的贸易实践中，在交货方式、结算、运输、保险等方面形成了某些习惯做法，但由于国别差异，必然导致这些习惯做法上的差异，这些差异的存在显然不利于国际贸易的顺利发展。为解决这一问题，一些国际组织经过长期努力，根据这些习惯做法，制订出解释国际贸易交货条件、货款收付等方面的规则，并在国际上被广泛采用，因而形成一般的国际贸易惯例。由此可见，习惯做法与国际贸易惯例是有区别的。国际经济贸易活动中反复实践的习惯做法只有经过国际组织加以编纂与解释才形成国际贸易惯例。

b. 国际贸易惯例与法律及合同条款的关系。国际贸易惯例并不是法律,而是人们共同信守的事实和规则,这些规则的存在和延续是因为它能够满足人们的实际需要,而不是因为国家机器的强制,因此,国际贸易惯例不是法律的组成部分,但可以补充法律的空缺,使当事人的利益达到平衡。

关于国际贸易惯例与合同条款之间的关系,国际经济贸易活动中的各方当事人通过订立合同来确定其权利和义务。在具体交易中,虽然当事人在合同中对各项主要交易条件及要求等作出规定,但不可能对合同履行中可能出现的所有问题都事先想到。对于在合同中未明确规定的许多问题,或合同条款本身的效力问题,都有可能涉及到习惯做法和惯例的使用。因此,国际贸易惯例与合同条款之间存在解释与被解释、补充与被补充的关系。国际贸易惯例可以明示或默示约束合同当事人,而合同条款又可以明示地排除国际贸易惯例的适用,此外,国际贸易惯例可以解释或补充合同条款的不足。

c. 运用国际惯例应遵循的原则

(a) 适用国际贸易惯例不得违背法院或仲裁地所在国的社会公众利益。由于惯例仅对法律具有补充或解释作用,在适用某项国际贸易惯例时,所适用的惯例不应与同争议案同时适用的某国法律的具体规定相冲突。

(b) 由于国际贸易惯例仅在合同的含义不明确或内容不全面时才对合同有解释或补充作用,因此国际贸易惯例的规则不得与内容明确无误的合同条款相悖。如果根据法律规定合同条款无效,则仍适用有关的国际惯例。

(c) 对于同一争议案,如果有几个不同的惯例并存,应考虑适用与具体交易有最密切联系的国际贸易惯例。

(2) 国际货物采购合同的订立及履行

1) 国际货物采购合同的订立方式

A. 国际货物采购竞争性招标。国际货物采购中,大型复杂设备的采购一般通过竞争性招标方式进行。具体程序为:准备招标文件→刊登招标广告→发放招标文件→投标准备和投标→开标→评标与授标→签订合同。

B. 国际货物采购的贸易方式。国际货物采购中,小宗设备器材及材料的采购一般按国际贸易程序进行,具体程序可归纳为:询盘、发盘、还盘、接受、签订合同等 5 个步骤。

a. 询盘。询盘是指采购合同的一方向另一方询问买卖该项商品的各项交易条件,询盘可以是口头的,也可以是书面的,询盘没有法律效力。

b. 发盘。国家贸易进出口业务中的发盘是订立合同的意思表示。发盘分为虚盘和实盘两种,如果发盘是肯定的、明确的,条件是完备的、无保留的,则构成法律上的要约。这样的要约对要约人有约束力,在发盘有效期内,要约人不得撤回发盘,也不得拒绝对方的接受,除非在对方发生"接受"之前发出撤回发盘的通知,否则应负法律责任。虚盘对发盘人没有约束力,它只是一项要约邀请。

c. 还盘。还盘是指受盘人向发盘人作出不同意或不完全同意发盘人提出的各项条件,并提出自己的修改意见或条件的答复。还盘还可以看作是对发盘的拒绝,实际上它是一种反要约或新要约。

d. 接受。接受是指受盘人无条件地同意发盘人所提出的交易条件,并且愿意按此条件订立合同的表示即为接受。接受实际上是一种承诺,它必须符合以下3个条件才发生法律效力:

(a) 接受必须由受盘人作出;

(b) 接受必须是无条件地完全同意发盘人所提出的全部交易条件;

(c) 接受的时间符合发盘所规定的有效期限。

e. 签订合同。在交易双方达成协议后,应签订书面合同,合同适用于合同签订地所在国的法律规定。

2) 国际货物采购合同的主要条款

A. 货物的名称、品质、数量:

a. 货物的名称。在合同中规定合同标的物的名称关系到买卖双方在货物交接方面的权利和义务,是合同的主要交易条件,也是交易赖以进行的物质基础和前提条件。规定品名条款应做到内容确切具体,实事求是,要使用国际上通行的名称,确定品名时还要考虑其与运费的关系,以及有关国家海关税则和进出口限制的有关规定。对于译成英文的名称要正确无误,符合专业术语的习惯要求。

b. 货物的品质。在国际货物采购合同中,品质条款是重要条款之一,是由货物品质的重要性决定的。它既是构成商品说明的重要组成部分,也是买卖双方交易货物时对货物品质进行评定的主要依据。根据《联合国国际货物销售合同公约》规定,卖方交付的货物必须与合同规定的数量、质量和规格相符,如卖方违反合同规定,交付与合同品质条款不符的货物时,买方可根据违约的程度,提出损害赔偿,要求修理,交付替代货物或拒收货物,宣告合同无效。

在国际工程货物采购合同中,货物的品质一般是以技术规格等方法表示的。货物的技术规格按其性质通常包括三方面的内容:

(a) 性能规格,说明买方对货物的具体要求;

(b) 设计规格;

(c) 化学性能和物理特性。

总的来说,货物品质的表达方法虽然多种多样,有的仅写明国际标准代号即可,有些较为复杂的设备、材料则需要专门的附件详细说明其技术性能要求和检测标准。但无论是采取哪种形式,都要求对货物的质量作出具体规定。

c. 货物的数量。合同的数量条件是买卖双方交接货物的依据,也是制定单价和计算合同总金额的依据,是其他交易条件的重要因素。按照《联合国国际货物销售合同公约》的规定,卖方所交货物的数量如果多于合同规定的数量,买方可以收取也可以拒绝收取全部多交货物或部分多交货物,如果卖方短交,允许卖方在规定交货期届满之前补齐,但不得使买方遭受不合理的不便或承担不合理的开支,买方保留要求损害赔偿的权利。

在合同的数量条款中,必须首先约定货物的数量,要准确使用计量单位。各国度量衡制度不同,所使用的计量单位各异,要了解不同度量衡制度之间的折算方法。目前,国际贸易中通常使用的有米制、英制、美制,以及在公制基础上发展起来的国际单位制。签约时,应明确规定采用何种度量衡制度,以免引起纠纷。

B. 国际贸易货物交货与运输。货物的交货条件包括交货时间、批次、装运港(地)、目的港（地）、交货计划、大件货物或特殊货物的发货要求、装运通知等内容。

　　a. 交货时间。在 CIF 条件下，卖方在装运港将货物装上开往约定目的港船只上即完成交货义务，海运提交单日期即为卖方的实际交货日期。

　　在 FOB 条件下，卖方在装运港将货物装入买方指派船只上即完成交货义务，海运提交单的签发日期为卖方交货日期。

　　b. 装运批次、装运港（地）、目的港（地）。买卖双方在合同中应对是否允许分批、分几批装运及装运港（地）、目的港（地）名称作出明确规定。

　　分批装运是指一笔成交的货物分若干批次装运而言。但一笔成交的货物，在不同时间和地点分别装在同一航次、同一条船上，即使分别签发了若干不同内容的提单，也不能按分批装运论处，因为该货物是同时到达目的港的。装运港和目的港由双方商定，在通常情况下，只规定1个装运港和1个目的港，并列明其港口名称。在大宗货物交易条件下，可酌情规定2个或2个以上装运港或目的港，并分别列明其港口名称。在磋商合同时，如明确规定1个或几个装运港或目的港有困难，可以采用选择港的方法，即从2个或2个以上列明的港口中任选一个，或从某一航区的港口中任选一个，如中国主要港口。在规定装运港和目的港时，应注意考虑国外装运港和目的港的作业条件，以 CIF 或 FOB 条件成交，不能接受内陆城市作为装运港或目的港的条件，应注意国外港口是否有重名。

　　c. 交货计划。买卖双方应在合同中规定每批货物装运前卖方应向买方发出装运通知。一般在 CIF 条件下，实际装运前 60d，卖方应将合同号、货物名称、装运日期、装运港口、总毛重、总体积、包装和数量、货物备妥待运日期以及承运船的名称、国籍等有关货物装运情况以电传、电报方式通知买方。同时，卖方应以空邮方式向买方提交货物详细清单，注明合同号、货物名称、技术规格简述、数量、每件毛重、总毛重、总体积和每包的尺寸（长×宽×高）、单价、总价、装运港、目的港、货物备妥待运日期、承运船预计到港口日期，以及货物对运输、保管的特别要求和注意事项。

　　d. 大件及特殊货物的发货要求。关于大件货物（即重 30t 以上或长 9m 以上的货物），卖方应在装运前 30d 将该货物包装草图（注明重心、起吊点）一式两份邮寄至买方，并随船将此草图一式两份提交给目的港运输公司，作为货到目的港后安排装卸、运输、保管的依据。对于特大件货物（重 60t 以上或长 15m 以上，或宽 3.4m 以上，或高 3m 以上的货物），卖方应将另行包装草图，吊挂位置、重心等，至迟随初步交货计划提交买方，经买方同意后才能安排制造。关于货物中的易燃品，卖方至少在装运前 30d 将注明货物名称、性能、预防措施及方法的文件一式两份提交买方。

　　e. 装运通知。在货物（包括技术资料）装运前 10d，卖方应将承运工具、预计装运日期、预计到达目的地日期、合同号、货物名称、数量、重量、体积及其他事项以电报或电传方式通知买方，在每批货物（包括技术资料）发货后 48h 内，卖方应将合同号、提单、空运单日期、货物名称、数量、重量、体积、商业发票金额、承运工具名称以电报或电传方式通知买方，以及目的地运输公司，对于装运单据，卖方应将装运单据（包括提单、发票、质量证书、装箱单）一式三份随承运工具提交目的地运输公司。同时，在每批货物（包括技术资料）发运后 48h 内将装运单据一式两份邮寄买方。

　　f. 运输方式。国际贸易中有多种运输方式，如海洋运输、内河运输、铁路运输、公路运输、航空运输、管道运输以及联合运输，其中以海洋运输为主要运输方式。

(a) 海洋运输。海洋运输主要有班轮运输、租船运输两类。在海运条件下，由承运人签发提单，海运提单是承运人或其代理人在收到货物后签发给托运人的一种证据。它既是承运人或其代理人出具的证明货物已经收到的收据，也是代表货物所有权的凭证，同时又是承运人和托运人之间的运输契约的证明。提单可以从不同角度分类，货物采购中经常使用的提单有：按签发提单时货物是否已装船划分，有已装船提单和备运提单；按提单有无不良批注，可分清洁提单和不清洁提单；按收货人抬头分类，有记名提单、不记名提单和指示提单。

(b) 国际多式联运。国际多式联运是指利用各种不同的运输方式来完成各项运输任务，如陆海联运、陆空联运和海空联运等。在国际贸易中，主要是以集装箱为主的国际多式联运，这有利于简化货运手续，加快货运速度，降低运输成本和节省运杂费。在货物采购中，如果采用多式联运，应考虑货物性质是否适宜装箱，注意装运港和目的港有无集装箱航线，有无装卸及搬运集装箱的机械设备，铁路、公路、沿途桥梁、隧洞的负荷能力如何等等。多式联运条件下使用的单据是多式联运单据，这种单据与海运中使用的联运单据有相似之处，但其他性质与联运单据有区别。多式联运单据可根据托运人的选择，作成可转让或不可转让的单据，在可转让条件下，单据可作为指示性抬头或空白抬头。在不可转让条件下，则应作成记名抬头。

(c) 航空运输。航空运输与海运、铁路运输相比，具有运输速度快、货运质量高、不受地面条件限制等特点。采用航空运输需要办理一定的货运手续，航空公司办理货运在始发机场的揽货、接货、报关、订舱以及在目的地机场接货或运货上门的业务。航空运单是承运人与托运人之间签订的运输契约，也是承运人或其代理人签发的货物收据，同时可作为承运人核收运费的依据和海关查验放行的基本依据，但航空运单不是代表货物所有权的凭证，不能随意转让。收货人不能凭航空运单提货，而是凭航空公司的通知单。航空运单收货人抬头不能作成指示性抬头，必须详细填写收货人全称和地址。

C. 国际货物采购中的运输保险。国际货物采购中，货物往往要经过长距离运输，在此期间，由于遭遇各种风险而导致货物损坏或灭失的情况是经常发生的。为了补偿国际货物在运输过程中遭到损害或灭失所造成的经济损失，买方或卖方都要向保险公司投保货物运输保险。

保险条款的规定方法与合同所采用的价格有着直接的联系。按 FOB 和 C&F 条件成交时，在保险条款中只需规定："保险由买方负责办理"。但如果按照 CIF 条件成交时，除了说明保险由卖方办理外，还须规定保险金额和保险险别以及所依据的保险公司的保险条款。

a. 保险险别。保险险别是保险人与被保险人履行权利和义务的依据，也是确定保险人所承保责任范围的依据，又是被保险人缴纳保险费数额的依据。在办理货物运输保险时，当事人应依据货物的性质、包装情况、运输方式、运输路线以及自然气候等因素全面考虑，选择合理的险别，做到既使货物得到充分的保险保障，又节约保险费开支。

货物运输保险种类很多，有海运保险、陆运保险和空运保险等。其中海运保险主要有平安险、水渍险、一切险等；陆运保险主要有陆运一切险；空运保险主要有空运一切险等。依据国际惯例，卖方的责任一般仅限于按平安保险条款办理投保。除买卖双方另有约定外，买方需加保其他特种险或战争险，卖方可以协助办理，但费用由买方自行负担。

b. 保险金额。在进出口货运保险业务中，通常都采用定值保险的做法，这就要求在合同的保险条款中规定保险金额。按照货运保险的习惯做法，投保人为了取得充分的保险保障，一般都把货值、运费、保险费以及转售货物的预期利润和费用的综合作为保险金额。因此，保险金额一般都高于合同的 CIF 价值，国际上习惯按 CIF 价值的 110% 办理投保。国际货物运输保险必须逐笔投保，且保险单的签发日期不得晚于装运单据的签发日期。

在 CIF 合同中，卖方是为了买方的利益保险的，卖方在取得保险单后，应把保险单转让给买方。如果货物在运输途中遇到了承保范围内的风险而遭受损害或灭失，买方依据卖方转让给他的保险单，以自己的名义要求保险公司给予赔偿。

D. 价格条款和价格调整条款

a. 价格条款。价格条款是国际货物采购合同的核心条款，其内容对合同中的其他条款会产生重大影响。国际货物采购合同价格条款包括单价、总价及与价格有关的运费、保险费、仓储费、各种捐税、手续费、风险责任的转移等内容。由于价格的构成不同，价格证（价格条件）也各不相同。一般情况下，国际货物采购合同常用的价格条件有离岸价（FOB），到岸价（CIF），成本加运费价格（C&F）。单价必须写明计量单位，包括价格条件在内的单位价格金额、计价货币。

b. 价格调整条款。合同中的定价方法一般有固定价格、非固定价格两种。国际货物采购合同主要采用固定价格的定价方法，即在执行合同期间，合同价格不允许调整。如果所采购的货物或设备不能在 1 年内交付，则可考虑使用调整价格，即在合同中规定价格调整公式以补偿在合同执行期间因物价变动成本增加而给卖方带来的损失，其调整公式为

$$P=P_0(A+B\times M/M_0+C\times W/W_0)$$

式中　　P——调整后价格；

　　　　P_0——合同价；

　　　　M_0——原料的基础价格指数；

　　　　M——合同执行期间相应原料价格指数；

　　　　W_0——特定行业工资指数；

　　　　W——合同执行期间有关工资指数；

A、B、C——签订合同时确定的有关价格中各要素所占百分比。其中，A 为合同价格中承包商的管理费和利润百分比，这部分价格一般不予调整；B 为合同价格中原材料的百分比；C 为工资百分比。

式中固定部分 A 的权值取决于货物的性质。由于在大多数情况下价格指数趋于上涨的趋势，卖方一般希望 A 的数值越小越好。B 部分通常根据主要材料的价格指数进行调整，虽然货物在生产过程中需要多种材料，但在价格调整时通常以主要材料的价格指数为代表，如果有两三种原材料的价格对于产品的总成本影响较大，则可以分别采用这些原材料的价格指数作为材料部分的分项。工资指数的调整只选择一种行业，但为使调整更精确，也可同时选用两个或两个以上有关行业的劳动力成本指数。有时，买方在合同的价格调整条款中规定价格调整的起点和上限，或规定价格调整不得超过原合同价的一定百分比。

E. 国际货物采购合同的支付条款。在国际工程货物采购合同中，当事人双方除一部分货款需要通过政府间采用记账方式结算外，大部分需要通过银行以现汇结算。合同中的支付条款主要包括：支付工具、支付时间、支付地点和支付方式。

a. 支付工具。支付工具主要包括货币和票据。

（a）货币。国际工程货物采购合同中使用的货币主要有：买方所在国货币、卖方所在国货币或第三国货币，或若干种货币同时使用。一般情况下使用国际贸易中广泛使用的货币，通常由买方选择优先使用哪一种货币。如果合同中规定使用一种以上的货币，则应在合同中同时规定折算方法和汇率以及每种货币在合同价格中所占的百分比。为减少汇率变动给当事人带来的风险，亦可在合同中明确计价货币与另一种货币的汇率，付款时若汇率有变动，则按比例调整合同价格。

（b）票据。国际货物采购合同中使用的票据主要有汇票、本票和支票。其中，以使用汇票为主。汇票是卖方履行交货义务后向买方签发的，要求其即期或定期或在将来可以确定的时间，对其指定人或持票人支付一定金额的无条件的书面支付命令。本票是出口方在履行交货义务后，由买方向其签发的，保证即期或定期或在将来可以确定的时间，对卖方或其指定人或持票人支付一定金额的无条件的书面承诺。

b. 支付方式。支付方式因合同买卖的内容、合同价格、交货期、市场条件的不同而不同。对于初级产品合同，常用 CIF 及 FOB 形式，卖方希望交单时取得全部货款，买方在货物装船前对货物实施检验。这类合同使用不可撤销跟单信用证方式，如果合同中规定了货物的保证期，则买方可要求卖方提供银行担保，以保证卖方在保用期内履行合同义务。对于制成品合同，买方希望在卖方交单时先付款 90%，余下货款待货到检验后支付。买方也可要求卖方为履行保证期内的合同义务而提供银行担保。对于大型设备采购合同，由于其交货期较长，而卖方在执行合同时亦需大量资金周转，一般在签订合同时，买方向卖方支付合同金额 10%～15%的预付定金，以后买方可按货物生产的进度付款，一般为合同款的 50%。卖方交单时，支付合同金额 10%，货到目的地后，买方验收合格并安装调试完毕后，买方再支付合同金额的 10%，余下金额待保证期期满时，卖方履行全部合同义务后支付。

为保证向卖方付款并确保卖方履行合同义务，国际货物采购合同一般都规定采用信用证方式进行支付或由卖方提供银行担保。

F. 国际货物采购合同中的检验条款。商品检验条款是国际货物采购合同中的重要条款。商品检验是指对卖方交付或拟予交付的合同货物的品质、数量、包装进行检验和鉴定。商品检验机构出具的商品检验证明是买卖双方交付货物、支付价款和索赔、解决纠纷的依据。

商品检验的条款主要包括检验权、检验机关、检验时间及地点、检验证明、检验方法和检验依据等。国际货物采购合同的通常做法主要有出口国检验和进口国检验。我国在建设物资国际采购合同中，商检条款是："双方同意某公证行出具的品质或质量检验证明作为信用证的一部分。但货到目的港××天内经中国商品检验局复检，如发现品质或质量与本合同不符，除属于保险公司或船舶公司负责者外，买方凭中国商品检验局出具的品质或质量检验证书，向卖方提出索赔。所有因索赔引起的费用，包括复检费及损失，均由卖方负责。"

G. 国际货物采购合同中的保证及索赔条款：

a. 保证条款。合同中保证条款的基本要点：卖方应保证其所提供的货物质量优良，设计、材料和工艺均无缺陷，符合合同规定的技术规范和性能，并能满足正常、安全运行的要求，否则，买方有权提出索赔。卖方的保证期应为货物检验后，即检验证书签发后12个月。在保证期内，由于卖方责任需要更换、修理有缺陷的货物，而使买方停止生产或使用时，货物保证期应相应延长。新更换或修复货物的保证期应为这些货物投入使用后12个月。但在有些合同中，12个月的保证期不足以保护买方免受因设计或生产缺陷而可能产生的损失，如有必要，买方亦可要求卖方继续对设计缺陷造成的损失负责。有些采购合同中，卖方实际交货与货物安装使用之间间隔时间较长，这种情况下可考虑货物的保证期应从实际投入使用时算起12个月。

卖方应保证在对货物进行性能考核检验时，货物的全部技术指标和保证值都能达到合同规定的要求。经检验，由于卖方的原因，有一项或若干项技术指标和保证值未达到要求，卖方应向买方支付罚款，其金额应为合同金额的若干百分比。卖方的另一项保证是按合同规定时间交货，否则，卖方应向买方支付迟交罚款。

卖方应在合同中保证其提供的技术资料正确、完整和清晰，符合货物设计、检验、安装、调试、考核、操作和维修的要求。如卖方提供的技术资料不能满足要求时，必须在收到买方通知后规定时间内，免费向买方重新提供正确、完整和清晰的技术资料。技术资料运抵目的地机场前的一切费用和风险由卖方承担。

b. 索赔条款。索赔条款主要包括索赔依据、索赔手续、索赔期限、索赔方式等。索赔依据必须与商检条款、保证条款及法律事实等相一致。货物索赔期一般为货物到达目的地后30天或40天，机电设备可以更长一些，一般为货物到达目的地60天或60天以上。通常索赔方式分两种，一种是签订索赔条款，另一种是违约金，由当事人双方在合同中约定，如果发生合同所规定的违约事件时，受害方可按合同规定索取违约金或罚金。至于罚金的数额，应视违约情况，由当事人商定，但最多不得超过全部货价。

H. 不可抗力条款。不可抗力是指当事人在订立合同时不能预见、人的力量不可抗拒、对其发生的后果不能克服和无法避免的当事人主观意志以外的客观意外事件。不可抗力条款主要包括：免责规定；不可抗力事故范围；不可抗力事故的通知和证明；受不可抗力影响的当事人延迟履行合同的最长期限。

合同当事人任何一方，由于发生不可抗力事故而影响履行合同时，应根据不可抗力事故影响的时间相应延长履行合同的期限。不可抗力事故的范围一般有两种规定方法：一是列明不可抗力事故，如战争、火灾、水灾、风灾、地震等；另一种方法是除明确列明某些不可抗力事故外，还加上"以及双方同意的其他不可抗力事故"。当不可抗力事故发生后，遭受到不可抗力事故影响的一方应尽快将发生的不可抗力事故情况以电报或电传方式通知另一方，并在14天内向另一方提交有关当局出具的书面证明，供另一方确认。在不可抗力事故终止或清除后，遭受事故影响的一方应尽快以电报或电传方式通知另一方，并以航空挂号函方式予以确认。遭受不可抗力事故影响的一方延迟履行合同的期限一般规定为90天，最长不超过120天，如逾期，双方应尽快通过友好协商解决合同的执行问题。

应当注意的是，合同中订立不可抗力条款是一般的商业惯例，但在不可抗力事故范围问题上凡自然力量事故，各国认识比较一致，而社会异常事故，则解释上经常产生分歧。

因此，双方应慎重对待不可抗力条款，特别是对一些含义不清或没有确定标准的概念，不应作为不可抗力对待。对于一些属于政治性的事件，可由买卖双方于事件发生时根据具体情况，另行协商解决。

I. 仲裁条款。仲裁是国际贸易中解决争议的一种习惯做法，仲裁是由双方当事人在自愿基础上把他们之间的争议提交给中立的第三者进行裁决。

在国际货物采购合同中，通常订有仲裁条款，其内容包括：仲裁地点、仲裁机构、仲裁程序、仲裁裁决的效力等。其中，仲裁地点和仲裁机构的选择是关键。通常在我国与外商签订仲裁条款时，仲裁地点首先力争选择在我国，由我国涉外仲裁机构仲裁；其次，也可以选择第三国的常设仲裁机构或选择某个程序规则，依照该仲裁程序规则仲裁。无论选择哪一种仲裁机构或仲裁地点，仲裁裁决都是终局的，对双方当事人都有约束力。

J. 法律适用条款。合同的法律适用条款就是"合同的准据"问题，即当事人双方发生争议后，就实体法部分适用何国法律的问题。

依据国际惯例，允许当事人通过协议指明合同争议适用何国法律，在国际司法上成为"意思自治"原则。根据这一原则，双方当事人可以选择所适用的法律。当事人在选择适用法律时，只允许在"与合同有实际联系的国家的法律"中选择，否则，被选择的法律将视为无效。

3）监理工程师对工程项目国际货物采购合同的管理

监理工程师对工程项目国际货物采购合同的管理，除应像国内物资采购合同管理外，还应做到：

A. 监理工程师有权要求买方提供合理证明，证明其已履行付款义务。否则，除买方有理由扣留或拒绝支付并已书面通知卖方外，监理工程师应出具证书，由业主直接向卖方付款。

B. 监理工程师应及时审批买方进口物资申请书，并向业主出具支持信，督促业主及时向海关发出有关公函。

可令施工单位将这批钢材运出工地，由此发生的损失，由施工单位承担。

【例 4-2】 某工程建筑面积 3300m^2，计划每平方米需用的主要材料的名称、数量、单价如下：水泥：0.21t，350 元/t；钢材 0.036t，3200 元/t；砖：130 块，0.28 元/块；黄砂：0.54t，35 元/t；石子：0.61t，33 元/t；木材：0.005m^3，1500 元/m^3；另外需用石灰、玻璃等其他材料，金额共约 92500 元。问题：

1）估算该工程所需的材料费？

2）提出材料采购资金的管理方法及各种方法的适用条件。

【分析】

1）工程材料费预测：

水泥资金额＝3300×0.21×350＝242550 元

钢材资金额＝3300×0.036×3200＝380160 元

砖资金额＝3300×130×0.28＝120120 元

黄砂资金额＝3300×0.54×35＝62370 元

石子资金额＝3300×0.61×33＝66429 元

木材资金额＝3300×0.005×1500＝24750 元

工程材料费＝242250＋380160＋120120＋62370＋66429＋24750＋92500＝1081079 元

2）材料采购资金管理方法：

A. 品种采购量管理法，适用于分工明确、采购任务量确定的企业或部门；

B. 采购金额管理法，一般综合性采购部门采取这种方法；

C. 费用指标管理法，为鼓励采购人员负责完成采购业务的同时，注意采购资金使用，降低采购成本的方法。

【例 4-3】 某施工企业经营规模较大，施工力量较强，在 H 市承揽的施工任务较多。在材料采购方面，主要材料分散到项目经理部采购，一般材料由公司材料设备处统一采购供应，项目经理部承建某校宿舍楼，主要建筑材料预计需用品种及数量如下：水泥 693t，钢材 120t，砖 429000 块，黄砂 1782t，木材 16.5m^3，项目经理准备根据工程进度和资金情况，分期分批组织采购，保证供应。问题：

1）该施工企业的材料采购管理模式是否合理，为什么？

2）项目经理自行负责采购工程所需的主要材料，应采用哪种采购方式？

3）采用什么方式签订合同？主要内容有哪些？

【分析】

1）该企业采用的采购管理模式不合理。由于该企业属于城市型施工企业，主要材料、重要物资应统一筹划，形成较强的采购能力和开发能力，一般材料可分散采购，调动基层的积极性。

2）项目经理可采用询价采购方式，以降低材料的采购成本。

3）通过采购业务谈判订立合同，以保证供应。谈判的内容主要有：

A. 明确采购材料的名称、品种、规格和型号；

B. 确定采购材料的数量和价格；

C. 确定采购材料的质量标准和验收方法；

D. 确定采购材料的交货地点、方式、办法、交货日期以及包装等要求；

E. 确定材料的运输方法等。

【例 4-4】 某工程建筑面积 5436m^2，所需材料由项目经理部自行采购。项目经理部为提高供应水平，保证供应，根据资金情况，计划按基础工程、框架结构工程、砌筑工程、装饰工程、屋面工程等几个大分部，分期分批进行所需材料配套供应。问题：

1）项目经理部是否可以选用询价采购方式？

2）简述材料实际采购中询价的程序。

3）提出材料采购询价的技巧。

【分析】

1）不宜全部材料实行询价采购，而应改为主要材料询价采购，一般材料直接采购。

2）询价程序：

A. 根据竞争择优原则，选择可能成交的供应商；

B. 向供应厂商询盘；

C. 卖方发盘；

D. 还盘、拒绝或接受。

3）询价的技巧：

A. 同类大宗物资一次汇总提出，争取获得数量大的优惠；订立合同时提出实行分批交货分批结算，以避免占用巨额资金；

B. 向多家供应商询价，要防止供应商串通抬价；

C. 采用让卖方发盘的询价方式，使自己处于还盘的主动地位；

D. 对于有实力的供应商，可采用"目的港码头交货"或"完税后交货（目的地）"方式；

E. 施工企业应根据管理职责的分工，分别对所管范围的物资开展询价工作。

【例 4-5】 某工程建设单位委托工程总承包单位按业主的要求招标采购工程所需的机电设备，业主提出的招标要求的主要内容有：

1) 由工程总承包单位作为机电设备招标的代理机构；
2) 采用公开招标方式；
3) 评标采用低投标价法，由评标委员会负责评标，推荐中标候选人；
4) 评标委员会由建设单位派1人，总承包单位派2人，另外聘请技术、经济专家各1人，共由5人组成；
5) 投标应提交设备投标价的3%作为投标保证金。

问题：

1) 业主的招标要求中，有哪些不妥？为什么？
2) 总承包单位是否可以作为招标代理机构？
3) 设备评标主要应考虑哪些因素？

【分析】

1) 业主提出的招标要求中，下列内容与法律法规的规定不符：

A. 采用低投标价法评标不妥，这种方法只适用于简单商品、原材料等的评标，机电设备采购招标宜采用综合评标价法等方法。

B. 评标委员会的组成不妥，招投标法规定评标委员会中，技术、经济专家人数不得少于评标委员会总人数的三分之二。

C. 投标保证金要求3%不妥，应为2%，并且最高不得超过80万元。

2) 总承包单位具备下列条件的可以进行工程所需的设备招标采购，但并不是招标代理机构，而是接受业主委托的招标人：

A. 具有法人资格；
B. 具有与承担招标业务和设备配套工作相适应的技术经济管理人员；
C. 有编制招标文件、标底和组织开标、评标、决标的能力；
D. 有对所承担的招标设备进行协调服务的人员和设施。

3) 设备评标主要考虑下列因素：

A. 投标价；
B. 运输费；
C. 交付期；
D. 设备的性能和质量；
E. 备件价格；
F. 支付要求；
G. 售后服务；

H. 其他与招标文件偏离或不符合的因素。

复习思考题

1. 什么叫材料采购？影响材料采购的因素有哪些？
2. 材料采购应如何分工？
3. 材料采购信息管理的主要内容是什么？
4. 材料采购业务包括哪些内容？
5. 企业应如何加强采购资金的管理？
6. 甲企业某一年完成建筑安装工作量 2100 万元，消耗 A 种材料 16800t。其下一年度预计完成建安工作量 2000 万元，该材料每次采购费为 60 元，平均单价为 20 元/t，年保管费率为 20%，求该材料的经济采购批量。
7. 材料采购主要有哪些方式？
8. 市场采购有哪些特点？简述其采购程序？
9. 简述材料询价的步骤和方法？
10. 简述设备、材料招标采购的工作内容？
11. 简述材料采购合同的订立和履行？
12. 简述设备采购合同的订立和履行？

五、材料供应及运输管理

（一）材料供应管理概述

材料供应管理是指及时、配套、按质按量地为建筑企业施工生产提供材料的经济活动。材料供应管理是保证施工生产顺利进行的重要环节，是实现生产计划和项目投资效益的重要保证。

材料供应管理是材料业务管理的重要组成部分，没有良好的材料供应，就不可能形成有实力的建筑企业。随着现代工业技术的发展，建筑企业所需材料数量更大，品种更多，规格更复杂，性能指标要求更高，再加上资源渠道的不断扩大，市场价格波动频繁，资金限制等诸多因素影响，对材料供应管理工作的要求更高。

1. 材料供应管理的特点

建筑企业是具有独特生产和经营方式的企业。由于建筑产品形体大，且由若干分部分项工程组成，并直接建造在土地上，每一产品都有特定的使用方向。这就决定了建筑产品生产的许多特点，如流动性施工、露天操作，多工种混合作业等。这些特点都会给施工生产紧密相连的材料供应带来一定的特殊性和复杂性。

(1) 建筑用料品种规格多

建筑用料既有大宗材料，又有零星材料，来源复杂。建筑产品的固定性，造成了施工生产的流动性，决定了材料供应管理必须随生产而转移。每一次转移必然形成一套新的供应、运输、贮存工作。再加之每一产品功能不同，施工工艺不同，施工管理体制不同，即使是同一个小区中的同一份设计图纸的两个栋号，也因地势，因人员，因进度而产生较大差异。一般工程中，常用的材料品种均有上千种，若细分到规格，可达上万种。在材料供应管理过程中，要根据施工进度要求，按照各部位、各分项工程、各操作内容供应这上万种规格的材料，就形成了材料部门日常大量的复杂的业务工作。

(2) 用量多，重量大，需要大量的运力

建筑产品形体大使得材料需用数量大、品种规格多，由此带来运输量必然大。一般建筑物中，将所用各种材料总计计算，每平方米建筑面积平均重量达 $2\sim2.5t/m^2$，由此可见材料的运输、验收、保管、发放工作量之大，因此要求材料人员应具有较宽的知识面，了解各种材料的性能特点、功用和保管方法。我国货物运输的主要方式是铁路运输，全国铁路运输中近 1/4 是运输建筑施工所用的各种材料，部分材料的价格组成因素上甚至绝大多数是运输费用。因此说建筑企业中的材料供应涉及各行各业，部门广、内容多、工作量大，形成了材料供应管理的复杂性。

(3) 材料供应必须满足需求多样性的要求

建设项目是由多个分项工程组成的，每个分项工程都有各自的生产特点和材料需求特点。要求材料供应管理能按施工部位预计材料需用品种、规格而进行备料，按照施工程序分期分批组织材料进场。企业中同一时期常有处于不同施工部位的多个建设项目，即使是处于同一施工阶段的项目,其内部也会因多工种连续和交叉作业造成材料需用的多样性,材料供应必然要满足需求多样性的要求。

(4) 受气候和季节的影响大

施工操作的露天作业,最易受时间和季节性影响,由此形成了某种材料的季节性消耗和阶段性消耗,形成了材料供应不均衡的特点。要求材料供应管理要有科学的预测、严密的计划和措施。

(5) 材料供应受社会经济状况影响较大

生产资料是商品,因此社会生产资料市场的资源、价格、供求及与其紧密相关的投资、融资、利税等因素,都随时影响着材料供应工作。一定时期内基本建设投资回升,必然带来建筑施工项目增加,材料需求旺盛、市场资源相对趋紧,价格上扬,材料供应矛盾突出。反之,压缩基本建设投资或调整生产资料价格或国家税收、贷款政策的变化,都可能带来材料市场疲软,材料需求相对弱小,材料供应松动。另外,要防止盲目采购、盲目储备而造成经济损失。

(6) 施工中各种因素多变

如设计变更、施工任务调整或其他因素变化,必然带来材料需求变化,使材料供应数量增减,规格变更频繁,极易造成材料积压,资金超占。若材料采购发生困难则影响生产进度。为适应这些变化因素,材料供应部门必须具有较强的应变能力,且保证材料供应有可调余地,这无形中增加了材料供应管理难度。

(7) 对材料供应工作要求高,供应材料的质量要求高

建筑产品的质量,影响着建筑产品功能的发挥,建筑产品的生产是本着"百年大计、质量第一"的原则进行的。建筑材料的供应,必须了解每一种材料的质量、性能、技术指标,并通过严格的验收、测试,保证施工部位的质量要求。建筑产品是社会科学技术和艺术水平的综合体现,其施工中的专业性、配套性,都对材料供应管理提出了较高要求。

建筑企业材料供应管理除上述特点外,还因企业管理水平、施工管理体制、施工队伍和材料人员素质不同而形成不同的供求特点。因此应充分了解这些因素,掌握变化规律,主动、有效地实施材料供应管理,保证施工生产的用料需求。

2. 材料供应管理应遵循的原则

(1) 必须从"有利生产,方便施工"的原则出发,建立和健全材料供应制度和方法

材料供应工作要全心全意为生产第一线服务,想生产所想,急生产所急,送生产所需。应发扬"宁愿自己千辛万苦,不让前线一时为难"的精神,深入到生产第一线去,既为生产需用积极寻找短线急需材料,又要努力利用长线积压材料,千方百计为生产服务,当好生产建设的后勤。

(2) 必须遵循"统筹兼顾、综合平衡、保证重点、兼顾一般"的原则

建筑业在材料供应中经常出现供需脱节,品种、规格不配套等各种矛盾,往往使供应工作处于被动应付局面,这就要求我们从全局出发,对各工程项目的需用情况,统筹兼顾,综合平衡,搞好合理调度。同时要深入基层,切实掌握施工生产进度、资源情况和供货时间,只有对资源和需求摸准吃透,才能分清主次和轻重缓急,保证重点,兼顾一般,把有限的物资用到最需要的地方去。

(3) 加强横向经济联系,合理组织资源,提高物资配套供应能力

随着指令性计划的减小，指导性计划和市场调节范围的扩大，由施工企业自行组织配套的物资范围相应扩大，这就要求加强对各种资源渠道的联系，切实掌握市场信息，合理地组织配套供应，满足施工需要。

(4) 要坚持勤俭节约的原则

充分发挥材料的效用，使有限的材料发挥最大的经济效果。在材料供应中，要"管供、管用、管节约"，采取各种有效的经济管理措施，技术节约措施，努力降低材料消耗。在保证工程质量的前提下，广泛寻找代用品，化废为宝，搞好修旧利废和综合回收利用，做到好材精用、废材利用、缺材代用、努力降低消耗，提高经济效益。

3. 材料供应管理的基本任务

建筑企业材料供应工作的基本任务是：围绕施工生产这个中心环节，按质、按量、按品种、按时间、成套齐备，经济合理地满足企业所需的各种材料，通过有效的组织形式和科学的管理方法，充分发挥材料的最大效用，以较少的材料占用和劳动消耗，完成更多的供应任务，获得最佳的经济效果。其具体任务包括：

(1) 编制材料供应计划

供应计划是组织各项材料供应业务协调展开的指导性文件，编制材料供应计划是材料供应工作的首要环节。为提高供应计划的质量，必须掌握施工生产和材料资源情况，运用综合平衡的方法，使施工需求和材料资源衔接起来，同时发挥指挥、协调等职能，切实保证计划的实施。

(2) 组织资源

组织资源是为保证供应、满足需求创造充分的物质条件，是材料供应工作的中心环节。搞好资源的组织，必须掌握各种材料的供应渠道和市场信息，根据国家政策、法规和企业的供应计划，办理订货、采购、加工、开发等项业务，为施工生产提供物质保证。

(3) 组织材料运输

运输是实现材料供应的必要环节和手段，只有通过运输才能把组织到的材料资源运到工地，从而满足施工生产的需要。根据材料供应目标要求，材料运输必须体现快速、安全、节约的原则，正确选择运输方式，实现合理运输。

(4) 材料储备

由于材料供求之间存在着时间差，为保证材料供应必须适当储备。否则，不是造成生产中断，就是造成材料积压。材料储备必须适当、合理，一是掌握施工需求，二是了解社会资源，采用科学的方法确定各种材料储备量，以保证材料供应的连续性。

(5) 平衡调度

施工生产和社会资源是在不断地变动的，经常会出现新的矛盾，这就要求我们及时地组织新的供求平衡，才能保证施工生产的顺利进行。平衡调度是实现材料供应的重要手段，企业要建立材料供应指挥调度体系，掌握动态，排除障碍，完成供应任务。

(6) 选择供料方式

合理选择供料方式是材料供应工作的重要环节，通过一定的供料方式可以快速、高效、经济合理地将材料供应到需用单位。选择供料方式必须体现减少环节、方便用户、节省费用和提高效率的原则。

(7) 提高成品、半成品供应程度

提高供应过程中的初加工程度，有利于提高材料的利用率，减少现场作业，适合建筑生产的流动性，充分利用机械设备，有利于新工艺的应用，是企业材料供应工作一个发展方向。

(8) 材料供应的分析和考核

在会计核算、业务核算和统计核算的基础上，运用定量分析的方法，对企业材料供应的经济效果进行评价。分析和考核必须建立在真实数据的基础上，在各方面各环节分析、考核的基础上，对企业材料供应作出总体评价。

4. 材料供应管理的内容

(1) 编制好材料供应计划

材料供应计划是建筑企业计划的一个重要组成部分，它与其他计划有着密切的联系：材料供应计划要依据施工生产计划的任务和要求来计算和编制，反过来它又为施工生产计划的实现提供有力的材料保证；在成本计划中，确定成本降低指标时材料消耗定额和材料需用量是必须考虑的因素；在编制供应计划时，则应正确了解材料节约量、代用品、综合利用等情况来保证成本计划的完成。在财务计划中，材料储备定额是核定企业流动资金的依据。在编制供应计划时，必须考虑到加速资金周转的要求。正确地编制材料供应计划，不仅是建筑企业有计划地组织生产的客观要求，而且是影响整个建筑企业计划工作质量的重要因素。

1) 材料供应计划的作用。建筑企业的材料供应计划，是企业通过申请、订货、采购、加工等各种渠道，按品种、质量、数量、期限、成套齐备地满足施工所需的各种材料的依据，也是促使建筑企业合理地使用材料、节约资金、降低成本的重要保证，它对改进材料的供、管、用三个方面的工作，保证施工生产的顺利进行，起到以下几方面的作用：

A. 正确编制和执行材料供应计划，组织供需平衡，能做到供应及时、品种齐全、数量准确，质量合用，这为企业完成生产任务提供了物质保证。

B. 正确编制和执行材料供应计划，能充分发挥各供应渠道的作用，充分挖掘企业内部的潜力，不仅有利于做到物尽其用，使现有材料发挥更大的经济效果，而且可以推动企业开展技术革新和大力采用新工艺、新材料。

C. 正确编制和执行材料供应计划，能充分利用市场调节的有利条件，做好物资采购，搞好均衡供应，加速物资周转，节约储备资金，保证施工生产的进行。

2) 材料供应计划工作的原则。为使材料供应计划更好地发挥作用，在编制时必须按照下述原则进行：

A. 要实事求是。不能弄虚作假，要维护计划的严肃性。不能采取少报库存，多报需用，加大储备的错误手段。这种做法虽然容易做到保证供应，但也容易造成物资及资金的积压，影响和阻碍材料管理水平的提高。

B. 要积极可靠。计划的积极，就是要比较先进，能调动主观能动性，经过努力能够完成。计划的可靠，就是要对材料需用量和储备量进行认真的核算，有科学的依据。对资源的到货情况要了解清楚，要充分预计到在执行计划时可能出现的各种因素，使计划制订得比较符合实际，留有余地。

C. 要统筹兼顾，树立全局观念，注重整体利益。对于短线紧缺物资，能不用的尽量不用，能代用的尽量代用，能少用的绝不多用。

材料供应计划要和生产计划、财务计划等密切配合，协调一致。必须保证企业生产财务计划全面完成。统筹兼顾就是要对计划期内有关生产和供需各方面的因素进行全面分析，注意轻重缓急，找出供应工作中的关键问题，处理好各方面的关系。如重点工程和一般工程的关系，首先要确保重点工程的材料供应，在保证重点工程的前提下，也可照顾到一般工程；工程用料和生产维修等方面用料的关系，在一般情况下，首先要保证工程用料，但也要注意在特定的情况下，施工设备用料也是必须首先解决的；长线材料和短线材料的关系，把工作的重点放在解决短线材料上，但不能忽视市场信息，因为原来长线材料有可能转变为短线材料，原来的短线材料也有可能转变为长线材料。

(2) 材料供应计划的实施

供应计划确定以后，就要分渠道积极地落实资源，对内组织计划供应（即定额供料），保证计划的实现。影响计划执行的因素是千变万化的，执行中会出现许多不平衡的现象。因此供应计划编制以后，还要注意在落实计划中组织平衡调度。其方式主要有：

1) 会议平衡。月度（或季度）供应计划编制以后，供应部门召开材料平衡会议，向用料单位说明计划材料资源到货和各单位需用的总情况，同时说明根据施工进度及工程性质，结合内外资源，分轻重缓急，在保竣工扫尾、保重点工程的原则下，先重点、后一般，最后具体宣布对各单位的材料供应量。平衡会议一般由上而下召开，逐级平衡。

2) 重点工程专项平衡。对列为重点工程的项目，由公司主持和召开会议，专项研究组织落实计划，拟订措施，切实保证重点工程的顺利进行。

3) 巡回平衡。为协助各单位工程解决供需矛盾，一般在季（月）供应计划的基础上，组织服务队定期到各施工点巡回服务，切实掌握第一手资料来搞好计划落实工作，确保施工任务的完成。

4) 与建设单位协作配合搞好平衡。属建设单位供应的材料，建筑企业应主动积极地与建设单位交流供需信息，互通有无，避免脱节而影响施工。

5) 竣工前的平衡。为确保竣工拔点，在单位工程竣工前细致地分析供应工作情况，逐项落实材料供应的品种、规格、数量和时间，确保工程按期竣工。

(3) 材料供应情况的分析和考核

只有对供应计划的执行情况进行经常的检查分析，才能发现执行过程中的问题，从而采取对策，保证计划实现。检查的方法主要有两种。

一种是经常检查，即在计划执行期间，随时对计划进行检查，发现问题，及时纠正。另一种是定期检查如月度、季度和年度计划的执行情况。检查的内容主要有：

1) 材料供应计划完成情况的分析。将某种材料或某类材料实际供应数量与其计划供应数量进行比较，可考核某种或某类材料计划完成程度和完成效果。其计算公式为：

某种（类）材料供应计划完成率＝［某种（类）材料实际供应数量（金额）÷某种（类）材料计划供应数量（金额）］×100％

若考核某种材料供应计划完成情况时，其实物量计量单位一致的，可用实用数量指标；若实物量计量单位有差别时，应使用货币量指标。

考核材料供应计划完成率，是从整体上考核供应完成情况，而具体品种规格，特别是对未完成材料供应计划的材料品种，对其进行品种配套供应考核是十分必要的。

材料供应品种配套率＝（实际满足供应的品种数÷计划供应品种数）×100％

【例5-1】 某工程处第三季度地方材料供应计划完成情况如表5-1所示。

材料供应计划完成情况 表5-1

材料名称及规格		计量单位	计划供应量	实际进货量	完成计划(%)
砖		千块	2300	1500	65.2
黏土瓦		千匹	500	600	120.0
石灰		t	450	400	88.9
细砂		m³	3500	5000	142.9
石子	总计	m³	3000	4000	133.3
	0.5~1.5cm	m³	1500	1000	66.7
	2~4cm	m³	1100	2400	218.2
	3~7cm	m³	400	600	150.0

【分析】 从表5-1可以看出：

A. 砖实际完成计划的65.2%，与原计划供应量差距颇大，如果缺乏足够的储备，势必影响施工生产计划的完成。

B. 石灰只完成计划的88.9%。石灰在主体工程和装饰工程都是必需的材料，完不成供应计划，必将影响主体和收尾工程的完成。

C. 石子总量实际完成计划的133.3%，超额颇多。但是，其中0.5~1.5cm的石子只完成计划的66.7%，供应不足，混凝土构件的浇筑将受到影响。

D. 从品种配套情况看，7种材料就有3种没有完成供应计划，配套率只有57.1%。

品种配套率＝实际满足供应品种数÷计划满足供应品种数×100%＝4/7×100%＝57.1%

像这样的配套，不但影响施工的进行，而且使已进场的其他地方材料形成呆滞，影响资金的周转使用。要认真查找这三种材料完不成计划的原因，采取相应的有效措施，力争按计划配套供应。

2) 对供应材料的消耗情况进行分析。按照施工生产验收的工程量，考核材料供应量是否全部消耗，并分析所供材料是否适用，用于指导下一步材料供应并处理好遗留问题。

材料剩余量＝实际供应量－实际消耗量

其中实际供应量是材料供应部门按项目申请计划实际供应的数量；实际消耗量是根据班组领料、退料、剩料和验收完成的工程量统计的材料数量。按上式比较可以考核所供材料使用程度。

（二）材料供应方式

1. 直达供应和中转供应

（1）材料供应方式的种类

1）直达供应方式

直达供应指是材料由生产企业直接供应到需用单位。这种供应方式减少了中间环节，缩短了材料流通时间，减少了材料的装卸、搬运次数，减少了人力、物力和财力支出，因此降低了材料流通费用和材料途耗，加速了材料的周转。同时，由于供需双方的经济往来是直接进行的，可以加强双方的相互了解和协作，促进生产企业按需生产。需用单位可以及时反馈有关产品质量的信息，有利于生产企业提高产品质量，生产适销对路的产品。直达供应方式需要材料生产企业具有一支较强的销售队伍，当大宗材料和专用材料采取这种方式时，其工作效率高，流通效益好。

2) 中转供应方式

中转供应方式是指材料由生产企业供给需用单位时，双方不直接发生经济往来，而由第三方衔接。中转供应通过第三方与生产企业和需用单位联系，可以减少材料生产企业的销售工作量，同时也可以减少需用单位的订购工作量。使生产企业把精力集中于搞好生产。我国专门从事材料流通的材料供销机构遍布各地，形成了全国性的材料供销网。中转供应可以使需用单位就地就近组织订货，降低库存储备，加速资金周转。中转供应使处于流通领域的材料供销机构起到"集零为整"和"化整为零"的作用，也就是材料供销机构把各需用单位的需用集中起来（集零为整），向生产企业进行订购；把生产企业产品接收过来后，根据需用单位的不同需要，分别进行零星销售（化整为零）。这对提高整个社会的经济效益是有利的。

这种方式适用于消耗量小、通用性强、品种规格复杂、需求可变性较大的材料。如建筑企业常用的零星小五金、辅助材料、工具等。它虽然增加了流通环节，但从保证配套、提高采购工作效率和就地就近采购看，也是一种不可少的材料供应方式。

(2) 材料供应方式的选择

选择合理的供应方式，目的在于实现材料流通的合理化。材料流通是社会再生产的必要条件，但材料流通过程毕竟不是生产过程，它限制了材料的投入使用，限制了材料的价值增值。这种增值程度与流通时间的长短成反比例关系。材料的供应方式与材料流通时间长短有着密切关系，选择合理的供应方式能使材料用最短的流通时间、最少的费用投入，加速材料和资金周转，加快生产过程。选择供应方式时，主要应考虑下列因素：

1) 需用单位的生产规模。一般来讲生产规模大，需用同种材料的数量大，对于该种材料适宜直达供应；生产规模小，需要同种材料数量相对也少，对于该种材料适宜中转供应。

2) 需用单位生产特点。生产的阶段性和周期性往往产生阶段性和周期性的材料需用量较大，此时宜采取直达供应，反之可采取中转供应。

3) 材料的特性。专用材料，使用范围狭窄，以直达供应为宜；通用材料，使用范围广，当需用量不大时，以中转供应为宜。体大笨重的材料，如钢材、水泥、木材、煤炭等，以直达供应为宜；不宜多次装卸、搬运、储存条件要求较高的材料，如玻璃、化工原料等，宜采取直达供应；品种规格多，而同一规格的需求量又不大的材料，如辅助材料、工具等，采用中转供应。

4) 运输条件。运输条件的好坏，直接关系到材料流通时间和费用多少。如铁路运输中的零担运费比整车运费高，运送时间长。因此一次发货量不够整车的，一般不宜采用直达供应而采用中转供应较好。需用单位离铁路线较近或有铁路专用线和装卸机械设备等，宜采用直达供应。需用单位如果远离铁路线，不同运输方式的联运业务又未广泛推行的情况下，则宜采用中转供应方式。

5) 供销机构的情况。处于流通领域的材料供销网点如果比较广泛和健全，离需用单位较近，库存材料的品种、规格比较齐全，能满足需用单位的要求，服务比较周到的，中转供应比重就会增加。

6）生产企业的订货限额和发货限额。订货限额是生产企业接受订货的最低数量，如钢厂，对一般规格的普通钢材定货限额较高，对优质钢材和特殊规格钢材，一般用量较小，定货限额也较低。发货限额通常是以一个整车装载量为标准，采用集装箱时，则以一个集装箱的装载量为标准。某些普遍用量较小的材料和不便中转供应的材料如危险材料、腐蚀性材料等，其发货限额可低于上述标准。订货限额和发货限额订得过高，会影响直达供应的比重。

影响材料供应方式的因素是多方面的，而且往往是相互交织的，必须根据实际情况综合分析，确定供应方式。供应方式选择恰当，能加速材料流通和资金周转，提高材料流通经济效果；选择不当，则会引起相反作用。

2. 按供应材料的合同主体分类

按照供应单位在建筑施工中的地位不同，材料供应方式有发包方供应方式、承包方供应方式和承发包双方联合供应方式三种。

（1）发包方供应方式

发包方供应方式就是建设项目开发部门或项目业主对建设项目实施材料供应的方式，发包方负责项目所需资金的筹集和资源组织，按照建筑企业编制的施工图预算负责材料的采购供应。施工企业只负责施工中材料的消耗及耗用核算。

发包方供应方式要求施工企业必须按生产进度和施工要求及时提出准确的材料计划。发包方根据计划按时、按质、按量、配套地供应材料，保证施工生产的顺利进行。

（2）承包方供应方式

承包方供应方式是由建筑企业根据生产特点和进度要求，负责材料的采购和供应。

承包方供应方式可以按照生产特点和进度要求组织进料，可以在所建项目之间进行材料的集中加工，综合配套供应，可以合理调配劳动力和材料资源，从而保证项目建设速度。承包方供应还可以根据各项目要求从生产厂大批量集中采购而形成批量优势，采取直达供应方式，减少流通环节，降低流通费用支出。这种供应方式下的材料采购、供应、使用的成本核算，由承包方承担，这样必然有助于承包方加强材料管理，采取措施，节约使用材料。

（3）承发包双方联合供应方式

这种方式是指建设项目开发部门或建设项目业主和施工企业，根据合同约定的各自材料采购供应范围，实施材料供应的方式。由于是承发包双方联合完成一个项目的材料供应，因此在项目开工前必须就材料供应中具体问题作明确分工，并签订材料供应合同。在合同中应明确以下内容：

1）供应范围。包括项目施工用主要材料、辅助材料、装饰材料、水电材料、专用设备、各种制品、周转材料、工具用具等的分工范围。应明确到具体的材料品种甚至到规格。

2）供应材料的交接方式。包括材料的验收、领用、发放、保管及运输方式和分工及责任划分；材料供应中可能出现问题的处理方法和程序。

3）材料采购、供应、保管、运输、取费及有关费用的计取方式。包括采购保管费的计取、结算方法，成本核算方法，运输费的承担方式，现场二次搬运费、装卸费、试验费及其他费用。材料采购中价差核算方法及补偿方式。

4) 材料供应中可能出现的其他问题。如质量、价格认证及责任分工，材料供应对工期的影响等因素均应阐明要求，以促进双方的配合和协作。

承发包双方联合供应方式，在目前是一种较普遍的供应方式。这种方式一方面可以充分利用发包方的资金优势、采购渠道优势，又能使施工企业发挥其主动性和灵活性，提高投资效益。但这种方式易出现采购供应中可能发生的交叉因素所带来的责任不清，因此必须有有效的材料供应合同作保证。

承发包双方联合供应方式，一般由发包方负责主要材料、装饰材料和设备，承包方负责其他材料的分工形式为多；也有所有材料以一方为主，另一方为辅的分工形式。无论哪种方式必定与资金、储备、运输的分工及其利益发生关系。因此，建筑企业在进行材料供应分工的谈判前，必须确定材料供应必保目标和争取目标，为建设项目的顺利施工和完成打好基础。

3. 材料供应的数量控制方式

按照材料供应中对数量控制的方式不同，材料供应方式有限额供应和敞开供应两种方式。

(1) 限额供应

限额供应，也称定额供应。就是根据计划期内施工生产任务和材料消耗定额及技术节约措施等因素，确定供应材料的数量。材料部门依此作为供应的限制数额，施工操作部门在限额内使用材料。

限额供应有定期和不定期等形式，既可按旬、按月、按季限额，也可按部位、按分项工程限额，而不论其限额时间长短，限额数量可以一次供应就位，也可分批供应，但供应累计总量不得超过限额数量。限额的限制方法可以采取凭票、凭证方法，按时间或部位分别记账，分别核算。凡是施工中材料耗用已达到限额而未完成相应工程量，需超限额使用时，必须经过申请和批准，并记入超耗账目。限额供应具有以下作用：

1) 有利于促进材料合理使用，降低材料消耗和工程成本。因为限额是以材料消耗定额为基础的，它明确规定了材料的使用标准，这就促使施工现场精打细算地节约使用材料。

2) 限额量是检查节约还是超耗的标准。发现浪费，就要分析原因，追究责任，这能推动施工现场提高生产管理水平，改进操作方法，大力采用新技术、新工艺，来保证在限额标准以内完成生产任务。

3) 可以改进材料供应工作，提高材料供应管理水平。因为它能加强材料供应工作的计划预见性，能及时掌握消耗情况和材料库存，便于正确地确定材料供应量。

(2) 敞开供应

根据资源和需求供应，对供应数量不作限制，材料耗用部门随用随领的供应方法即为敞开供应。

这种方式对施工生产部门来说灵活方便，可以减少库存，减少现场材料管理的工作量，而使施工部门集中精力搞生产。但实行这种供应方式的材料，必须是资源比较丰富，材料采购供应效率要高，而且供应部门必须保持适量的库存。敞开供应容易造成用料失控，材料利用率下降，从而加大成本。这种供应方式，通常仅适用于抢险工程、突击性建设工程的材料需用。

4. 材料的领用方式

（1）领料供应方式

由施工生产用料部门根据供应部门开出的提料单或领料单，在规定的期限内到指定的仓库（堆栈）提（领）取材料。提取材料的运输由用料单位自行办理。

领料供应可使用料部门根据材料耗用情况和材料加工周期合理安排进料，避免现场材料堆放过多，造成保管困难。但易造成材料供应部门和使用部门之间的脱节，供应应变能力差时，则会影响施工生产顺利进行。

（2）送料供应方式

送料供应，由材料供应部门根据用料单位的申请计划，负责组织运输，将材料直接送到用料单位指定地点。送料供应要求材料供应部门作到供货数量、品种、质量必须与生产需要相一致，送货时间必须与施工生产进度相协调，送货的间隔期必须与生产进度的延续性相平衡。

实行送料制是材料供应工作努力为生产建设服务的具体体现，从有利生产、方便群众出发，改变"你领我发，坐等上门"的传统做法，送料到生产第一线，服务到基层，是建立新型供需关系的重要内容，具有以下优点：

1）有利于施工生产部门节省领料时间。能集中精力搞好生产，节约了人力、物力，促进生产发展。

2）有利于密切供需关系。供应工作深入实际，具体掌握施工需用情况，能提高材料供应计划的准确程度，做到用多少送多少，不早送，不晚送，既保证生产，又节约材料和运力。

3）有利于加强材料消耗定额的管理。做到既管供，又能了解用。能促进施工现场落实技术节约措施，实行送新收旧，有利于修旧利废。

5. 材料供应的责任制和承包制

（1）面向建设项目开展材料供应优质服务和建立健全材料供应责任制

为保证既定供应方式的实施，应建立健全供应责任制。材料供应部门对施工生产用料单位实行"三包"和"三保"。"三包"，一是包供，即用料单位申请的材料经核实后全部供应；二是包退，即所供材料不符质量要求的要包退、包换；三是包收，即用料单位发生的废料、包装品以及不再需用的多余材料一律回收。"三保"，即对所供材料要保质、保量、保进度。凡实行送料制的还应实行"三定"，即定送料分工、定送料地点、定接料人员。

（2）实行材料供应承包制

所谓供应承包，就是建筑企业在工程项目投标中，由各种材料的供应单位，根据招标项目的资源情况（计划分配还是市场调节）和市场行情报价，作为编制投标报价的依据。建筑企业中标后，由报价的材料供应单位包价供应，承担价格变动的风险。中标工程所用的重要材料，属于国家或地方的重点项目，一般实行指令性计划，或由材料部门实物供应，或由承包供应的企业组织订购，不足部分市场调节。属于一般建设项目，由承包供应的企业负责购买。这种"供应承包"方式将在实践中不断完善和健全，为最终实行材料供应招投标提供条件。

材料供应承包制，按照承包的材料供应范围不同，一般包括项目材料供应承包，部位或分项工程材料供应承包及某类材料实物量供应承包。

项目材料供应承包。一般以项目施工中所需主要材料、辅助材料、周转材料及各种构配件、二次搬运费、工具等费用实施供应承包。这种方式使多种费用捆在一起，有利于承包者统筹安排，实现最佳效益。但要求材料供应管理水平较高。

按工程部位或分项工程实行材料供应承包。一般是按承包部位或分项工程所需的材料，以供应承包合同的形式，实行有控制的供应材料。这种方式一般应将供应管理与使用管理合并进行，有利于促进生产消耗中的管理，降低消耗水平。通常在工程较大，材料需用量大，价值量高的工程上采取这种管理方法。

对某种材料的实物量供应实行承包。一般是对建设项目中某项材料或某项材料的部分量，实行实物数量承包。这种方式涉及材料品种少，管理方法直观、见效快，适用于各种材料的供应，特别是易损、易丢、价值高、用量大的材料，效果较好。

实行材料供应承包，是完善企业经营机制，提高企业经济效益的有效措施。材料供应承包，可以使管理与技术、生产与经济、人力与物力得到优化组合，从而提高生产效率。实行材料供应承包必须具备以下条件：

1) 材料供应关系必须商品化。随着承包的实行，在施工企业内部要逐步形成材料市场，改过去的领用关系为买卖或租赁关系。

2) 必须实行项目材料核算，及时反映承包目标的实现程度及经营利益。

3) 承包者应具有独立的经济利益。承包的内涵是责、权、利的统一。承包的利益随承包责任的履行而实现。

4) 材料供应行为的契约化。材料供应中所涉及的主要内容，如供货时间、质量、费用以及双方的责任、权利和义务必须在承包合同中确定下来，企业或行业主管部门应建立仲裁或协调机构，处理供应过程中的纠纷，以维护双方的利益。

（三）材料定额供应方法

材料供应中的定额供应，建设项目施工中的包干使用，是目前采用较多的管理方法。这种方法有利于建设项目加强材料核算，促进材料使用部门合理用料，降低材料成本，提高材料使用效果和经济效益。

定额供应，包干使用，是在实行限额领料的基础上，通过建立经济责任制，签订材料定包合同，达到合理使用材料和提高经济效益的目的的一种管理方法。定额供应、包干使用的基础是限额领料。限额领料方法要求施工队组在施工时必须将材料的消耗量控制在该操作项目消耗定额之内。

1. 限额领料的形式

（1）按分项工程实行限额领料

按分项工程实行限额领料，就是按不同工种所担负的分项工程进行限额。例如按砌墙、抹灰、支模、混凝土、油漆等工种，以班组为对象实行限额领料。

以班组为对象，管理范围小，容易控制，便于管理，特别是对班组专用材料，见效快。但是，这种方式容易使各工种班组从自身利益出发，较少考虑工种之间的衔接和配合，易出现某分项工程节约较多，另外分项工程节约较少甚至超耗的现象。例如砌墙班节约砂浆，砌缝较深，必然使抹灰班增加抹灰的砂浆用量。

（2）按工程部位实行限额领料

按工程部位实行限额领料，就是按照基础、主体结构、装修等施工阶段，以施工队为责任单位实行限额供料。

它的优点是，以施工队为对象增强了整体观念，有利于工种的配合和工序衔接，有利于调动各方面积极性。但这种做法往往重视容易节约的结构部位，而对容易发生超耗的装修部位难以实施限额或影响限额效果。同时，由于以施工队为对象，增加了限额领料的品种、规格，施工队内部如何进行控制和衔接，要求有良好的管理措施和手段。

（3）按单位工程实行限额领料

按单位工程实行限额领料是指对一个工程从开工到竣工，包括基础、结构、装修等全部工程项目的用料实行限额，是在部位限额领料上的进一步扩大。适用于工期不太长的工程。这种做法的优点是：可以提高项目独立核算能力，有利于产品最终效果的实现。同时各项费用捆在一起，从整体利益出发，有利于工程统筹安排，对缩短工期有明显效果。这种做法在工程面大、工期长、变化多、技术较复杂的工程上使用，容易放松现场管理，造成混乱，因此必须加强组织领导，提高施工队的管理水平。

2. 限额领料数量的确定

（1）限额领料数量的确定依据

1）正确的工程量是计算材料限额的基础。工程量是按工程施工图纸计算的，在正常情况下是一个确定的数量。但在实际施工中常有变更情况，例如设计变更，由于某种需要，修改工程原设计，工程量也就发生变更。又如施工中没有严格按图纸施工或违反操作规程引起工程量变化，像基础挖深挖大，混凝土量增加；墙体工程垂直度、平整度不符合标准，造成抹灰加厚等。因此，正确的工程量计算要重视工程量的变更，同时要注意完成工程量的验收，以求得正确的工程量，作为最后考核消耗的依据。

2）定额的正确选用是计算材料限额的标准。选用定额时，先根据施工项目找出定额中相应的分章工种，根据分章工种查找相应的定额。

3）凡实行技术节约措施的项目，一律采用技术节约措施新规定的单方用料量。

（2）实行限额领料应具备的技术条件

1）设计概算。这是由设计单位根据初步设计图纸、概算定额及基建主管部门颁发的有关取费规定编制的工程费用文件。

2）设计预算（施工图预算）。它是根据施工图设计要求计算的工程量、施工组织设计、现行工程预算定额及基建主管部门规定的有关取费标准进行计算和编制的单位或单项工程建设费用文件。

3）施工组织设计。它是组织施工的总则，协调人力、物力、妥善搭配、划分流水段、搭接工序、操作工艺，以及现场平面布置图和节约措施，用以组织管理。

4）施工预算。这是根据施工图计算的分项工程量，用施工定额水平反映完成一个单位工程所需费用的经济文件。主要包括三项内容：

A. 工程量：按施工图和施工定额的口径规定计算的分项、分层、分段工程量。

B. 人工数量：根据分项、分层、分段工程量及时间定额，计算出用工量，最后计算出单位工程总用工数和人工数。

C. 材料限额耗用数量：根据分项、分层、分段工程量及施工定额中的材料消耗数量，计算出分项、分层、分段的材料需用量，然后汇总成为单位工程材料用量，并计算出单位工程材料费。

5) 施工任务书。它主要反映施工队组在计划期内所施工的工程项目、工程量及工程进度要求，是企业按照施工预算和施工作业计划，把生产任务具体落实到队组的一种形式。主要包括以下内容：

A. 任务、工期、定额用工；

B. 限额领料数量及料具基本要求；

C. 按人逐日实行作业考勤；

D. 质量、安全、协作工作范围等交底；

E. 技术措施要求；

F. 检查、验收、鉴定、质量评比及结算。

6) 技术节约措施。企业定额的材料消耗标准，是在一般的施工方法、技术条件下确定的。为了降低材料消耗，保证工程质量，必须采取技术节约措施，才能达到节约材料的目的。

例如：抹水泥砂浆墙面掺用粉煤灰节约水泥；水泥地面用养硬灵保护比铺锯末好，比清水养护回弹度提高20%~40%等。为保证节约措施的实施，计算定额用料时还应以措施计划为依据。

7) 混凝土及砂浆的试配资料。定额中混凝土及砂浆的消耗标准是在标准的材质下确定的，而实际采用的材质往往与标准距离较大，为保证工程质量，必须根据进场的实际材料进行试配和试验。因此，计算混凝土及砂浆的定额用料数量，要根据试配试验合格后的用料消耗标准计算。

8) 有关的技术翻样资料。主要指门窗、五金、油漆、钢筋、铁件等。其中五金、油漆在施工定额中没有明确的式样、颜色和规格，这些问题需要和建设单位协商，根据图纸和当时资源来确定。门窗可根据图纸、资料，按有关的标准图集提出加工单。钢筋根据图纸和施工工艺的要求由技术部门提供加工单。技术翻样和资料是确定限额领料的依据之一。

9) 新的补充定额。材料消耗定额的制定过程中可能存在遗漏，随着新工艺、新材料、新的管理方法的采用，原制订的定额有的已不适用，使用中需要进行适当的修订和补充。

(3) 限额领料数量的计算

限额领料数量＝计划实物工程量×材料消耗施工定额－技术组织措施节约额

3. 限额领料的程序

(1) 限额领料单的签发

限额领料单的签发，首先由生产计划部门根据分部分项工程项目、工程量和施工预算编制施工任务书，由劳动定额员计算用工数量。然后由材料员按照企业现行内部定额，扣除技术节约措施的节约量，计算限额用料数量，填写施工任务书的限额领料部分或签发限额领料单。

在签发过程中，应注意定额选用要准确。对于采取技术节约措施的项目，应按实验室通知单上所列配合比单方用量加损耗签发。装饰工程中如有用新型材料，定额本中没有的项目，一般采用下列方法计算用量：参照新材料的有关说明书；协同有关部门进行实际测定；套用相应项目的设计预算和施工预算。

（2）限额领料单的下达

限额领料单的下达是限额领料的具体实施过程的第一步，一般一式 5 份，一份由生产计划部门作存根；一份交材料保管员备料；一份交劳资部门；一份交材料管理部门；一份交班组作为领料依据。限额领料单要注明质量等部门提出的要求，由工长向班组下达和交底，对于用量大的领料单应进行书面交底。

所谓用量大的用料单，一般指分部位承包下达的施工队领料单，如结构工程既有混凝土，又有砌砖及钢筋、支模等，应根据月度工程进度，列出分层次分项目的材料用量，以便控制用料及核算，起到限额用料的作用。

（3）限额领料单的应用

限额领料单的使用是保证限额领料实施和节约使用材料的重要步骤。班组料具员持限额领料单到指定仓库领料，材料保管员按领料单所限定的品种、规格、数量发料，并作好分次领用记录。在领发过程中，双方办理领发料手续，填制领料单，注明用料的单位工程和班组，材料的品种、规格、数量及领用日期，双方签字认证。做到仓库有人管，领料有凭证，用料有记录。

班组要按照用料的要求做到专料专用，不得串项，对领出的材料要妥善保管。同时，班组料具员要搞好班组用料核算，各种原因造成的超限额用料必须由工长出具借料单，材料人员可先借 3 日内的用料，并在 3 日内补办手续，不补办的停止发料，做到没有定额用料单不得领发料。限额领料单应用过程中应处理好以下几个问题：

1）因气候影响班组需要中途变更施工项目。例如：原是灰土垫层变更为混凝土垫层，用料单也应作相应的项目变动处理，结合原项添新项。

2）因施工部署变化，班组施工的项目需要变更作法。例如：基础混凝土组合柱，为提前回填土方，支木模改为支钢模，用料单就应减去改变部分的木模用料，增加钢模用料。

3）因材料供应不足，班组原施工项目的用料需要改变。例如：原是卵石混凝土，由于材料供应上改用碎石，就必须把原来项目结清，重新按碎石混凝土的配合比调整用料单。

4）限额领料单中的项目到月底做不完时，应按实际完成量验收结算，没做的下月重新下达，使报表、统计、成本交圈对口。

5）合用搅拌机问题。现场经常发生 2 个以上班组合用 1 台搅拌机拌制混凝土或砂浆等，原则上仍应分班组核算。

（4）限额领料单的检查

在限额领料过程中，会有许多因素影响班组用料。材料管理人员要深入现场，调查研究，会同栋号主管及有关人员从多方面检查，对发现的问题帮助班组解决，使班组正确执行定额用料，落实节约措施，做到合理使用。检查内容主要有：

1）查项。检查班组是否按照用料单上的项目进行施工，是否存在串料项目。由于材料用量取决于一定的工程量，而工程量又表现在一定的工程项目上，项目如果有变动，工程量及材料数量也随之变动。施工中由于各种因素的影响，班组施工项目变动是比较多的，可能出现串料现象。在定额用料中，应对班组经常进行以下五个方面的检查和落实：

A. 查设计变更的项目有无发生变化；

B. 查用料单所包括的施工是否做，是否甩，是否做齐；

C. 查项目包括的工作内容是否都做完了；

D. 查班组是否做限额领料单以外的施工项目；

E. 查班组是否有串料项目。

2）查量。检查班组已验收的工程项目的工程量，是否与用料单上所下达的工程量一致。

班组用料量的多少，是根据班组承担的工程项目的工程量计算的。工程量超量必然导致材料超耗，只有严格按照规范要求做，才能保证实际工程量不超量。在实际施工过程中，由于各种因素的影响，往往造成超高、超厚、超长、超宽而加大施工量，有的是事先可以发现而没有避免的，有的则是事先发现不了的，情况十分复杂。应通过查量，根据不同情况作出不同的处理。如砖墙超厚加宽、灰缝超厚都会增加砂浆用量。检查时一要看墙身放线准不准；二要看皮数杆尺寸是否合格。又如浇灌梁、柱、板混凝土时，因模板超宽、缝大、不方正等原因，造成混凝土超量，主要查模板尺寸，还应在木工支模时建议模板要支得略小一点，防止浇灌混凝土时模板胀出加大混凝土量。再如抹灰工程，是容易产生较多亏损的工程，原因很多，情况复杂，一般原因有：一是因上道工序影响而增加抹灰量；二是因装修工程本身施工造成的超宽、超长而增加用量；三是返工而增加用量。材料员要参加结构主要项目的验收，属于上道工序该做未做的，以及不符合要求的，都应由原班组补做补修；要协助质量部门检查米尺和靠尺板是否合格等，对超量施工要及时反映监督纠正。

3）查操作。检查班组在施工中是否严格按照规定的技术操作规范施工。不论是执行定额还是执行技术节约措施，都必须按照定额及措施规定的方法要求去操作，否则就达不到预期效果。有的工程项目工艺比较复杂，应重点检查主要项目和容易错用材料的项目。在砌砖、现浇混凝土、抹灰工程中，要检查是否按规定使用混凝土及砂浆配合比，防止以高强度等级代替低强度等级，以水泥砂浆代替混合砂浆。例如有的班组在抹内墙白灰时为图省事，打底灰也用罩面灰等，在检查中发现这类问题应及时帮助纠正。

4）查措施的执行。检查班组在施工中技术节约措施的执行情况。技术节约措施是节约材料的重要途径，班组在施工中是否认真执行，直接影响着节约效果的实现。因此，不但要按措施规定的配合比和掺合料签发用料单，而且要检查班组的执行情况，通过检查帮助班组解决执行中存在的问题。

5）查活完脚下清。检查班组在施工项目完成后是否做到"三清"，用料有无浪费现象。例如，造成材料超耗的因素是落地灰过多，可以采取以下措施：一是少掉灰；二是及时清理，有条件的要随用随清；三是不能随用的集中分筛利用。

材料员要协助栋号主管促使班组计划用料，做到砂浆不过夜，灰槽不剩灰，半砖砌上墙，大堆材料清底使用，砂浆随用随清，运料车严密不漏，装车不要过高，运输道路保持平整，筛漏集中堆放，后台保持清洁，刷罐灰尽量利用，通过对活完脚下清的检查，达到现场消灭"七头"，废物利用和节约材料的目的。

（5）限额领料单的验收

班组完成任务后，应由工长组织有关人员进行验收。工程量由工长验收签字，统计、预算部门把关，审核工程量；工程质量由技术质量部门验收，并在任务书签署检查意见；用料情况由材料部门签署意见，验收合格后办理退料手续，见表5-2。

限额领料"五定五保"验收记录　　　　　　　　　　　　　　　　　　　表5-2

项　　目	施工队"五定"	班组"五保"	验 收 意 见
工期要求			
质量标准			
安全措施			
节约措施			
协　　作			

（6）限额领料单的结算

班组料具员或组长将验收合格的任务书送交定额员结算。材料员根据验收的工程量和质量部门签署的意见，计算班组实际应用量和实际耗用量，结算盈亏，最后根据已结算的定额用料单分别登入班组用料台账，按月公布班组用料节超情况，作为评比和奖励的依据，见表5-3。

分部分项工程材料承包结算表　　　　　　　　　　　　　　　　　　　表5-3

单位名称		工程名称		承包项目	
材料名称					
施工图预算用量					
发包量					
实耗量					
实耗与施工图预算比					
实耗与发包量比					
节超价值					
提奖率					
提奖额					
主管领导审批意见			材料部门审批意见		
（盖章）　　　年　月　日			（盖章）　　　年　月　日		

在结算中应注意以下几个问题：

1）班组任务书的个别项目因某种原因由工长或生产计划部门进行更改，原项目未做或完成一部分而又增加了新项目，这就需要重新签发用料单，并与实耗对比。

2）抹灰工程中班组施工的某一项目，如墙面抹灰，定额标准厚度是2cm，但由于上道工序造成墙面不平整增加了抹灰厚度，应按工长实际验收的厚度换算单方用量后再进行结算。

3) 要求结算的任务书、材料耗用量与班组领料单实际耗用量及结算数字要交圈对口。

(7) 限额领料单的分析

根据班组任务书结算的盈亏数量,进行节超分析,要根据定额的执行情况,查找材料节超原因,揭示存在问题,堵塞漏洞,以利进一步降低材料消耗。

(四) 材料配套供应

材料配套供应,是指在一定时间内,对某项工程所需的各种材料,包括主要材料、辅助材料、周转使用材料和工具用具等,根据施工组织设计要求,通过综合平衡,按材料的品种、规格、质量、数量配备成套,供应到施工现场。

建筑材料配套性强,任何一个品种或一个规格出现缺口,都会影响工程进行。各种材料只有齐备配套,才能保证工程顺利建成投产。例如某办公楼工程需用各种钢材80t,计有$\phi 4mm$、$\phi 5mm$的冷拔丝9.8t,$\phi 5mm$高强钢丝0.8t,$\phi 6mm \sim \phi 8mm$的线材22.8t,$\phi 10mm \sim \phi 25mm$的圆钢33.4t,$\phi 10mm \sim \phi 30mm$的螺纹钢8.9t,还有其他钢材4.3t。都必须按计划的品种、规格、数量配套供应。其中$\phi 5mm$的高强钢丝虽只有0.8t,$\phi 22mm$的圆钢也只有0.9t,甚至$\phi 30mm$的螺纹钢不过0.1t,数量都不大,但都要齐备才能成套,如0.1t的$\phi 30mm$的螺纹钢缺料,就会耽误工程的进度。由此可见,材料配套供应,是材料供应管理重要的一环,也是企业管理的一个组成部分,需要企业各部门密切配合协作,把材料配套供应工作搞好。

1. 材料配套供应应遵循的原则

(1) 保证重点的原则

重点工程关系到国民经济的发展,所需各项材料必须优先配套供应。有限的资源,应该投放到最急需的地方,反对平均分配使用。因此:

1) 国家确定的重点工程项目,必须保证供应;

2) 企业确定的重点工程项目,系施工进程中的重点,必须重点组织供应;

3) 配套工程的建成,可以使整个项目形成生产能力,为保证"开工一个,建成一个",尽快建成投产,所需材料也应优先供应。

(2) 统筹兼顾的原则

对各个单位、各项工程、各种使用方向的材料,应本着"一盘棋"精神通盘考虑,统筹兼顾,全面进行综合平衡。既要保证重点,也要兼顾一般,以保证施工生产计划全面实现。

(3) 勤俭节约的原则

节约是社会主义经济的基本原则。建筑工程每天都消费大量材料,在配套供应的过程中,应贯彻勤俭节约的原则,在保证工程质量的前提下,充分挖掘物资潜力,尽量利用库存,促进好材精用、小材大用、次材利用、缺材代用。在配套供应中要实行定额供应和定额包干等经济管理手段,促进施工班组贯彻材料节约技术措施与消耗管理,降低材料单耗。

(4) 就地就近供应原则

在分配、调运和组织送料过程中,都要本着就地就近配套供应的原则,并力争从供货地点直达现场,以节省运杂费。

2. 做好配套供应的准备工作

1) 掌握材料需用计划和材料采购供应计划,切实查清工程所需各项材料的名称、规格、质量、数量和需用时间,使配套有据。

2) 掌握可以使用的材料资源:

A. 内部各级库存现货;

B. 在途材料;

C. 合同期货和外部调剂资源;

D. 加工、改制利用、代用资源;使配套有货。

3) 对于运输工具和现场道路应与有关部门配合,保证现场运输路线畅通。

4) 与施工部门密切配合,对生产班组做好关于配套供应的交底工作,要求班组认真执行,防止发生浪费而打乱配套计划。

3. 材料平衡配套方式

材料平衡配套的方式,主要有以下几种:

(1) 会议平衡配套

会议平衡配套又称集中平衡配套。一般是在安排月度计划前,由施工部门预先提出需用计划,材料部门深入施工现场,对下月施工任务与用料计划进行详细核实摸底,结合材料资源进行初步平衡,然后在各基层单位参加的定期平衡调度会上互相交换意见,确定材料配套供应计划,并解决临时出现的问题。

(2) 重点工程平衡配套

列入重点的工程项目,由主管领导主持召开专项会议,研究所需材料的配套工作,决定解决办法,做到安排一个,落实一个,解决一个。

(3) 巡回平衡配套

巡回平衡配套,指定期或不定期到各施工现场,了解施工生产需要,组织材料配套,解决施工生产中的材料供需矛盾。

(4) 开工、竣工配套

开工配套以结构材料为主,目的是保证工程开工后连续施工。竣工配套以装修和水、电安装材料以及工程收尾用料为主,目的是保证工程迅速收尾和施工力量的顺利转移。

(5) 与建设单位协作平衡配套

施工企业与建设单位分工组织供料时,为了使建设单位供应的材料与施工企业的市场采购、调剂的材料协调起来,应互相交换备料、到货情况,共同进行平衡配套,以便安排施工计划,保证材料供应。

4. 配套供应的方式方法

(1) 以单位工程为配套供应的对象

采取单项配套的方法,保证单位工程配套的实现。配套供应的范围,应根据工程的实际条件来确定。例如以一个工程项目中的土建工程或水电安装工程为配套供应对象。对这个单位工程所需的各种材料、工具、构件、半成品等,按计划的品种、规格、数量进行综合平衡,按施工进度有秩序地供应到施工现场。

(2) 以一个工程项目为对象进行配套供应

由于牵涉到土建、安装等多工种的配合,所需料具的品种规格更为复杂,这种配套方式适用于由现场项目部统一指挥、调度的工程和由现场型企业承建的工程。

(3) 大分部配套供应

采用大分部配套供应，有利于施工管理和材料供应管理。把工程项目分为基础工程、框架结构工程、砌筑工程、装饰工程、屋面工程等几个大分部，分期分批进行材料配套供应。

(4) 分层配套供应

对于半成品和钢木门窗、预制构件、预埋铁件等，按工程分层配套供应。这个办法可以少占堆放场地，避免堆放挤压，有利于定额耗料管理。

(5) 配套与计划供应相结合

综合平衡，计划供应是过去和现在通常使用的供应管理方式。有配套供应的内涵，但计划编制一般比较粗糙，往往要经过补充调整才能满足施工需要，对于超计划用料，也往往掌握不严，难以杜绝浪费。计划供应与配套供应相结合，首先对确定的配套范围，认真核实编好材料配套供应计划，经过综合平衡后，切实按配套要求把材料供应到施工现场，并对超计划用料问题认真掌握和控制。这样的供应计划，更切合实际，更能满足施工生产需要。

(6) 配套与定额管理相结合

定额管理主要包括两个内容，一是定额供料，二是定额包干使用。配套供应必须与定额管理结合起来，不但配套供料计划要按材料定额认真计算，而且要在配套供应的基础上推行材料耗用定额包干。这样可以提高配套供应水平和提高定额管理水平。

(7) 周转使用材料的配套供应

周转使用材料也要进行配套供应，应以单位工程对象，按照定额标准计算出实际需用量，按施工进度要求，编制配套供应计划，按计划进行供应。以扣件式钢管脚手架为例，某宿舍 $1000m^2$ 墙面，使用扣件单排脚手架（高 20m），按定额指标计算，需用立杆 573m，大横杆 877m，小横杆 752m，剪刀撑、斜杆 200m；直角扣件 879 个，对接拐杖件 214 个，回转扣件 50 个，底座 29 个。按施工计划经平衡确定后，应把所需脚手架料配套供应到施工现场。各种管件必须齐备成套，缺少其中任何一种都会影响施工。

(五) 材料运输管理

1. 材料运输管理的意义和作用

材料运输是借助运力实现材料在空间上的转移。在市场经济条件下，物资的生产和消费，在空间上往往是不一致的，为了解决物资生产与消费在空间上的矛盾，必须借助运输使材料从产地转移到消费地区，满足生产建设的需要。所以材料运输是物资流通的一个组成部分，是材料供应管理中重要的一环。

材料运输管理是对材料运输过程，运用计划、组织、指挥和调节职能进行管理，使材料运输合理化。其重要作用，主要表现在以下三个方面：

1) 加强材料运输管理，是保证材料供应，促使施工顺利进行的先决条件。建筑企业所用材料的品种多、数量大，运输任务相当繁重。必须加强运输管理，使材料迅速、安全、合理地完成空间的转移，尽快实现其使用价值，保证施工生产的顺利进行。

2) 加强材料运输管理，合理地组织运输，可以缩短材料运输里程，减少在途时间，加快运输速度，提高经济效益。

3）加强材料运输管理，合理选用运输方式，适当使用运输工具，可以节省运力运费，减少运输损耗，提高经济效果。

通过对一个民用住宅工程的测算，钢材、木材、水泥的运杂费约占"三材"费用的 17.3%；砖、砂、石、石灰 4 种地方材料的运杂费则相当于地方材料费用的 36.9%。这 7 种主要材料的运杂费总计约占工程材料费用的 26.7%。这么大的比重，足见经济合理地组织运输，节省运杂费用，减少采、运费用开支，对降低工程成本是十分重要的。

2. 材料运输管理的任务

材料运输管理的基本任务是：根据客观经济规律和物资运输四原则，对材料运输过程进行计划、组织、指挥、监督和调节，争取以最少的里程、最低的费用、最短的时间、最安全的措施，完成材料在空间的转移，保证工程需要。具体任务是：

（1）贯彻"及时、准确、安全、经济"的原则组织运输

1）及时：指用最少的时间，把材料从产地运到施工、用料地点，及时供应使用。

2）准确：指材料在整个运输过程中，防止发生各种差错事故，做到不错、不乱、不差、准确无误地完成运输任务。

3）安全：指材料在运输过程中保证质量完好，数量无缺，不发生受潮、变质、残损、丢失、爆炸和燃烧事故，保证人员、材料、车辆等安全。

4）经济：指经济合理地选择运输路线和运输工具，充分利用运输设备，降低运输费用。"及时、准确、安全、经济"四原则是互相关联、辩证统一的关系，在组织材料运输时，应全面考虑，不要顾此失彼。只有正确全面地贯彻这四原则，才能完成材料运输任务。

（2）加强材料运输的计划管理

做好货源、流向、运输路线、现场道路、堆放场地等的调查和布置工作，会同有关部门编好材料运输计划，认真组织好材料发运、接收和必要的中转业务，搞好装卸配合，使材料运输工作，在计划指导下协调进行。

（3）建立和健全以岗位责任制为中心的运输管理制度

明确运输工作人员的职责范围，加强经济核算，不断提高材料运输管理水平。

3. 运输方式

（1）六种基本运输方式及其特点

目前我国有六种基本运输方式，它们各有特点，采用着各种不同的运输工具，能适应不同情况的材料运输。在组织材料运输时，应根据各种运输方式的特点，结合材料的性质，运输距离的远近，供应任务的缓急及交通地理位置来选择使用。

1）铁路运输。铁路是国民经济的大动脉，铁路运输是我国主要的运输方式之一。它与水路干线和各种短途运输相衔接，形成一个完整的运输网。

铁路运输的特点：运输能力大、运行速度快；一般不受气候季节的影响，连续性强；管理高度集中，运行比较安全准确；运输费用比公路运输低；如设置专用线，大宗材料可以直达使用区域。它是远程物资的主要运输方式。但铁路运输的始发和到达作业费用比公路运输高，物资短途运输不经济。另外铁路运输计划要求严格，托运材料必须按照铁道部的规章制度办事。

2）公路运输。公路运输基本上是地区性运输。地区公路运输网与铁路、水路干线及其他运输方式相配合，构成全国性的运输体系。

公路运输的特点：运输面广，机动灵活、快速、装卸方便。公路运输是铁路运输不可缺少的补充，是现代重要的运输方式之一，担负着极其广泛的中、短途运输任务。由于运费较高，不宜于长距离运输。

3）水路运输。水运在我国整个运输活动中占有重要的地位。我国河流多，海岸线长，通航潜力大，是最经济的一种运输方式。沿江、沿海的企业用水路运输建筑材料，是很有利的。

水路运输的特点：运载量较大，运费低廉。但受地理条件的制约，直达率较低，往往要中转换装，因而装卸作业费用高，运输损耗也较大；运输的速度较慢，材料在途时间长，还受枯水期、洪水期和结冰期的影响，准时性、均衡性较差。

4）航空运输。空运速度快，能保证急需。但飞机的装运量小、运价高，不能广泛使用。只适宜远距离运送急需的、贵重的、量小的或时间性较强的材料。

5）管道运输。管道运输是一种新型的运输方式，有很大的优越性。其特点是：运送速度快、损耗小、费用低、效率高。适用于输送各种液、气、粉、粒状的物资。我国目前主要用于运输石油和天然气。

6）民间群运。民间群运主要是指人力、畜力和木帆船等非机动车船的运输。我国幅员辽阔，现代化运输工具还不能完全满足货运的要求，各地民间群众运输力量，仍能起到一部分补充作用。这种运输工具数量多，调动灵活，对路况要求不高，可以直运直达。建筑材料的短途运输和现场转运，仍大量采用。但这种运输情况比较复杂，也容易发生吨位不足，应该加强管理，把好材料验收关。

上述六种运输方式各有其优缺点和适用范围。在选择运输方式时，要根据材料的品种、数量、运距、装运条件、供应要求和运费等因素择优选用。

各种运输方式的比较及适宜选用范围见表5-4。

各种运输方式比较　　　　表5-4

特性 运输方式	运费	速度	连续性	灵活性	通过能力	适宜选用范围
铁路	较低	较快	较好	较差	较大	长途运输
公路	较高	较快	较好	较好	较大	中、短途运输
水运	低	较慢	最差	最差	大	沿江、沿海建材的中、长途运输
空运	最高	最快	较差	较好	小	贵重、急需、量小材料的长途运输
管道	最低	较快	最好	较差	大	目前还不能运输建筑材料
民间群运	较低	最慢	较差	最好	较小	短途运输

（2）其他运输形式

在以上几种基本运输方式的基础上，还可以组合成其他运输形式，如联运、散装运输、集装箱运输等。

1）联运。一般由铁路和其他交通运输部门本着社会化协作的原则，在组织运输的过程中，把两种或两种以上不同的运输方式联合起来，实行多环节、多区段相互衔接，实现物资运输的一种运输方式。

联运的优点：发运时只办一次托运，手续简便，可以缩短物资在途时间，充分发挥运输工具和设备的效能，提高运输效率。

联运的形式有水陆联运、水水联运、陆陆联运和铁、公、水路联运等。一般货源地较远，又不能用单一的方式进行运输的，就要采用联运的形式。

2) 散装运输。散装运输是指产品不用包装、使用专用设备组织运输的形式。目前主要是水泥采用这种运输形式。

散装运输的特点：改善劳动条件，提高劳动生产率，节约包装材料，减少损耗，保证材料质量。近年来我国积极发展水泥散装运输，供货单位配备散装库、铁路配置罐式专用车皮、中转供料单位设置散装水泥库及专用汽车和风动装卸设备。施工单位须置备或租用散装水泥罐或专用仓库。

3) 集装箱运输。集装箱运输是使用一种特殊容器——集装箱，进行物资运输的一种形式。集装箱或零散物资集成一组，采用机械化装卸作业，是一种新型、高效率的运输形式。

集装箱运输的特点：安全、迅速、简便、节约、高效，是国家重点发展的一种运输形式。建筑材料中的水泥、玻璃、石棉制品、陶瓷制品等都可以采用这种形式。但集装箱运输设备要求较高。

4. 经济合理地组织运输

经济合理地组织材料运输，是指材料运输要按照客观的经济规律，用最少的劳动消耗，最短的时间和里程，把材料从产地运到生产消费地点，满足工程需要，实现最大的经济效益。

货源地点、运输路线、运输方式、运输工具等都是影响运输效果的主要因素，要组织合理运输，应从这几方面着手。在材料采购过程中，应该就地就近取材，组织运距最短的货源，为合理运输创造条件。

合理组织运输的途径，主要有以下四个方面：

(1) 选择合理的运输路线

根据交通运输条件，与合理流向的要求，选择里程最短的运输路线，最大限度地缩短运输的平均里程，消除各种不合理运输，如对流运输、迂回运输、重复运输、倒流运输等和违反国家规定的物资流向的运输方式。组织建筑材料运输时，要采用分析、对比的方法，结合运输方式、运输工具和费用开支进行选择。

(2) 采取直达运输和"四就直拨"

直达运输就是把材料从交货地点直接运到用料单位或用料地点，减少中转环节的运输方法。"四就直拨"是指四种直拨的运输形式，在大、中城市、地区性的短途运输中采取"就厂直拨、就站（车站或码头）直拨、就库直拨、就船过载"的办法，把材料直接拨给用料单位或用料工地，可以减少中转环节，节约运转费用。

(3) 选择合理的运输方式

根据材料的特点、数量、性质、需用的缓急、里程的远近和运价高低，选择合理的运输方式，以充分发挥其效用。比如大宗材料运距在 100km 以上的远程运输，应选用铁路运输。沿江、沿海大宗材料的中、长距离运输宜采用水运。一般中距离材料运输以汽车为宜，条件合适也可以使用火车。短途运输、现场转运，使用民间群运的运输工具，则比较合算。

(4) 合理使用运输工具

合理使用运输工具，就是充分利用运输工具的载重量和容积，发挥运输工具的效能，做到满载、快速、安全，以提高经济效益。其方法主要有下列几种：

1) 提高装载技术，保证车船满载。不论采取哪一种运输工具，都要考虑其载重能力，保证装够吨位，防止空吨运输。铁路运输，有棚车、敞车、平车等，要使车种适合货种、车吨配合货吨。

2) 做好货运的组织、准备工作。做到快装、快跑、快卸，加速车船周转。事先要配备适当的装卸力量、机具，安排好材料堆放位置和夜间作业的照明设施。实行经济责任制，将装卸运输作业责任到人，以快装、快卸促满载快跑，缩短车船停留时间，提高运输效率。

3) 改进材料包装，加强安全教育，保证运输安全。一方面要根据材料运输安全的要求，进行必要的包装和采取安全防护措施，另一方面对装卸运输工作加强管理，防止野蛮装卸，加强对责任事故的处理。

4) 加强企业自有运输力量管理。除要做到以上三点外，还要按月下达任务指标，做好运行记录，实行油料定额供应和单车核算，实行奖励办法，以充分发挥其运输效能。

5. 运输计划的编制

材料运输计划，是以材料供应计划为基础，根据材料资源分布情况及施工进度计划对材料的需用数量和时间，结合运输条件进行综合平衡后编制的。

材料运输计划可以按时间及运输方式等进行分类。材料运输平衡计划及按运输方式分别编制的材料计划的表式如下：

1) 建筑材料运输年（季）度计划平衡表，参考样式表 5-5；
2) 月度铁路运输计划表，样式如表 5-6；
3) 公路运输计划表，其样式如表 5-7；
4) 船只运输计划表，其样式如表 5-8。

材料运输年（季）度计划平衡表 表 5-5

××年×（季）度

建设项目	本期运输量(均折合吨)							总运输量		自有运力		对外托运					
	砖	瓦	石灰	石	钢材	木材	水泥	其他	t	t·km	t	t·km	铁路		汽车		船只	
													t	t·km	t	t·km	t	t·km

年 月份铁路运输计划表 表 5-6

批准计			提出	计划号码		提计划单位	名称_____ 详细地址_____ 电话_____
年	月	日					

到达		货	收货	货物		车种及车数				附注	发送局
局	车站	单位	单位	名称	吨数	棚P	敞C	平N	合计		

月（季）度公路运输计划表　　　　　　　　　　　　　　　　　　　　　表 5-7

承运单位　　　　　　　　　　　　　　　　　　　　　　　　　　　　　　托运单位

材料名称	运输里程			运输量		其中						备注
	起点	终点	运距（公里）	t	t·km	月份		月份		月份		
						t	t·km	t	t·km	t	t·km	

水运货物运输计划表　　　　　　　　　　　　　　　　　　　　　　　　表 5-8

起运港

货名	到达港	换装港		收货单位	托运重量（t）	核定重量（t）	备注
		第一	第二				

6．普通运输和特种运输

材料具有各种不同的性质和特征，在材料运输中，必须按照材料的性质和特征，安排装运适合的车船，采取相应的安全措施，才能将材料及时、准确和安全地运送到目的地。

材料运输，按照它的运输条件，可分为普通运输和特种运输。

普通材料运输，是指不需要特殊的车辆和船舶装运，如砂子、石料、砖瓦和煤炭等材料运输，可使用铁路的敞车、水路的普通船队或货驳、汽车的一般载重货车装运。

特种材料运输是指需用特殊结构的车船，或采取特殊的运送措施的运输。特种材料运输，有超限材料运输、危险品材料运输等。

（1）超限材料运输

材料的长度、宽度或高度的任何一个部分超过运输管理部门规定的标准尺度的材料，称为长大材料。凡一件材料的重量超过运输部门规定标准重量的货物，称为笨重材料。常见的超限材料，如大型钢管、钢梁、大型预制构件和大型机械设备等。

铁路运输的材料，凡一件（捆、箱、包）材料装车后，在平直线上停留时，材料的高度和宽度超过机车车辆界限的，称为超限材料；一件材料的长度超过所装平车长度，需要使用游车或跨装运输时，称为超长材料；一件材料的重量大于应装平车负重面长度的最大载重量时，称为笨重材料。

水路运输的材料，件重或长度超过规定标准的，应按笨重或长大材料托运。

凡是超限、超长和笨重材料的运输，应按公安交通运输管理部门颁发的超限、超长和笨重材料运输规则办理。

汽车在市区运送特殊超高、超长、超重的材料，必须经公安、市政、车辆管理部门审查发给准运证，在规定的线路和时间行驶，并在材料末端悬挂标志（夜间挂红灯、白天挂红旗）才能行驶。特殊超高的材料，要派专门车辆在前面引路，以排除障碍。

（2）危险品货物运输

凡具有自燃、易燃、腐蚀、毒害和放射等特性，在运输过程中有可能引起人身伤亡、人民财产遭受毁损的材料，称为危险品种材料。如汽油、煤油、酒精、油纸、油布、硫酸、硝酸、盐酸、生石灰、火柴、生漆、雷管、镭、铀等均属危险品材料。

装运危险品材料的运输工具，应按照危险品材料运输要求进行安排，如内河水路装运生石灰，应选派良好的不漏水的船舶；装运汽油等流体危险品材料，应用槽罐车，并有接地装置。

在运输危险品材料时，必须按公安交通运输管理部门颁发的危险品材料规则办理。主要做好以下几项工作：

1) 托运人在填写材料运单时，要填写材料的正式名称，不可书写土名、俗名；
2) 要有良好的包装和容器（如铁桶、罐瓶），不能有渗漏，装运时应事先做好检查；
3) 在材料包装物或挂牌上，必须按国家标准规定，标印"危险品货物包装标志"；
4) 装卸危险品时，要轻搬轻放，防止摩擦、碰撞、撞击和翻滚，码垛不能过高；
5) 要做好防火工作，禁止吸烟，禁止使用蜡烛、汽灯等；
6) 油布、油纸要保持通风良好；
7) 配装和堆放时，不能将性质抵触的危险品材料混装和混堆；
8) 汽车运输应在车前悬挂标志。

7. 材料的托运、装卸和领取

货物运输必须经过托运和承运、装货和卸货、到达和交付（领取）等工作过程。

(1) 材料的托运和承运

铁路整车和水路整批托运材料，应由托运单位在规定日期内向有关运输部门提出月度货物托运计划，铁路运输的货物应填送"月份要车计划表"，水路运输的货物应填送"月度水路货物托运计划表"，托运计划经有关运输主管部门平衡批准后，按批准的月度托运计划向承运单位托运材料。

发货人托运货物，应向车站（起运港）按批提出"货物运单"。货物运单是发货人与承运单位之间为共同完成货物运输任务而填制的，具有运输契约性质的一种运送票据。货物运单应认真具体逐项填写。

托运的货物应按毛重确定货物的重量，运输单位运输货物按件数和重量承运。货物重量是承运和托运单位运输货物、交接货物和计算运杂费用的依据。

发货人应在承运单位指定的日期内将运输的材料搬入运输部门指定的货场或仓库，以便承运单位装运。

发货人托运的材料，应根据材料的性质、重量、运输距离以及装载条件，使用便于装卸和保证材料安全的运输包装。材料包装直接影响材料运输质量，必须选用牢固的包装。有特殊运输和装卸要求的材料，应在材料包装上标印或粘贴"运输包装指示标志"。

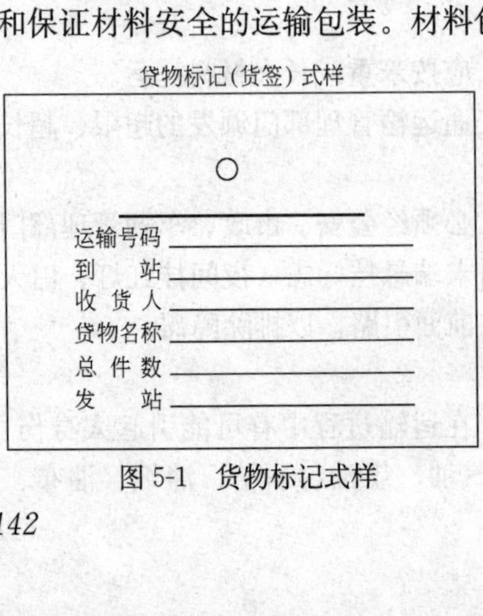

托运另担材料时，应在每件货物上标明"货物标记"（见图5-1），在每件材料的两端各拴挂一个，不适宜用纸签的货物应用油漆书写，或采用木板、金属板、塑料板等制成的标记。材料的运费是依据材料等级、里程和重量，按规定的材料运价计算。另外还有装卸费、过闸费、候闸费和送车费等费用。材料的运杂费应在承运的当天

货物标记（货签）式样

```
┌─────────────────────┐
│          ○          │
│ 运输号码 _____  │
│ 到  站 _____   │
│ 收 货 人 _____  │
│ 货物名称 _____  │
│ 总 件 数 _____  │
│ 发  站 _____   │
└─────────────────────┘
```

图 5-1 货物标记式样

一次付清，如承托运双方订有协议的，按协议规定办理。

发运车站（起运港）将发货人托运的货物，经确认一切符合运送要求和核收运杂费后，加盖车站（港口）承运日期戳，表示材料已经承运。承运是运输部门负责运送材料的开始，对发货人托运的材料承担运送的义务和责任。

为了预防材料在运输过程中发生意外事故损失，托运单位应向保险公司投保材料运输保险。一般可委托承运单位代办或与保险公司签订材料运输保险合同。

(2) 到达后的交接

材料运到后，由到站（到达港）根据材料运单上发货人所填记的收货人名称、地址和电话，发出到货通知，通知收货人到指定地点领取材料。到货通知一般有电话通知、书信通知和特定通知等方法。

设有铁路专用线的建筑企业，可与到站协商签订整车送货协议，规定送货方法。设有水路自有码头和仓栈的建筑企业可与运输单位协商，采取整船材料到达预报的联系方法。收料人员在接收运输的材料时，应按材料运单规定的材料名称、规格和数量，与实际装载情况进行核对，经确认无误由收货人在有关运输凭证上签名盖章，表示运输的材料已经收到。

材料在到站（到达港）货场或仓库领取的，收货人应在运输部门规定期限内提货，过期提货应向到站（到达港）缴付过期提货部分材料的暂存费。

(3) 材料的装货和卸货

材料的装货和卸货必须贯彻"及时、准确、安全和经济"的材料运输原则。这是因为做好材料装卸是完成材料采购、运输和供应任务的保证，是提高企业经济效益和社会效益的重要环节。对材料装卸应做好以下工作：

1) 平时应掌握运输、资源、用料和装卸有关的各项动态，做到心中有数，做好充分准备；

2) 随时收听天气预报，注意天气变化；

3) 准备好麻袋、纸袋，以便换装破袋和收集散落材料；做好堵塞铁路货车漏洞用的物品等准备工作；

4) 随时准备好货场、货位和仓位，以便装卸材料；

5) 做好车、船动态的预报工作，并做好记录；

6) 材料装货前，要检查车、船的完整，要求没有破漏，车门车窗齐全和做好车、船内的清扫等工作；装货后，检查车、船装载是否装足材料数量；

7) 材料卸货前，要检查车、船装载情况；卸货后，检查车、船内材料是否全部卸清。

发生延期装货和延期卸货时应查明原因，属于人力不可抗拒的自然原因（包括停电）和运输部门责任的，应在办理材料运输交接时，在运输凭证上注明发生的原因；属于发货人或收货人责任的，应按实际装卸延期时间按照规定支付延期装货或延期卸货费用。

避免发生延装或延卸，一般可采取如下措施：收、发料人员严格执行岗位责任制，应在现场督促装卸工人做好材料装卸工作；收、发料单位应与装卸单位相互配合，搞好协作，安排好足够装卸力量，做到快装快卸，如有条件，可签订装卸协议，明确责任，保证车、船随到随装，随到随卸；装卸机械要定期保养和维修，建立制度，保持机械设备完好；码头、货位、场地应经常保持畅通，防止堵塞；调派车、船时，应在装卸地点的最大装卸能力范围内安排，不能过于集中，否则超过其最大装卸能力就会造成车、船的延装和延卸。

(4) 运输中货损、货差的处理

货物在运输过程中发生货物数量的损失称为货差，发生货物的质量、状态的改变称为货损，货损和货差，都是运输部门的货运事故。货运事故大致有火灾、货物被盗、货物丢失、货物损坏（货物破裂、变形、湿损、污损、变质）、票货分离和误装卸、错运、误交付、件数不符等。

发生货运事故时，应于车、船到达的当天会同运输部门处理，并向运输部门索取有关记录。记录有"货运记录"和"普通记录"二种：

1) 货运记录，是具有法律意义，作为分析事故责任和托运人要求承运人赔偿货物的一种基本文件。货运记录应有运输部门负责处理事故的专职人员签名或盖章，加盖车站（港口）公章或专用章。

2) 普通记录，是一般的证明文件，不作为向运输部门赔偿的依据。普通记录应有运输部门有关人员签名或盖章和加盖车站（港口）戳。

托运部门在提出索赔时，应向运输部门提出货运记录、货物运单、赔偿要求书以及其他证件。在运输部门交给货运记录的次日起最多不超过 180 天，逾期提出索赔，运输部门可不予受理。

【例 5-2】 某工程为单层钢筋混凝土排架结构，工程主要包括 60 根钢筋混凝土柱子和 1 榀屋架，工期 540 天。其中混凝土估算工程量为 1200m^3，计划需用水泥 438t，实际混凝土工程量为 1800m^3，耗用水泥 657t。由于估算工程量严重不足，使水泥等材料供应处于被动，经常发生停工待料，工期延误 20 天，按合同规定施工单位需支付 30 万元违约金。问题：

1) 该工程为什么会发生停工待料，由谁负责主要责任？
2) 该施工企业的材料管理可能存在哪些问题？

【分析】

1) 停工待料的直接原因是材料实际需用量与计划需用量误差太大，据分析，该工程水泥计划用量是按概算定额估算的，在施工图到达工地后没有根据施工图作材料用量分析，对估算量进行核实。应由用料单位和供应计划编制部门负主要责任。用料单位负计算错误的责任，供应计划编制部门负不能正确核实的责任。

2) 该企业材料管理部门在发生一次停工待料后应迅速发现问题并调整供应计划，同时建立储备，保证工程用料，经常发生停工待料说明该企业的材料管理运转不力，信息反馈差，惰性大，需要对整个材料管理部门进行整顿，提高应变能力。

复习思考题

1. 简述材料供应管理的概念和特点。如何搞好材料供应管理？
2. 简述材料供应管理的主要内容。
3. 材料供应方式有哪几种？各有哪些优缺点？
4. 确定材料供应方式应考虑哪些因素？如何选择供应方式？

5. 什么是限额领料？限额领料如何计算和实行？
6. 怎样做好材料配套供应工作？
7. 简述各种运输方式的特点。
8. 如何搞好合理运输？
9. 托运材料的工作内容有哪些？

六、材料储备与仓库管理

（一）材料储备定额

1. 材料储备定额的意义

材料储备定额又称材料库存周转定额，是指在一定的生产技术和组织管理条件下，为保证施工生产正常进行而规定的合理储存材料的数量标准。

由于施工生产连续不断地进行，要求所需材料连续不断地供应。但材料供应和消费之间总有时间的间隔和空间的距离，有的材料使用前还需加工处理，材料的采购、运输、供应等环节也可能发生某些意外而不能如期供给。因此，建立一定数量的材料储备是必需的。

显然，当储备量保持在施工生产正常进行所必要的限度内时，这种储备才具有积极意义。储备过多会造成呆滞积压、占用资金过多；储备过少会导致施工生产中断、停工待料、带来损失。因此，研究材料储备的主要目的，在于寻求合理的储备量。

2. 材料储备定额的作用

1）材料储备定额是企业编制材料供应计划、订购批量和进料时间的重要依据。

2）是掌握和监督材料库存变化，促使库存量保持合理水平的标准。

3）是企业核定储备资金定额的重要依据。

4）是确定仓库面积、保管设施及人员的依据。

3. 材料储备定额分类

材料储备定额的分类，是按定额不同的特征和管理上的需要而进行的。主要分类有：

（1）按定额计算单位不同分类

1）材料储备期定额（亦称相对储备定额）。以储备天数为计算单位，它表明库存材料可供多少天使用。

2）实物储备量定额（又称绝对定额）。采用材料本身的实物计量单位，如吨、立方米等。它表明在储备天数内库存材料的实物数量。主要用于计划编制、库存控制及仓库面积计算等。

3）储备资金定额。以货币单位表示。它是核定流动资金、反映储备水平、监督和考核资金使用情况的依据。用于财务计划和资金管理。

（2）按定额综合程度分类

1）品种储备定额。按主要材料分品种核定的储备定额。如钢材、水泥、木材、砖、砂、石等。它们的特点是占用资金多而品种不多，对施工生产的影响大，应分品种核定和管理。

2）类别储备定额。按企业材料目录的类别核定的储备定额。如五金零配件、油漆、化工材料等。其特点是所占用资金不多而品种较多，对施工生产的影响较大，应分类别核定和管理。

（3）按定额限期分类

1）季度储备定额。适用于设计不定型、生产周期长、耗用品种有阶段性、耗用数量不均衡等情况。

2) 年度储备定额。适用于产品比较稳定,生产和材料消耗都较均衡等情况。

4. 材料储备定额的制定

建筑企业的材料储备属于生产储备,由经常储备、保险储备和季节性储备组成。

(1) 经常储备

经常储备又称周转储备,是指在正常情况下,前后两批材料进料间隔期中,为保证施工生产正常进行而建立的合理储存数量标准。

经常储备量在进料时达到最大值,以后随陆续投入使用而逐渐减少,到下批材料进料前储备量为最小,最终可能降到零。它是不断消耗又不断补充,周而复始地呈周期性变动的,如图6-1。

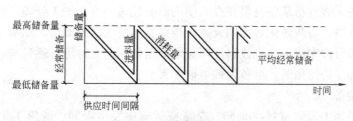

图 6-1 经常性储备示意

经常储备量又分为最高储备量、最低储备量和平均储备量,其计算公式为:

经常储备量=平均每日材料需用量×合理储备天数

式中 平均每日材料需用量=计划期材料需用量÷计划期天数

合理储备天数=供应间隔天数+验收入库天数+使用前准备天数

计划期天数:当计算全年材料需用量时取360天,当计算季度材料需用量时取90天。

供应间隔天数:是指先、后两批材料到货的间隔天数,它包括从采购到交货的周期、途中运输所需天数。当平均每日需用量不变时,应使进料量能满足下批材料进料前的施工生产需要。计算供应间隔天数是确定经常储备量的重要因素,供应间隔期越长,其相应的储备量应越多;供应间隔期越短,其相应储备量应越少。

在供应来源较单一并且供需关系较稳定的情况下,其计算公式应为:

供应间隔天数=每批材料进货量÷平均每日需用量

当供应来源有几个单位且供应间隔期又不稳定的情况下,其计算公式则为:

平均供应间隔天数=各批(到货的间隔期×该批到货数)之和÷各批到货数之和

例:某公司上年度1~3季度甲材料实际进货入库量记录如表6-1。

材料进货入库量记录汇总 表 6-1

入库日期 甲	数 量 ①	供应间隔天数 ②	加权数 ③=①×②
1月11日	10	48	480
2月28日	20	20	400
3月20日	20	31	620
4月20日	20	28	560
5月18日	15	40	600
6月27日	15	42	630
8月8日	10	43	430
9月20日	10	24	240
10月14日	(10)	/	/
合计	120		3960

表中供应间隔天数应按日历天数计算，如 1 月 11 日至 2 月 28 日间隔 48 天。10 月 14 日收料（10）未计入合计数，因这批料间隔期应待下批进货后才能计算。

平均供应间隔天数＝3960÷120＝33 天

本例中计算出来的平均供应间隔天数为上年的实际间隔天数，应结合计划年度供应条件的变化进行调整。如：对定点供应的，可按供应合同的间隔期；对供过于求且消耗稳定的材料，可采取少购勤进、缩短供应间隔期；对供应地点发生变化，若由远改近，可缩短供应间隔期，反之，则应增长供应间期等。总之，供应间隔期应根据具体情况适当调整并合理确定。

验收入库天数：指材料到达本单位仓库后的搬运、整理、质量检验、数量清点和办理入库手续所需天数。

使用前准备天数：指某些材料在投入使用前要经过一定的加工处理。如木材干燥、砂子过筛、石子清洗、石灰淋化等需用天数。根据具体情况区别对待。如成批加工处理，陆续投入使用，则可按完成第一批投料使用数量所需的时间来计算，逐日进行准备、逐日投入使用的和边加工边使用的，准备天数可取 1 天。

（2）保险储备

保险储备是为了预防材料在采购、交货或运输中发生误期、或施工生产消耗突然增大，致使经常储备中断，为应急而建立的材料储备。这种储备一般不动用（施工现场工完场清例外），当紧急动用时，即暴露供、需之间已发生脱节，应采取补救措施及时补充。

保险储备无周期性变化规律，大部分时间保持某种水平的数量堆放在库内。一般只需针对某些对生产影响明显、采购供应条件差的主要或少数品种，建立保险储备，如图 6-2。

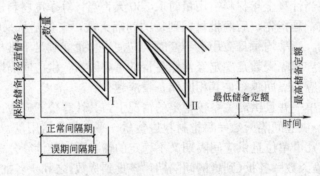

图 6-2　保险储备与经常储备的关系示意
Ⅰ—指进料误期；Ⅱ—指消耗增大

保险储备量的计算公式为：

保险储备量＝平均每日材料需用量×平均误期天数（保险储备天数）
　　　　　＝计划期材料需用量÷计划期天数×保险储备天数

确定保险储备天数（或平均误期天数），是合理确定保险储备量的关键。一般方法有：

1）统计分析法。即根据某种材料过去发生的交货、运输等误期情况的统计资料，由加权平均法求得平均误期天数。公式为：

平均误期天数＝∑（进料误期天数×误期入库数量）÷误期入库数量总和

仍以经常储备中平均天数为例,即以例中平均间隔天数33天为基准,各次进料的间隔天数超过基准天数即为误期,超过多少天就是误期多少天,如表6-2所示。

材料入库统计分析表　　　　　　　　　　　　　　　表6-2

入库日期 甲	入库数量 ①	供应间隔天数 ②	误期天数 ③	加 权 数 ④=①×③
1月11日	10	48	15	150
2月28日	(20)	20	/	/
3月20日	(20)	31	/	/
4月20日	(20)	28	/	/
5月18日	15	40	7	105
6月27日	15	42	9	135
8月8日	10	43	10	100
9月20日	(10)	24	/	/
10月14日	(10)	/	/	/
合计	50		41	490

平均误期天数=490÷50=9.8(天)≈10(天)

或:平均误期天数=各次进料误期天数之和÷误期次数=41÷4≈10(天)

应该指出,所计算的误期天数是前期各种误期因素形成的,这些因素在本计划期内不一定相同,应结合本计划期的实际进行调整。

2)按供货需要时间确定法。根据供应中断后再取得材料所需的时间,也就是临时供料所需时间确定。包括办理临时订货手续、发运、途中运输、卸车、验收入库等所需的时间。

在实际工作中,一般都在周转储备将要用完之前,就及时采取措施补充储备。因此,保险储备天数可低于上述临时供料所需的天数。

(3) 季节性储备

季节性储备是指某些材料的资源因受季节性影响,有可能造成生产供应中断而建立的一种材料储备。例如洪水季节、冰冻季节不能生产砂石;冰雪封山运输中断,发洪水才能流放原木等,必须在供应中断前,储备一定数量的这类材料,以确保进料中断期正常供料。

这种储备仅限于少数特定材料品种。

季节性储备天数是根据中断期长短的具体时间来确定的,如图6-3。

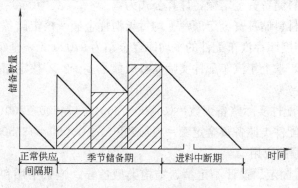

图6-3 季节性储备示意

季节性储备的计算公式为：

$$季节性储备量＝平均每日材料需用量×季节性储备天数$$

进料中断期的储备，起了经常储备的作用，此期间不另设经常储备。

（4）材料最高、最低储备定额

根据上述储备量的计算，材料最高、最低储备定额的计算公式如下：

最高储备定额＝经常储备量＋保险储备量＝平均每日材料需用量×储备周转期定额

式中：储备周转期定额＝经常储备天数＋保险储备天数

最低储备定额＝平均每日材料需用量×保险储备天数

例：设某建筑构件厂全年生产混凝土构件需用水泥7200t，水泥交货间隔期30天、发运1天、途中运输1天、到站后通知提运2天、验收整理1天。平均误期为10天。求最高、最低储备定额？（计算如表6-3）。

某建筑构件厂材料最高、最低储备定额计算表　　　　表6-3

材料名称	全年计划需用量(t)	计划期天数	平均每日耗用量	储备周转期定额（天）			储备量定额(t)	
				合计	经常储备	保险储备	最高	最低
	①	②	③＝①/②	④＝⑤+⑥	⑤	⑥	⑦＝③×④	⑧＝③×⑥
水泥	7200	360	20	45	35	10	900	200

在计算储备定额时，应考虑当时的物资管理体制、结合任务及消耗规律，市场供应状况、交通运输条件等情况，对货源比较充裕、运输条件较好的材料，可考虑较短的储备天数；货源较缺、供应紧张、运输困难的材料，则可考虑较长的储备天数。结合当时实际情况，灵活运用。

（5）材料类别储备定额的核定

按材料类别核定储备定额，适用于品种繁多、消耗量不大的一般材料，如机械配件、汽车配件、五金、化工、工具及辅助材料等。根据统计资料并结合具体情况归类，按金额核定和控制。其计算步骤是：

1）计算某类材料上期实际储备天数。这既是对上期的检验，也为本期核定储备天数提供资料，计算公式为：

$$某类材料实际储备天数＝（平均库存金额×报告期日历天数）÷某种材料报告期耗用总金额$$

2）计算某类材料储备资金定额，计算公式为：

$$某类材料储备资金定额＝平均每天消耗金额×核定储备天数$$

例：某单位上年度库存汽车配件的平均库存金额为97000元，全年实际耗用各种汽车配件价值174600元。求上年汽车配件实际储备天数是多少？若核定储备天数为90天，储备资金定额应为多少？

$$汽车配件实际储备天数＝（97000×360）÷174600＝200（天）$$

$$汽车配件类储备资金定额＝（174600÷360）×90＝43650（元）$$

5. 材料储备定额的应用

由于建筑物位置固定、设计不定型、结构类型各异、施工中用料的阶段性、不均衡性、多变性、施工队伍流动性以及材料来源点多面广等因素，对材料储备定额的影响很大，储备材料时，应根据上述特点，采用材料储备的基本理论与方法并结合施工用料进度与供料周期，分期分批备足材料，满足施工生产的需要。

（1）经常储备的应用

各施工现场应根据施工进度计划确定各施工阶段、分部分项工程的施工时间，考虑材料资源、交货周期、途中运输时间、入库验收及使用前的储备时间等，在保证供应的前提下，分期分批组织材料进场。这种提前进场的储备，就是经常储备。

（2）保险储备的应用

由于采购、运输等方面可能发生意外，施工生产用料又有不均衡、工程量增减、设计变更、材料代用等，致使材料计划改变，或计划数量偏低时，都必须对常用主要材料设保险储备，用以调剂余缺，以备急需。然后随着工程的进展、材料计划的相应修订，需用量逐步落实，可将保险储备数量逐渐压缩，特别是施工现场，往往将保险储备视同经常储备看待，即将保险储备逐渐投入使用，直至竣工时料尽场清为止。

6. ABC 分类管理法

ABC 分类管理法又称 ABC 分析法、重点管理法，在材料管理中运用广泛。如在材料储备分类中的品种储备或类别储备的划分，以及采购、运输等管理中的运用，都能取得较好效果。这种管理法主要在于分析对施工生产起关键作用的、占用资金多的少数品种和起一般作用的、占用资金少的多数品种的规律。使管理工作抓住重点、兼顾一般。

ABC 分类管理法的特点是：分类标准必须同时具备品种数和金额两个标志，有明确的量的界限，即分类建立在实际消耗数据的基础上，并按一定比例来划分类别，如表 6-4 所示，通常简化为表 6-5 形式。

按材料消耗统计的一般分类比例表（一）　　　　　　　　　　　　　　　　表 6-4

类　别	按金额占总消耗金额的比例	按消耗品种项数占总项数的比例
A	70%左右	10%左右
B	20%左右	20%左右
C	10%左右	70%左右

按材料消耗统计的一般分类比例表（二）　　　　　　　　　　　　　　　　表 6-5

项目	类别	A：B：C
	按金额比例	7：2：1
	按品种比例	1：2：7

（1）ABC 分类法的基本方法

1）材料消耗统计。计算企业消耗的每种材料，在一定时期内（一般为 1 年）的品种项数和相应的金额，记入按品种的分析卡片。

2）按品种消耗金额的大小顺序，从大到小依次排列分析卡片的顺序。

3）按排列的分析卡片顺序，编制材料消耗金额序列表。从大到小依次排列，为减少工作量，凡用量大、金额多的按品种排，用量少、金额少的按类别排。

4）按消耗金额序列表的金额大小，划分为几个档次，为划分类别创造条件。

5）计算百分比。按消耗金额序列表分别计算各品种项数占总品种项数的百分比和各品种金额占总金额的百分比。

6）根据所分档次结合百分比，划分 ABC 类别，按不同要求分类管理。

例：某施工企业上年耗用材料品种项数共 3421 个，价值 839 万元，消耗金额序列表如表 6-6 所示：

材料消耗金额序列表　　　　　　　　　　　　　　　　　　　　　　表 6-6

编号	材料品种	品　种　数			耗用金额			分类
		项数	累计	累计(%)	价值(千元)	累计(千元)	累计(%)	
1	钢材	3	3		30.0	30.0		
2	木材	2	5		29.5	59.5		
3	水泥	2	7		28.3	87.8		
…	……	…	…		…	…		
178	×××	4	328		5.05	6300.0		
价值 5000 元以上		328	328	9	6300	6300	75	A
179	×××	2	330		4.9	6304.9		
…	……	…	…		…	…		
208	×××	1	478		3.0	6890		
价值 3000 元以上		150	478	14	590	6890	82	B
209	×××	3	481	2	2.9	6892.9		
…	……	…	…		…	…		
价值 1000 元以上		522	1000	29	830	7720	92	B
…	……	…	…		…	…		
价值 1000 元以下		2421	3421	100	670	8390	100	C

根据消耗金额分档次，本例分为 5000 元以上、3000 元以上、1000 元以上和 1000 元（不含 1000 元）以下 4 个档次。

分类结果如表 6-7 所示：

材料消耗 ABC 分类表　　　　　　　　　　　　　　　　　　　　　　表 6-7

分　类	品种数	占(%)	金额(千元)	占(%)
A　B　C	328　672　2421	9　20　71	6300　1420　670	75　17　8
合　计	3421	100	8390	100

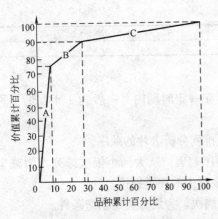

图 6-4　价值累计百分比与品种累计百分比的关系

按 ABC 分析结果作图，如图 6-4 所示。

（2）ABC 分类的管理

通过对 ABC 分类的分析，就可明确企业消耗材料中的重点（A 类）和一般（B、C 类），以便在管理上达到突出重点、兼顾一般的目的。当然，重点与一般是相对的，当缺少某种一般材料时，也会造成损失。例如，电器、水暖材料在土建单位常列入 B 类，而在安装单位则列入 A 类。砖、砂、石等的归类正好与上述相反。显然，这种分类利于突出重点、抓住关键、克服"一把抓"的缺点。相应的管理方法见表 6-8。

通过分类，分清了主和次，合理使用了资金，

材料 ABC 分类管理方法 表 6-8

项目 \ 分类	A类	B类	C类
价值	高	中	低
控制程度	严格控制	一般控制	金额控制
进料计划	详细计划	统计计算	随时进料
库存核算	品种核算	品种或类别核算	类别核算
库存记录	详细记录	有记录	金额总计
库存检查	经常检查	定期检查	一般检查
库存储备	低于定额	等于定额	略高于定额

核算有基础、采购有目标、库存有条理、储备有重点。

(3) ABC 分类在材料储备定额中的应用

应用 ABC 分类在材料储备定额，就是按分类区别对待，其一般做法是：

1) A 类材料品种少而占用资金多，必须严格控制、精打细算。按某种材料最高储备资金定额减少 10%～20% 进行控制，促进加强核算和管理。

2) B 类材料品种多于 A 类，占用资金少于 A 类。按最高储备资金定额进行控制，应随时保持合理的储备数量，避免应急忙乱，保证正常供应。

3) C 类材料品种最多，占用资金少，供应上会经常出现缺料情况，影响急需。为保证供应，除随时进货补充库存外，可在材料类别最高储备资金定额的基础上，再增加 10%～20% 的资金，适当增加材料配套备用品种，以保证供应。

这种储备控制法，目的是抓住重点、严格控制、加强供应管理环节的核算，把材料费用总额中占 70% 左右的 A 类，集中主要精力管好。但决不意味着对 B、C 类放松管理，上面提出增加 C 类储备资金以满足施工生产的需求，体现了不但要抓好重点，也要加强一般材料资金的管理。

(二) 仓库管理业务

"仓库管理"是指对仓库所管全部材料的收、储、管、发业务和核算活动的总称。其基本任务是：按照"及时、准确、经济、安全"的原则，组织材料的收发、保管和保养，做到进出快、保管好、损耗少、费用省、保安全，为施工生产服务，促进经济效益的提高。具体任务是：

1) 及时、准确、迅速地验收材料。做到入库材料质量合格、数量准确、单据齐全、资料完整、包装符合要求。如发现问题应解决在验收入库前。

2) 妥善保管，科学维护。做到库存材料"四对口"，即账、卡、物、资金对口；堆码合理，库容整洁，做到不丢失、不变质、不损坏。

3) 加强储备定额管理。严格控制储存量，超过最高储备定额，或低于最低储备定额的，都要及时反映，以便采取相应措施，使材料保持在合理储备状态。

4) 发料管理。坚持发料制度，执行审批手续，做到合理发放；实行送料制，提高工作效率，改善服务质量，努力为施工生产服务。

5) 确保仓库安全。做好防火、防盗、防倒塌及预防某些材料爆炸、自燃、毒害等事故发生。预防季节性的洪水、台风、冰雹等自然灾害。做到安全用电，安全作业，保证人身、财产安全。

6）建立和健全科学的仓库管理制度。如岗位责任制、经济责任制、工作守则，要严格执行和考核。使收、发、存业务账表、单据，资料齐全，数据准确；严格标准计量，推行全面质量管理，并对各业务环节中出现的问题作出正确的处理，使仓库管理工作制度化、规范化。

仓库业务主要由验收入库、保管维护保养和发料三个阶段组成。材料经流通领域进入企业，为施工生产备料，再转入施工生产消费，作业过程贯穿着装卸、搬运、堆码和整理工作。仓库业务管理是企业经营管理的重要组成部分，为加强企业管理和提高经济效益，必须搞好仓库业务管理，发挥其积极作用。

1. 材料验收入库

材料验收入库，是储存活动的开始，是划清企业内部与外部材料购销经济责任的分界线。要防止进料中的差错和事故，并对运输、采购等工作进行监督，这是材料进入企业的"关口"。由于材料供应渠道复杂，质量差、数量缺、包装不符合要求等情况时有发生，经多次中转，装卸运输过程中也有变质、损坏、丢失等问题，只有通过严格的验收检查，才能对所发生的问题解决在入库验收之前，从而划清责任，也为仓库保管中的数量、质量完好打下基础。

（1）材料验收工作的基本要求

材料验收工作的基本要求是：准确、及时、严肃。

1）准确。对于入库材料的品种、规格、型号、质量、数量、包装及价格，成套产品的配套性，认真验收，做到准确无误；执行合同条款的规定，如实反映验收情况，切忌主观臆断和偏见。

2）及时。要求材料验收及时，不能拖拉，尽快在规定时间内验收完毕，如有问题及时提出验收记录，以便财务部门办理部分或全部拒付货款；或在10天内向供方提出书面异议，过期供方可不予受理而视为无问题。一批到货要待全部验收完毕并办清入库手续后才能发放，不能边验边发，但紧急用料另作处理。

3）严肃。材料验收人员要有高度的责任感，严肃认真的态度，无私的精神，严格遵守验收制度和手续，对验收工作负全部责任，反对不正之风和不负责任的态度。

总之，材料验收工作要把好"三关"，做到"三不收"。"三关"是质量关、数量关、单据关；"三不收"是凭证手续不全不收、规格数量不符不收、质量不合格不收。

（2）材料验收工作程序

1）验收准备。搜集有关合同、协议及质量标准等资料；准备相应的、准确的检测计量工具；计划堆放位置、堆码方法及苫垫材料；安排搬运人员及搬运工具；危险品要制订相应的安全防护措施等。

2）核对资料。材料验收时要认真核对资料。包括供方发货票、订货合同、产品质量证明书、说明书、化验单、装箱单、磅码单、发货明细表、承运单位的运单及货运记录等。运输记录是在运输中发生货物短少、损坏、变质等货运事故，由运输部门及负责提运人员填制，并负经济责任。材料验收时要求资料齐全，否则不予验收。

3）检验实物。核对资料后进行实物验收。实物验收中包括质量检验和数量检查。

A. 质量检验：包括外观质量、内在质量及包装的检验。外观质量以库房检验为主；内在质量即物理性能、化学成分，有合格证或质量证明书的，只要所列质量符合质量标准规定指标，仓库则视为合格；没有质量证明书的，取样检验，合格后再办验收手续。

B. 数量检查：计重材料一律按净重计算；计件材料按件全部清点；按体积计量的检尺计方，按理论换算的检尺换算计量；标准重量或件数的标准包装，除合同规定的抽验方法和比例外，一般是根据抽查情况确定抽查取样数量。抽查无问题就少抽，有问题就多抽，问题大就全抽。成套产品必须配套验收、配套保管。主件、配件、随机工具等必须逐一填列清单，随验收单上报业务和财务部门，发放时要抄送领料单位。

凡计重材料验收时，应分层或分件标明重量，自下而上累计，力求入库时一次过磅就位，为盘点、发放创造条件，以减少重复劳动和磅差。

4) 办理入库手续。材料验收质量、数量后，按实收数及时填写材料入库验收单（表6-9），办理入库手续。入库验收单是采购人员与仓库保管人员划清经济责任界限的凭证，也是随发票报销及记账的依据。在填写材料入库验收单时，必须按《材料目录》中的统一名称、统一材料编号及统一计量单位填写，同时将原发票上的名称及供货单位，在验收单备注栏内注明，以便查核，防止同品种材料多账页和分散堆放，并应及时登账、立卡。

公司材料入库验收单 表6-9

供应单位_____   收料仓库_____
发票号数_____   材料类别_____
发货日期_____ 年 月 日   编 号_____

材料编号	统一名称	规格	发票数				实收数				短缺		备注
			单位	数量	单价	金额	单位	数量	计划单价	金额	数量	金额	
实际价合计			万	千	百	十	元	角	分		小写		
附记	运输单位		车种			运单号			距离(km)		起运地点		
	运费		装卸费			包装费			费用小计				

主管　　　　　审核　　　　　验收　　　　　采购员

验收单一式四联：A. 库房存（作收入依据）；B. 财务（随发票报销）；C. 材料部门（计划分配）；D. 采购员（存查）。

(3) 验收中发现问题的处理

在材料验收中如检查出数量不足、规格型号不符、质量不合格等问题，仓库应实事求是地办理材料验收记录（表6-10），及时报送业务主管部门处理。材料验收记录是退货、掉换、索赔或追究违约责任的主要证明，应严肃、认真、如实地编制。采购方若无理拒付，则按逾期付款处理，承担供方或运输部门应偿付的一切费用。

材料由于数量、规格、质量等问题不符合要求而不能验收的部分或全部，除向供方提出书面异议外，对未验收的实物应妥善保存，不得动用。提前交货的产品、多交的产品和品种、规格质量不符规定的产品，应即退货，若供方请求代管应办委托代管手续。在代保管期间实际支付的保管费、保养费以及非因需方保管不善而发生的损失等，应由供方承担。但因需方保管不善而造成的代保管品的损失，由代保管方承担。

材料验收记录　　　　　　　　　　　　　　表 6-10

发货单位_____　　　　　　　　　　　　　　　收料单位_____
合同编号_____　编制日期：　年　月　日　　　编　　号_____

				运输方式		运单号		车　号		承运单位			
				发票号		件数		运输起讫地点		到达日期			
验收	名称	规格	单位	数量			待处理数量					小计	发票
				发运	实收	损坏	短少	多余	质差	规格不符			单价	金额
验收情况													
处理意见													
业务主管			采购员			质量检查			验收				

除上述情况外，对下列问题应分别妥善处理：

1）凡是证件不全的到库材料，应作待验收，临时保管，及时与有关部门联系催办，待证件齐全后再验收。但危险品或贵重材料则按规定保管方法进行代保管或先暂验收，待证件齐全后补办手续。

2）供方提供的质量证明书或技术标准与订货合同规定不符，应及时反映业务主管部门处理；按规定应附质量证明而到货无质量证明者，在托收承付期内有权拒付货款，并将产品妥善保存，立即向供方索要，供方应即时补送，超过合同交货期补交的，即作逾期交货处理。

3）凡规格、质量部分产品不符要求，可先将合格部分验收，不合格的单独存放，妥善保存，并部分拒付货款，作出材料验收记录，交业务部门处理。

4）产品错发到货地点，供方应负责转运到合同所定地点外，还应承担逾期交货的违约金和需方因此多支付的一切实际费用；需方在收到错发货物时，应妥善保存，通知对方处理；由于需方错填到货地点，所造成的损失，由需方承担。

5）数量不符，大于合同规定的数量，其超过部分可以拒收并拒付超过部分的货款，拒收的部分实物，应妥善保存，在 10 天内通知供方处理；少于合同规定数量，需方凭有关合法证明拒付少交部分货款，并在 10 天内通知供方。供方接到通知后，应在 10 天内答复处理，否则即视为默认需方意见。逾期交货部分，供方应在发货前与需方协商，需方需要的，供方应照数补交，并负逾期交货的责任；需方不再需要的，应当在接到通知 15 天内通知供方，办理解除合同手续，逾期不答复的，视为同意发货。

6）材料运输损耗，在规定损耗率以内的，仓库按数验收入库；不足数另填报运输损耗单冲销，达到账账相符。超过规定损耗率者，应填写运输损耗报告单（表 6-11），经业务主管批准后才能办理验收入库手续，未批准前材料不得动用。损耗率标准见表 6-12。

7）运输中发生损坏、变质、短少等情况，应在接运中办理运输部门的"普通记录"或"货运记录"（商务记录）。材料验收中的差数与运输记录所列数字相符者，则按实际数量验收，其差数除填短缺数字外并在备注栏注明。若是"货运记录"提出的，应找运输部门索赔。"普通记录"只起证明作用，不作赔偿依据。如差数超过运输记录范围或无记录，应填运输损耗报告单，经领导批示后才能根据批示办理验收手续。

（4）提出书面异议

材料运输损耗报告单　　　　　　　　　　　　　　　　　　　表 6-11

（　）损字第　　号						供货单位		
填报单位　　　年 月 日						合同号		发票号
						运单号		车　号

名　称	规格	单位	数量			金额	
			应 收	实 收	损 耗	单 价	金 额

规定损耗率（%）	超规定损耗率（%）	超损耗	数量	原因	
			金额		

审批意见	（签字）　　　月　　日

主管　　　　　　　运输经办人　　　　　　　　　　　制表

注：正常及超运耗损失均用此单。

材料运输及保管损耗定额（供参考）　　　　　　　　　　　表 6-12

材料名称	场外运输损耗(%)	仓库及工地保管损耗(%)	合计(%)	材料名称	场外运输损耗(%)	仓库及工地保管损耗(%)	合计(%)
普通砖	2.0	0.5	2.5	石屑	—	0.1	0.1
空心砖	2.0	0.5	2.5	水泥	0.3	0.1	0.4
红砖	0.5	—	0.5	平板玻璃	0.4	0.1	0.5
水泥花砖	0.5	0.5	1.0	石膏	0.3	0.1	0.4
瓷砖	0.3	—	0.3	耐火砖	0.5	—	0.5
面砖	0.5	—	0.5	耐火土	0.3	0.2	0.5
黏土平瓦	2.0	0.5	2.5	陶瓷管	0.5	—	0.5
石棉水泥瓦	0.5	—	0.5	黏土瓦管	1.0	1.0	2.0
水泥平瓦	1.5	0.5	2.0	混凝土管	0.5	—	0.5
白石灰	0.3	0.1	0.4	烧碱	3.0	2.0	5.0
白石子	0.5	—	0.5	电石	3.0	2.0	5.0
砂	—	3.0	3.0	玻璃灯罩	0.5	0.5	1.0
石灰	1.5	1.0	2.5	瓷管	1.0	1.0	2.0

　　在验收材料中发现的质量、数量、规格等问题，需方须向供方提出书面异议时，按以下规定办理：

　　1）产品的外观和品种、规格型号不符合同规定。属供方送货或代运的，需方应在货到后 10 天内提出书面异议；需方自提的，应在提货时或者双方商定的期限内提出异议。

　　2）产品内在质量不符合同规定。不论供方送货、代运或需方自提，需方应在合同规定的条件和期限内检验或试验，提出书面异议；某些产品，国家规定有检验或试验期限的，按国家规定办理，如水泥等。

　　3）对某些必须在安装运转后才能发现内在质量缺陷的产品，除另有规定或当事人另行商定提出异议的期限外，一般从运转之日起 6 个月以内提出异议。

　　4）如果需方未按规定期限提出书面异议，视为所交产品符合合同规定；需方因使用、保管、保养不善等造成产品质量下降的，不得提出异议。

　　5）供方在接到需方书面异议后，应在 10 天内（另有规定除外）负责处理，否则即视为默认需方提出的异议和处理意见。

　　6）当事人双方对产品质量的检验或试验发生争议，按《中华人民共和国标准化管理条例》规定，由标准化部门的质量监督检验机构执行仲裁检验。

　　7）书面异议内容。应说明合同号、运单号、车（船）号，发货和到货日期；产品名称、规格、型号、标志、批号、合格证（或质量证明书）号、数量、包装、检验方法、检验情况和检验证明；提出不符合同规定的产品的处理意见，以及当事人双方商定的必须说明的事项。

2. 材料保管保养

材料保管和维护保养，应根据库存材料的性能和特点，结合仓储条件进行，合理储存和保管保养工作是仓库管理的经常性业务，基本要求是保质、保量、保安全。

（1）合理保管

仓库储存材料应在统一规划，分区分类，合理存放，划线定位，统一分类编号，定位保管的基础上，做好以下工作：

1）合理堆码

材料堆码要遵循"合理、牢固、定量、整齐、节约和方便"的原则。

A. 合理：对不同的品种、规格、质量、等级、出厂批次的材料都应分开，按先后顺序堆码，以便先进先出。占用面积、垛形、间隔均要合理。

B. 牢固：垛位必须有最大的稳定性，不偏不倒、不压坏变形、苫盖物不怕风雨。

C. 定量：每层、每堆力求成整数，过磅材料分层、分捆计重，做出标记，自下而上累计数量。

D. 整齐：纵横成行，标志朝外，长短不齐、大小不同的材料、配件，靠通道一头齐。

E. 节约：一次堆好，减少重复搬运、堆码，堆码紧凑，节约占用面积。爱护苫垫材料及包装，节省费用。

F. 方便：堆放位置要方便装卸搬运、收发保管、清仓盘点、消防安全。

2）四号定位和五五化

A. 四号定位：四号定位是在统一规划合理布局的基础上，定位管理的一种方法。四号定位就是定仓库号、货架号、架层号、货位号（简称库号、架号、层号、位号）。料场则是区号、点号、排号和位号。固定货位、定位存放"对号入座"。对各种材料的摆放位置作全面、系统、具体的安排，使整个仓库堆放位置有条不紊，为科学管理打下基础。

四号定位编号方法：材料定位存放，将存放位置的四号联起来编号。例如普通合页规格 50mm，放在 2 号库房、11 号货架、2 层、6 号位。材料定位编号为 2-11-2-06，由于这种编号一般仓库不超过个位数、货架不超过 5 层，为简化书写，所以只写一位数。如果写成 02-11-02-06，亦可。

B. 五五化：是材料保管的堆码方法。这是根据人们计数习惯，喜欢以五为基数，如五、十、二十……五十、一百、一千等进行计数。将这种计数习惯用于材料堆码，使堆码与计数相结合，便于材料收发、盘点计数快速准确，这就是"五五摆放"。如果全部材料都按五五摆放，则仓库就达到了五五化。

五五化是在四号定位的基础上，即在固定货位，"对号入座"的货位上具体摆放的方法。按照材料的不同形状、体积、重量，大的五五成方，高的五五成行，矮的五五成堆，小的五五成包（捆），带眼的五五成串（如库存不多，亦须按定位堆放整齐）堆成各式各样的垛形。要求达到横看成行，竖看成线，左右对齐，方方定量，过目成数，整齐美观。

C. 四号定位与五五化的关系：四号定位与五五化是全局与局部的关系。两者互为补充，互相依存，缺一不可。如果只搞四号定位，不搞五五化，对仓库全局来说，有条理、有规律，定位合理，而在具体货位上既不能过目成数，也不整齐美观。反之，如果只搞五五化，不搞四号定位，则在局部货位上能过目成数，达到整齐美观；但从库房全局看，还是堆放紊乱，没有规律。所以两者必须配合使用。

（2）精心保养

精心保养，就是做好储存材料的维护保养工作。由于材料本身的物理性能、化学成分是不断发生变化的，这种变化在不同程度上影响着材料的质量。其变化原因主要是自然因素的影响，如温度、湿度、日光、空气、雨、雪、露、霜、尘土、虫害等，为了防止或减少损失，应根据材料本身不同的性质，事前采取相应措施，创造合适的条件来保管和保养。反之，如果忽视这些自然因素，就会发生变质。如霉腐、熔化、干裂、挥发、变色、渗漏、老化、虫蛀、鼠伤，甚至会发生爆炸、燃烧、中毒等恶性事故。不仅失去了储存的意义，反而造成损失。

材料维护保养工作，必须坚持"预防为主，防治结合"的原则。具体要求是：

1）安排适当的保管场所。根据材料的不同性能，采取不同的保管条件，如仓库、棚库、露天货场及特种仓库，尽可能适应储存材料性能的要求。

2）搞好堆码、苫垫及防潮防损。有的材料堆码要稀疏，以利通风；有的要防潮，有的要防晒，有的要立放，有的要平置等；对于防潮、防有害气体等要求高的，还须密封保存；并在搬码过程中，轻拿轻放，特别是仪器、仪表、易碎器材，应防止剧烈震动或撞击，杜绝损坏等事故发生。

3）严格控制温、湿度。对于温、湿度要求高的材料（如焊接材料），要做好温度、湿度的调节控制工作。高温季节要防暑降温，霉雨季节要防潮防霉，寒冷季节要防冻保温。还要做好防洪水、台风等灾害性侵害的工作。

4）要经常检查，随时掌握和发现保管材料的变质情况，并积极采取有效的补救措施。对于已经变质或将要变质的材料，如霉腐、受潮、粘结、锈蚀、挥发、渗漏等，应采取干燥、晾晒、除锈涂油、换桶等有效措施，以挽回或减少损失。

5）严格控制材料储存期限。一般说来，材料储存时间越长，对质量影响越大。特别是规定有储存期限过期失效的材料，要特别注意分批堆码，先进先出，避免或减少损失。

6）搞好仓库卫生及库区环境卫生。经常清洁，做到无垃圾、杂草，消灭虫害、鼠害。加强安全工作，搞好消防管理，加强电源管理，搞好保卫工作，确保仓库安全。

3. 材料盘点

仓库和料场保存的材料，品种、规格繁多，收发频繁，计量与计算的差错，保管中的损耗、损坏、变质、丢失等种种因素，都可能导致库存材料发生数量与账、卡不符、质量下降等问题，只有通过盘点，才能准确地掌握实际库存量、摸清质量状况、发现材料保管中存在的各种问题，了解材料储备定额执行情况，以及呆滞、积压、利用、代用等挖潜措施执行情况。

对盘点的要求是：库存材料达到"三清"，即数量清、质量清、账表清；"三有"，即盈亏有原因、事故差错有报告、调整账表有依据；保证"四对口"，即账、卡、物、资金对口（资金未下库者为账、卡、物三对口）。

（1）盘点内容

1）清点材料数量。根据账、卡、物逐项查对，核实库存数。

2) 检查材料质量。在清点数量的同时,检查材料有无变质、损坏、受潮等现象。
3) 检查堆垛是否合理、稳固,下垫、上盖是否符合要求,有无漏雨、积水等情况。
4) 检查计量工具是否正确。
5) 检查"四号定位"、"五五化"是否符合要求,库容是否整齐、清洁。
6) 检查库房安全、保卫、消防是否符合要求;执行各项规章制度是否认真。
要求边检查、边记录,如有问题逐项落实,限期解决,到时复查解决情况。

(2) 盘点方法

1) 定期盘点。指季末或年末对库房和料场保存的材料进行全面、彻底盘点。达到有物有账,账物相符,账账相符。把数量、规格、质量及主要用途搞清楚。由于清查规模较大,必须做好组织准备工作:

　　A. 划区分块,统一安排盘点范围,防止重查或漏查;
　　B. 校正盘点用计量工具,统一设计印制盘点表,确定盘点截止日期、报表日期;
　　C. 安排各现场、车间办理已领未用材料的"假退料"手续;并清理半成品、在产品和产成品;
　　D. 尚未验收的材料,具备验收条件的抓紧验收入库;
　　E. 代管材料,应有特殊标志,不包括在自有库存中,应另列报表,便于查对。

盘点步骤:按盘点规定的截止日期及划区分块范围、盘点范围,逐一认真盘点,数据要真实可靠;以实际库存量与账面结存量逐项核对,编报盘点表;结出盘盈或盘亏差异。

盘点中出现的盈亏等问题,按照"盘点中问题的处理原则"进行处理。

2) 永续盘点。对库房每日有变动的材料,当日复查一次,即当天对库房收入或发出的材料,核对账、卡、物是否对口;每月查库存材料的一半;年末全面盘点。这种连续进行抽查盘点的方法,能及时发现问题,即使出现差错,当天也容易回忆,便于清查,可以及时采取措施。这是保证"四对口"的有效方法,但必须做到当天收发、当天记账和登卡。

(3) 盘点中的问题的处理原则

1) 库存材料损坏、丢失,精密仪器撞击振动影响精度的,必须及时送交检验单位校正。由于保管不善而变质、变形的属于保管中的事故,应填写材料保管事故报告单,如表6-13。按损失金额大小,分别由业务主管或企业领导审批后,根据批示处理。

2) 库房被盗。指判明有被盗痕迹的,所损失的材料和相应金额,填材料事故报告单。

材料保管事故报告单 表6-13

填报单位:　　年　月　日　　　　　　　　　　　　　　　　　　　第　　号

名称	规格型号	单位	应 存 数			事故损失	
			数量	单价	金额	数量	金额
供应单位			到达日期　年　月　日			主要用途	
发生事故详细经过							
部门意见							
领导批示							

事故责任者　　　　　　　保管员　　　　　　　制表

无论损失大小,均应持慎重态度,报告保卫部门认真查明,经批示后才能作账务处理。

3)盘盈或盘亏。材料盘盈或盘亏的处理,盈亏在规定范围以内的,不另填材料盈亏报告表,而在报表盈亏中反映,经业务主管审批后据此调整账面;盈亏量超过规定范围的,除在报表盈亏栏反映外,还必须在报表备注栏写明超过规定损耗的数量,同时填材料超储耗报告单(如表6-14),经领导审批后作账务处理。保管损耗定额(参考)如表6-12。

材料超储耗报告单　　　　　　　　　　　　　　　　　表6-14

填报单位　　　　　　　　　年　月　日　　　　　　　　　超损字第　号

名称	规格	单位	数量			规定		超定额损耗量	损失		原因
			账存	实存	损耗	损耗率	损耗量		单价	金额	
审批意见											

记账员　　　　　　　　　保管员　　　　　　　　　制表

4)规格混串或单价划错。由于单据上的规格写错或发料的错误,造成在同一品种中某一规格盈、另一规格亏,这说明规格混串,查实后,填材料调整单,如表6-15,经业务主管审批后调整。

材料调整单　　　　　　　　　　　　　　　　　　　表6-15

仓库名称　　　　　　　　　　　　　　　　　　　　　　第　号

项目	材料名称	规格	单位	数量	单价	金额	差额(+、-)
原列							
应列							
调整原因							
批示							

保管　　　　　　　　　记账　　　　　　　　　制表

5)材料报废。因材料变质,经过认真鉴定,确实不能使用,填写材料报废鉴定表(如表6-16)。经企业主管批准,可以报废。报废是材料价值全部损失,应持慎重态度,只要还有使用价值就要利用,以减少损失。

材料报废鉴定表　　　　　　　　　　　　　　　　　表6-16

填报单位　　　　　　　　　年　月　日　　　　　　　　　编号

名　称	规格型号	单　位	数　量	单　价	金　额
质量状况					
报废原因					
技术鉴定处理意见					负责人签章
领导指示					签　章

主管　　　　　　　　　审核　　　　　　　　　制表

6)库存材料在一年以上没有使用,或存量大,用量小,储存时间长,应列为积压材料,造具积压材料清册,报请处理。

7) 外单位寄存的材料,即代保管的材料,必须与自有材料分开堆放,并有明显标志,分别建账立卡,不能与本单位材料混淆。

4. 材料出库

(1) 材料发放的要求

材料出库应本着先进先出的原则,要及时、准确、面向生产、为生产服务,保证生产正常进行。

及时是指及时审核发料单据上的各项内容是否符合要求,及时核对库存材料能否满足;及时备料、安排送料、发放;及时下账改卡,并复查发料后的库存量与下账改卡后的结存数是否相符;剩余材料(包括边角废料、包装物)及时回收利用。

准确是指准确地按发料单据的品种、规格、质量、数量进行备料、复查和点交;准确计量,以免发生差错;准确地下账、改卡,使账物相符;准确掌握适当的送料时间,既要防止与施工争场地,避免二次转运,又要防止材料供应不及时而使施工中断。

节约是指有规定保存期限、过期失效或变质的材料,应在规定期限内发放;对回收利用的材料,要在保证质量的前提下,先旧后新;坚持能用次料不发好料,能用小料不发大料,凡规定交旧换新的,坚持交旧发新。

(2) 材料出库程序

1) 发放准备。材料出库前,应做好计量工具、装卸倒运设备、人力以及随货发出的有关证件的准备,提高材料出库效率。

2) 核对凭证。材料出库凭证是发放材料的依据,要认真审核材料发放地点、单位、品种、规格、数量,并核对签发人的签章及单据有效印章,无误后方可进行发放。非正式出库凭证一律不得发放。

3) 备料。凭证经审核无误后,按凭证所列品种、规格、质量、数量准备材料。

4) 复核。为防止发生发放差错,备料后必须复查。首先复查准备材料与出库凭证所列项目是否一致,然后复查发放后的材料实存数与账务结存数是否相符。

5) 点交。无论是内部领料还是外部提料,发放人与领取人应当面清点交接。如果应发材料一次领(提)不完的,应作出明显标记,防止差错,分清责任。

6) 清理。材料发放出库后,应及时清理拆散的垛、捆、箱、盒,部分材料应恢复原包装要求,整理垛位,登卡记账。

5. 材料账务管理

(1) 记账依据

仓库账务管理的基本要求是系统、严密、及时、准确。材料保管账由仓库保管员按材料出入库凭证及耗料、盘点等凭证记账。一般包括以下几种:

1) 材料入库凭证。如验收入库单、加工单等。

2) 材料出库凭证。如调拨单、借用单、限额领料单、新旧转账单等。

3) 盘点、报废、调整凭证。如盘点盈亏调整单、数量规格调整单、报损报废单等。

(2) 记账程序

记账的程序是从审核、整理凭证开始,然后按规定登记账册、结算金额以及编制报表的全部账务处理过程。正确的记账程序能方便记账,提高记账效率,及时、准确、全面、系统地做好核算工作。

1) 审核凭证。是指审核凭证的合法性、有效性。凭证必须是合法凭证，有编号，有材料收发动态的指标；能完整地反映材料经济业务从发生到结束的全过程情况。白条子（临时性借条）不能作为记账的合法凭证。合法凭证要按规定填写，日期、名称、规格、数量、单位、单价、印章都要齐全，抬头要写清楚，否则为无效凭证，不能据以记账。

2) 整理凭证。记账前先将单据凭证分类（按规定的材料类别）、分档（按各本账册的材料名称排列程序分档）、排列（按本单位经济业务实际发生日期的先后排列），然后依次序逐项登记。

3) 账册登记。根据账页上的各项指标自左至右逐项登记。已记账的凭证，应加标记，防止重复。记账后，对账卡上的结存数要进行验算。即：上期结存＋本项收入－本项发出＝本项结存。

(3) 记账要求

1) 按统一规定填写材料编号、名称、规格、单位、单价以及账卡编号。

2) 按本单位经济业务发生日期记账。

3) 记好摘要，保持所记经济业务的完整性。

4) 用蓝色或黑色墨水记账，用钢笔正楷书写。红色墨水限于划线及退料冲账时使用。

5) 保持账页整洁、完整。记账有错误时，不得任意撕毁、涂改、刮擦、挖补或使用退色药水更改，可在错误文字上划一条红线，上部另写正确文字，在红线处加盖记账员私章，以示负责。对活页的材料账页应作统一编号，记账人员应保证领用材料账页的数量完整无缺。

6) 材料账册必须依据编定页数连续登记，不得隔页和跳行。当月的最后一笔记录下面应划一条红线，红线下面记"本月合计"，然后再划一条红线。换页时，在"摘要"栏内注明"转次页"和"承上页"的字样，并作数字上的承上启下处理。

7) 材料账册必须按照当日工作当日清的要求及时登账。账册须定期经专门人员（财会部门设稽核人员）进行稽核，经核对无误时，应在账页的"结存合计栏"上加盖稽核员章。

8) 材料单据凭证及账册是重要的经济档案和历史资料，必须按规定期限和要求妥为保管，不能丢失或任意销毁。

（三）库存控制与分析

材料储备定额是一种理想状态下的材料储备。建筑企业的生产实际上做不到均衡消耗、等间隔、等批量供应。因此，储备量管理还应根据变化因素调整材料储备。

1. 实际库存变化情况分析

1) 材料消耗速度不均衡情况分析。当材料消耗速度增大，在材料进货点未到来时，经常储备已经耗尽，当进货日到来时已动用了保险储备，如果仍然按照原进货批量进货，将出现储备不足。当材料消耗速度减小时，在材料进货点到来时，经常储备尚有库存，如果仍然按照原进货批量进货，库存量将超过最高储备定额，造成超储损失。

2) 到货日期提前或拖后情况分析。到货拖期，使按原进货点确定的经常储备耗尽，并动用了保险储备，如果此时仍然按照原进货批量进货，则会造成储备不足。

提前到货，使原经常储备尚未耗完，如果按照原进货批量再进货，会造成超储损失。

2. 库存量的控制方法

(1) 定量库存控制法

定量库存控制法,也称订购点法,是以固定订购点和订购批量为基础的一种库存控制法。即当某种材料库存量等于或低于规定的订购点时,就提出订购,每次购进固定的数量。这种库存控制方法的特点是:订购点和订购批量固定,订购周期和进货周期不定。所谓订购周期,是指两次订购的时间间隔;进货周期是指两次进货的时间间隔。

确定订购点是定量控制中的重要问题。如果订购点偏高,将提高平均库存量水平,增加资金占用和管理费支出;订购点偏低则会导致供应中断。订购点由备运期间需用量和保险储备量两部分构成。

订购点=备运期间需用量+保险储备量=平均备运天数×平均每日需要量+保险储备量

备运期间是指自提出订购到材料进场并能投入使用所需的时间,包括提出订购及办理订购过程的时间、供货单位发运所需的时间、在途运输时间、到货后验收入库时间、使用前准备时间。实际上每次所需的时间不一定相同,在库存控制中一般按过去各次实际需要备运时间平均计算求得。

例:某种材料每月需要量是300t,备运时间8天,保险储备量40t,求订购点。

$$订购点=300\div30\times8+40=120t$$

采用定量库存控制法来调节实际库存量时,每次固定的订购量,一般为经济订购批量。

定量库存控制法在仓库保管中可采用双堆法,也称分存控制法。它是将订购点的材料数量从库存总量分出来,单独堆放或划以明显的标志,当库存量的其余部分用完,只剩下订购点一堆时,应即提出订购,每次购进固定数量的材料(一般按经济批量订购)。还可将保险储备量再从订购点一堆中分出来,称为三堆法。双堆法或三堆法,可以直观地识别订购点,及时进行订购,简便易行。这种控制方法一般适用于价值较低,用量不大,备运时间较短的一般材料。

(2) 定期库存控制法

定期库存控制法是以固定时间的查库和订购周期为基础的一种库存量控制方法。它按固定的时间间隔检查库存量并随即提出订购,订购批量是根据盘点时的实际库存量和下一个进货周期的预计需要量而定。这种库存量控制方法的特征是:订购周期固定,如果每次订购的备运时间相同,则进货周期也固定,而订货点和订购批量不固定。

1) 订购批量(进货量)的计算式

订购批量=订购周期需要量+备运时间需要量+保险储备量-现有库存量-已订未交量

=(订购周期天数+平均备运天数)×平均每日需要量+保险储备量-现有库存量-已订未交量

"现有库存量"为提出订购时的实际库存量;"已订未交量"指已经订购并在订购周期内到货的期货数量。

例:某种材料每月订购一次,平均每日需要量是6t,保险储备量40t,备运时间为7天,提出订购时实际库存量为80t,原已订购下月到货的合同有50t,求该种材料下月的订购量。代入公式:

下月订购量＝(30＋7)×6＋40－80－50＝132t

上述计算是以各周期均衡需要时进货后的库存量为最高储备量作依据的，订购周期的长短对订购批量和库存水平有决定性影响，当备运时间固定时，订货周期和进货周期的长短相同。即相当于核定储备定额的供应期天数。

在定期库存控制中，保险储备不仅要满足备运时间内需要量的变动，而且要满足整个订购周期内需要量的变动。因此，对同一种材料来说，定期库存控制法比定量库存控制法要求有更大的保险储备量。

2) 定量控制与定期控制比较

A. 定量控制的优缺点：

a. 优点：

(a) 能经常掌握库存量动态，及时提出订购，不易缺料；

(b) 保险储备量较少；

(c) 每次定购量固定，能采用经济订购批量，保管和搬运量稳定；

(d) 盘点和定购手续简便。

b. 缺点：

(a) 订购时间不定，难以编制采购计划；

(b) 未能突出重点材料；

(c) 不适用需要量变化大的情况，不能及时调整订购批量；

(d) 不能得到多种材料合并订购的好处。

B. 定期库存订购法的优点和缺点

与定量库存控制法正好相反。

3) 两种库存控制法的适用范围

A. 定量库存控制法：

a. 单价较低的材料；

b. 需要量比较稳定的材料；

c. 缺料造成损失大的材料。

B. 定期库存控制法：

a. 需要量大，必须严格管理的主要材料，有保管期限的材料；

b. 需要量变化大而且可以预测的材料；

c. 发货频繁、库存动态变化大的材料。

(3) 最高最低储备量控制法

对已核定了材料储备定额的材料，以最高储备量和最低储备量为依据，采用定期盘点或永续盘点，使库存量保持在最高储备量和最低储备量之间的范围内。当实际库存量高于最高储备量或低于最低储备量时，都要积极采取有效措施，使它保持在合理库存的控制范围内，既要避免供应脱节，又要防止呆滞积压。

(4) 警戒点控制法

警戒点控制法是从最高最低储备量控制法演变而来的，是定量控制的又一种方法。为减少库存，如果以最低储备量作为控制依据，往往因来不及采购运输而导致缺料，故根据各种材料的具体供需情况，规定比最低储备量稍高的警戒点（即订购点），当库存降至警戒点时，就提出订购，订购数量根据计划需要而定，这种控制方法能减少发生缺料现象，有利于降低库存。

(5) 类别材料库存量控制

上述的库存控制是对材料具体品种、规格而言，对类别材料库存量，一般以类别材料储备资金定额来控制。材料储备资金是库存材料的货币表现，储备资金定额一般是在确定的材料合理库存量的基础上核定的，要加强储备资金定额管理，必须加强库存控制。以储备资金定额为标准与库存材料实际占用资金数作比较，如高于或低于控制的类别资金定额，要分析原因，找出问题的症结，以便采取有效措施。即便没有超出类别材料资金定额，也可能存在库存品种、规格、数量等不合理的因素，如类别中应该储存的品种没有储存，有的用量少而储量大，有的规格、质量不对路等，都要切实进行库存控制。

3. 库存分析

为了合理控制库存，应对库存材料的结构、动态及资金占用等进行分析，总结经验和找出问题，及时采取相应措施，使库存材料始终处于合理控制状态。

(1) 库存材料结构分析

这是检查材料储存状态是否达到"生产供应好，材料储存低，资金占用少"的有效方法。

1) 库存材料储备定额合理率

这是对储备状态的分析，有的企业把储备资金下到库，但没有具体下到应储材料品种上，就有可能出现应储的没有储，不应储的反而储了，而储备资金定额还没有超出的假象，使库存材料出现有的缺、有的多、有的用不上等不合理状况，分析储备状态的计算公式为：

$$A=[1-(H+L)\div\Sigma]\times100\%$$

式中　A——库存材料定额合理率；

　　　H——超过最高储备定额的品种项数；

　　　L——低于最低储备定额的品种项数；

　　　Σ——库存材料品种总项数。

例：某企业仓库库存材料品种总计824项，一季度检查中发现超过最高储备定额的41项，低于最低储备定额的132项，求库存材料定额合理率。

$$A=[1-(41+132)\div824]\times100\%=79\%$$

分析结果表明，库存材料合理率只占79%，不合理率占21%。不合理储存的21%中，超储的占5%，有积压的趋势；低于最低储备定额的占16%，有中断供应的可能。再进一步分析超储和低储的是哪些品种、规格，根据具体情况，采取措施，使库存材料储备定额处于合理控制状态。

2) 库存材料动态合理率

这是考核材料流动状态的指标。材料只有投入使用才能实现其价值和使用价值。流转越快，效益越高。长期储存，不但不能创造价值，而且要开支保管费用和利息，还要发生变质、削价等损失。计算动态合理率的公式为：

$$B=(T\div\Sigma)\times100\%$$

式中　B——库存材料动态合理率；

T——库存材料有动态的项数;

Σ——库存材料总项数。

例:某企业综合仓库,库存总品种、规格为 1286 项,一季度末检查,库存材料中有动态的 810 项,求库存材料动态合理率。

$$B=(810\div 1286)\times 100\%\approx 63\%$$

经过分析,该库有动态的占 63%,无动态的则占 37%。对这部分无动态的库存材料应引起重视,分品种作具体分析,区别对待。如果每季度、年度都作这种分析,多余和积压的材料便能得到及时处理,促使材料加速周转。

通过储备定额合理率的分析,掌握了库存材料的品种规格余缺及数量的多少,又由动态分析掌握了材料周转快慢和多余积压,使库存品种、数量都处于控制之中。

(2) 库存材料储备资金节约率

这是考核储备资金占用情况的指标。这里有资金最大占用额和最小占用额之分,因为库存材料数量是变动的,资金也相应变动。库存资金最高(最低)占用额等于各种材料最高储备定额(最低储备定额)与材料单价的乘积之和。现用最大资金占用额作为上限控制计算储备资金占用额是节约还是超占,计算公式是:

$$Z=[1-(F\div E)]\times 100\%$$

式中 Z——库存资金节约率;

E——核定库存资金定额;

F——检查期库存资金额。

例:某企业钢材库,核定库存资金定额为 92 万元,一季度末检查库存材料资金为 85 万元,求库存资金节约率。

$$Z=[1-(85\div 92)]\times 100\%=7.6\%$$

说明钢材库存资金节约为 7.6%,如计算中出现负数,即为库存资金超占。库存资金节约率要与库存储备定额合理率、库存材料动态合理率结合起来分析,将库存资金置于控制之中。

综上所述,企业对每个仓库都应定期分析考核,避免采购失控,盲目储备,过多占用资金。

【例 6-1】 某工程需用钢材 100t,工程工期 400 天。钢材采购、运输及供应的情况为:平均供应间隔天数为 35 天,采购及发运需 2 天,运输、验收入库和使用前准备各需 1 天。若保险储备天数按材料员出发采购到买回材料能够投入使用的实际所需时间确定,则为保证该工程连续施工,钢材的最高储备量和最低储备量分别是多少?

【分析】

钢材平均每日需用量=100/400=0.25t

经常储备定额=0.25×[35+(2+1+1+1)]≈10t

按题意,保险储备天数=2+1+1+1=5 天

保险储备定额=0.25×5=1.25t

最高储备量=10+1.25=11.25t

最低储备量=1.25t

【例 6-2】 某建筑工程工期 360 天,预算共需消耗钢材 180t。钢材预计到货情况如表 6-17。采购、运输、验收入库及使用前的准备共需 5 天。求:

钢材预计到货表 表6-17

到货日期	1月10日	2月5日	3月31日	5月3日	6月15日	7月20日	9月7日	竣工日期
到货量(t)	15	40	30	35	45	15	钢材用完	工程竣工

注：2月份按28天计算，其他月份按实际的日历天数计算。

1) 钢材平均每日需用量；
2) 钢材平均供应间隔天数和平均误期天数；
3) 钢材经常储备量、保险储备量、最高储备量和最低储备量。

【分析】

1) 该工程实际使用钢材的施工期=21+28+31+30+31+30+31+31+7=240天
钢材每日平均需用量=0.75t

2) 计算平均供应间隔天数及平均误期天数见表6-18。

平均供应间隔天数和平均误期天数 表6-18

到货日期	1月10日	2月5日	3月31日	5月3日	6月15日	7月20日	9月7日	合计
到货量(t)	15	40	30	35	45	15	工完料清	180
供应间隔期(天)	26	54	33	43	35	49	—	240
加权数(t/天)	390	2160	990	1505	1575	735		7355
误期天数(天)		13		2		8		23
误期加权数(t/天)		520		70		120		710

A. 平均供应间隔天数 $\frac{7355}{180}=40.86\approx41$ 天

B. 平均误期天数 $=\frac{710}{40+35+15}=8$ 天

3) 计算材料储备定额：
A. 经常储备量=0.75×(41+5)=34.5t
B. 保险储备量=0.75×8=6t
C. 最高储备量=经常储备量+保险储备量=34.5+6=40.5t
D. 最低储备量=保险储备量=6t

【例6-3】 某建设工程需用材料及相应的资金如下：水泥需用资金274428元，钢材需用资金332640元，砖需用资金92664元，黄砂需用资金74844元，石子需用资金79715元，木材需用资金26294元，其他材料（品种占总数的70%以上）需用资金99000元。试应用ABC分类法对需用材料进行分类，并确定相应的管理策略。

【分析】

1) 列表分类（见表6-19）

某工程需用材料及相应资金分类 表6-19

序号	材料名称	占用资金额(元)	该材料占用金额占资金总额的百分比(%)	累计百分比(%)	材料分类
1	钢材	332640	33.96	33.96	A
2	水泥	274428	28.01	61.97	A
3	砖	92664	9.46	71.43	B
4	石子	79715	8.14	79.57	B
5	黄砂	74844	7.64	87.21	B
6	木材	26294	2.68	89.89	B
7	其他材料	99000	10.11	100.00	C
	合计	979585	—	—	

2) 各类材料的管理策略

A类，包括钢材和水泥：精心管理，经常检查，控制进货，压低库存；

B类，砖、石、砂、木材等：一般控制，按额定储备，定期检查，保证正常供应；

C类，占品种70%左右的其他材料：简化管理，随时进料，按类别核算，金额总计，储备略高于类别储备资金定额，适当增加配套备用品种，保证供应。

【例6-4】 某施工单位按照经常储备定额、保险储备定额和季节储备定额储备工程用料，实践中经常发生供应不及时造成停工待料，有时又会超储积压，造成不必要的损失。该企业材料管理人员，通过业务学习，明确了储备量还应根据变化因素进行调整，此后他们改善了材料储备管理。问题：

1) 简述实际库存情况变动规律。

2) 库存量的控制方法有哪几种？以及前两种方法的适用范围？

【分析】

1) 实际库存情况变动规律：

A. 材料消耗速度不均衡引起的实际库存情况变动：

a. 当材料消耗速度增大，开始时必定动用保险储备，然后应增加经常储备，补足保险储备；

b. 当材料消耗速度减小时，经常储备尚未用完，进货订货期已到，此时应减少进货批量。

B. 到货日期提前或拖后的变化规律

a. 到货拖后，必定已动用保险储备，此时首先补充保险储备，预计还会拖期的，应加大经常储备；

b. 到货提前，使仓库超储，预计今后仍有可能提前的，应减少进货批量。

2) 库存控制的方法及适用范围：

A. 定量库存控制法：适用于价值较低，用量不大，备运时间较短的一般材料。

B. 定期库存控制法：适用于需要量大、必须严格管理的主要材料，有保管期限要求的材料，需要量变化大并且可以预测的材料，发货频繁、库存变化大的材料。

C. 其他库存控制方法：最高最低储备量控制法、警戒点控制法、类别材料库存量控制法等。

复习思考题

1. 企业进行施工生产为什么应设立材料储备？影响材料储备的因素有哪些？
2. 什么叫材料储备定额？它有什么作用？
3. 某企业木材加工厂全年耗用木材360m³。木材上年度实际入库记录如下表所示：

入库日期	1月17日	3月6日	5月27日	6月30日	8月17日	11月2日	12月31日	合计
入库数量(m³)	52	118	36	44	67	87	21	
供应间隔(天)	48	82	34	48	77	59	—	
供应加权数								

求该企业在上述条件下木材的经常储备定额。

4. 项目安装工程从元月13日开工到10月30日完成共计工期260天。消耗5mm钢

板95t。5mm钢板的到货记录如下表所示;

入库日期	1月13日	2月11日	3月13日	4月19日	5月21日	6月13日	7月16日	8月17日	9月17日	10月30日	合计
入库量(t)	10	15	12	11	10	12	9	10	8	完工剩余2t	
供应间隔(天)	29	30	37	35	19	34	32	31	43		
误期天数(天)											
误期加权数											

求该企业完成上述任务所设立的保险储备为多少?

5. 某企业报告年度完成建安工作量4690万元,消耗水泥36860t。预计计划年度将完成工作量总值4960万元,按照经常储备天数为10天,保险储备为3天核定,该企业水泥的最高储备定额和最低储备定额是多少?

6. 某施工企业全年消耗某种材料2450t,该材料到货入库情况如下表所示:

入库日期	1月11日	2月28日	4月20日	5月28日	6月7日	9月2日	10月30日	12月25日	合计
入库量(t)	210	420	380	405	290	312	195	270	
供应间隔(天)	48	51	38	40	58	58	57	—	

求该企业这种材料的最高和最低储备定额。

7. 材料储备管理的主要内容有哪些?

8. 简述材料验收程序?

9. 在材料保管中如何选择保管场所?

10. 仓库盘点主要有哪几种方法?简述其操作步骤?

11. 材料储备量控制有什么方法?当材料消耗速度增大时对库存变化可能产生什么影响?如何控制?

12. 什么叫ABC分类管理法?其主要内容是什么?

13. 考核仓库业务状况主要有哪些指标?

七、施工现场材料与工具管理

(一) 施工现场材料管理概述

1. 现场材料管理的概念

施工现场是建筑安装企业从事施工生产活动,最终形成建筑产品的场所,占建筑工程造价60%左右的材料费,都要通过施工现场投入消费。施工现场的材料与工具管理,属于生产领域里材料耗用过程的管理,与企业其他技术经济管理有密切的关系,是建筑企业材料管理的关键环节。

现场材料管理,是在现场施工过程中,根据工程类型、场地环境、材料保管和消耗特点,采取科学的管理办法,从材料投入到成品产出全过程进行计划、组织、协调和控制,力求保证生产需要和材料的合理使用,最大限度地降低材料消耗。

现场材料管理的好坏,是衡量建筑企业经营管理水平和实现文明施工的重要标志,也是保证工程进度、工程质量,提高劳动效率,降低工程成本的重要环节,并对企业的社会声誉和投标承揽任务都有极大影响。加强现场材料管理,是提高材料管理水平、克服施工现场混乱和浪费现象、提高经济效益的重要途径之一。

2. 现场材料管理的原则和任务

(1) 全面规划

在开工前作出现场材料管理规划,参与施工组织设计的编制,规划材料存放场地、道路,做好材料预算,制定现场材料管理目标。全面规划是使现场材料管理全过程有序进行的前提和保证。

(2) 计划进场

按施工进度计划,组织材料分期分批有秩序地入场。一方面保证施工生产需要,另一方面要防止形成大批剩余材料。计划进场是现场材料管理的重要环节和基础。

(3) 严格验收

按照各种材料的品种、规格、质量、数量要求,严格对进场材料进行检查,办理收料。验收是保证进场材料品种、规格对路以及质量完好、数量准确的第一道关口,是保证工程质量,降低成本的重要保证。

(4) 合理存放

按照现场平面布置要求,做到合理存放,在方便施工、保证道路畅通、安全可靠的原则下,尽量减少二次搬运。合理存放是妥善保管的前提,是生产顺利进行的保证,是降低成本的有效措施。

(5) 妥善保管

按照各项材料的自然属性,依据物资保管技术要求和现场客观条件,采取各种有效措施进行维护、保养,保证各项材料不降低使用价值。妥善保管是物尽其用,实现成本降低的保证条件。

(6) 控制领发

按照操作者所承担的任务,依据定额及有关资料进行严格的数量控制。控制领发是控制工程消耗的重要关口,是实现节约的重要手段。

(7) 监督使用

按照施工规范要求和用料要求,对已转移到操作者手中的材料,在使用过程中进行检查,督促班组合理使用,节约材料。监督使用是实现节约、防止超耗的主要手段。

(8) 准确核算

用实物量形式,通过对消耗活动进行记录、计算、控制、分析、考核和比较,反映消耗水平。准确核算既是对本期管理结果的反映,又为下期提供改进的依据。

3. 现场材料管理的阶段划分及各阶段的工作要点

(1) 施工前的准备工作

1) 了解工程合同的有关规定、工程概况、供料方式、施工地点及运输条件、施工方法及施工进度、主要材料和机具的用量,临时建筑及用料情况等。全面掌握整个工程的用料情况及大致供料时间。

2) 根据生产部门编制的材料预算和施工进度计划,及时编制材料供应计划。组织人员落实材料名称、规格、数量、质量与进场日期。掌握主要构件的需用量和加工件所需图纸、技术要求等情况。组织和委托门窗、铁件、混凝土构件的加工、材料的申请等工作。

3) 深入调查当地地方材料的货源、价格、运输工具及运载能力等情况。

4) 积极参加施工组织设计中关于材料堆放位置的设计。按照施工组织设计平面图和施工进度需要,分批组织材料进场和堆放,堆料位置应以施工组织设计中材料平面布置图为依据。

5) 根据防火、防水、防雨、防潮管理的要求,搭设必要的临时仓库。需防潮和其他特殊要求的材料,要按照有关规定,妥善保管。确定材料堆储方案时,应注意以下问题:

A. 材料堆场要以使用地点为中心,在可能的条件下,越靠近使用地点越好,避免发生二次搬运。

B. 材料堆场及仓库、道路的选择不能影响施工用地,以避免料场、仓库中途搬家。

C. 材料堆场的容量,必须能够存放供应间隔期内的最大需用量。

D. 材料堆场的场地要平整,设排水沟,不积水;构件堆放场地要夯实。

E. 现场临时仓库要符合防火、防雨、防潮和保管的要求,雨期施工要有排水措施。

F. 现场运输道路要坚实,循环畅通,有回转余地。

G. 现场的石灰池,要避开施工道路和材料堆场,最好设在现场的边沿。

(2) 施工过程中的组织与管理

施工过程中现场材料管理工作的主要内容是:

1) 建立健全现场管理的责任制。划区分片,包干负责,定期组织检查和考核。

2) 加强现场平面布置管理。根据不同的施工阶段,材料消耗的变化,合理调整堆料位置,减少二次搬运,方便施工。

3) 掌握施工进度,搞好平衡。及时掌握用料信息,正确地组织材料进场,保证施工的需要。

4) 所用材料和构件,要严格按照平面布置图堆放整齐。要成行、成线、成堆,经常保持堆料场地清洁整齐。

5) 认真执行材料、构件的验收、发放、退料和回收制度。建立健全原始记录和各种材料统计台账，按月组织材料盘点，抓好业务核算。

6) 认真执行限额领料制度，监督和控制队组节约使用材料，加强检查，定期考核，努力降低材料的消耗。

7) 抓好节约措施的落实。

(3) 工程竣工收尾和施工现场转移的管理

工程完成总工作量的70%以后，即进入收尾阶段，新的施工任务即将开始，必须做好施工转移的准备工作。搞好工程收尾，有利于施工力量迅速向新的工程转移。一般应该注意以下几个问题：

1) 当一个工程的主要分项工程（指结构、装修）接近收尾时，一般情况下，材料已耗用了70%以上。要检查现场存料，估计未完工程用料，在平衡的基础上，调整原用料计划，控制进料，以防发生剩料积压，为工完场清创造条件。

2) 对不再使用的临时设施可以提前拆除，并充分考虑旧料的重复利用，节约建设费用。

3) 对施工现场的建筑垃圾，如筛漏、碎砖等，要及时轧细过筛复用，确实不能利用的废料，要随时进行处理。

4) 对于设计变更造成的多余材料，以及不再使用的架木、周转材料等要随时组织退库，以利于竣工拔点，及时向新工地转移。

5) 做好材料收发存的结算工作，办清材料核销手续，进行材料结算和材料预算的对比。考核单位工程材料消耗的节约和浪费，并分析其原因，找出经验和教训，以改进新工地的材料供应与管理工作。

4. 现场材料管理与企业其他技术经济管理的关系

施工管理与现场材料工具管理、财务管理、质量安全管理和劳动工资管理、机械管理等，是企业经营管理的重要组成部分，它们相互依存，不可分割。各管理部门必须互相支持，密切配合与协作，才能完成企业的施工生产任务，取得良好的经济效益。

(1) 现场材料管理与施工管理的关系

现场材料管理主要是为施工生产服务。它的各种管理活动，都是在施工管理的指导下进行的。现场材料管理活动制约着施工生产，工程任务的完成必须依靠现场材料管理的业务支持和物质保证。

施工组织设计是企业指导施工活动的纲领性文件，各专业管理部门都必须按照它的要求，贯彻执行。工程所需的各种材料、工具，都要根据它的安排，组织供应。为使施工组织设计编制得更加切合实际，现场材料管理人员应提供有关数据，参与编制活动。为保证施工的顺利进行，施工管理部门应按现场平面布置图搞好"三通一平"，修建材料仓库、平整料场和各种临时设施，确定材料堆放场地，做好材料进场准备，向材料管理部门提供月旬施工作业计划和需用料具动态，如发生设计变更，或由于各种原因，改变施工进度，要及时向材料部门提供信息，以便采取措施。施工图预算是组织材料供应的依据，施工预算是加强现场材料管理的基础，应早日编送材料管理部门，以便及时核实工程材料需用量，编报材料进场和采购计划，组织材料配套供应和定额供料。施工技术部门还应搞好"两算对比"，以便进一步考核班组耗料情况和企业技术经济管理水平。近来许多工程项目未能及时编制施工图预算，而施工预算往往也没有编制，这对现场材料的供应与管理，是十分不利的。

（2）现场材料管理与财务成本管理的关系

材料费用在建筑工程费用中占最大的比重，组成工程成本的直接费、间接费和利润都与现场材料管理有密切关系。工程成本核算是否正确，很大程度上取决于现场材料管理水平和所提供的原始纪录。因此，现场材料管理应该搞好材料的定额供应和班组用料的管理，给财务部门提供正确的材料收发记录和"三差"经济签证资料以及有关材料调价系数等数据。而财务管理部门也应为现场材料供应和管理组织资金，并在资金运用上提供支援。材料与财务两个管理部门的密切配合协作，不但对完成工程任务，而且对降低工程成本，提高经济效益都会起到重要的作用。

（3）现场材料管理与质量安全管理的关系

百年大计，质量第一。材料质量是保证工程质量和施工安全的重要因素。材料管理部门在采购、订货过程中，必须认真贯彻建筑设计对材料质量的要求，加强质量检测，搞好安全运输。材料、工具进入现场，必须把好验收关，对不符合设计标准的料具，坚决不用；并做好堆放、保管工作，严防变质损坏。质量安全管理部门应为材料管理部门提供有关材料、工具的质量技术资料，对材料质量的检测和试验，要给予支持和帮助。只有双方密切配合，加强协作，才能保证工程质量和施工安全。

（4）现场材料管理与劳动工资管理的关系

管好用好现场材料和工具，关键在于从事生产的技术人员和班组工人。劳资部门应该加强劳动力的组织管理和思想教育工作，培养职工树立节约观念，发挥他们的主人翁责任感，做到合理使用材料，降低材料消耗。在劳动力调配进出场时，要配合材料管理部门办好材料的领退手续，对损失料具的，赔偿后才能调离。现场材料人员必须面向生产、面向班组，为生产服务，按时供应工程用料，提供优质高效的先进工具，方便施工生产，促进劳动效率的提高。

（5）现场材料管理与机械管理的关系

机械设备属于劳动手段，是生产力三要素的重要组成部分。管好机械设备的目的，在于提高其利用率，节约机械费用。机械维修保养所需的材料、配件、工具、润滑剂、燃油料等，均需依靠材料部门按定额供应，以保证机械设备的正常运转，提高机械化施工水平，加快工程进度。材料部门的日常供应管理工作，则要依靠企业机械设备管理部门提供充分的运输设备、装卸机械，以完成供应管理任务，为施工生产服务。

（二）现场材料管理的内容

1. 现场材料的验收和保管

（1）收料前的准备

现场材料人员接到材料进场的预报后，要做好以下五项准备工作：

1）检查现场施工便道有无障碍及平整通畅，车辆进出、转弯、调头是否方便，还应适当考虑回车道，以保证材料能顺利进场。

2）按照施工组织设计的场地平面布置图的要求，选择好堆料场地，要求平整、没有积水。

3) 必须进现场临时仓库的材料,按照"轻物上架,重物近门,取用方便"的原则,准备好库位,防潮、防霉材料要事先铺好垫板,易燃易爆材料一定要准备好危险品仓库。

4) 夜间进料,要准备好照明设备,在道路两侧及堆料场地,都有足够的亮度,以保证安全生产。

5) 准备好装卸设备、计量设备、遮盖设备等。

(2) 材料验收的步骤

现场材料的验收主要是检验材料品种、规格、数量和质量。验收步骤如下:

1) 查看送料单,是否有误送?

2) 核对实物的品种、规格、数量和质量,是否与凭证一致。

3) 检查原始凭证是否齐全正确。

4) 作好原始记录,逐项详细填写收料日记,其中验收情况登记栏,必须将验收过程中发生的问题填写清楚。

(3) 几项主要材料的验收保管方法

1) 水泥

A. 质量验收。水泥以出厂质量保证书为凭,进场时验查单据上水泥品种、强度等级与水泥袋上印的标志是否一致,不一致的应分开码放,待进一步查清;检查水泥出厂日期是否超过规定时间,超过的要另行处理;遇有两个单位同时到货的,应详细验收,分别码放,防止品种不同而混杂使用。

水泥进入现场后应按规范要求进行复检。

B. 数量验收。包装水泥在车上或卸入仓库后点袋计数,同时对包装水泥实行抽检,以防每袋重量不足。破袋的要灌袋计数并过秤,防止重量不足而影响混凝土和砂浆强度,产生质量事故。罐车运送的散装水泥,可按出厂秤码单计量净重,但要注意卸车时要卸净,检查的方法是看罐车上的压力表是否为零及拆下的泵管是否有水泥。压力表为零、管口无水泥即表明卸净,对怀疑重量不足的车辆,可采取单独存放,进行检查。

C. 合理码放。水泥应入库保管。仓库地坪要高出室外地面20~30cm,四周墙面要有防潮措施,码垛时一般码放10袋,最高不得超过15袋。不同品种、强度等级和日期的,要分开码放,挂牌标明。

特殊情况下,水泥需在露天临时存放时,必须有足够的遮垫措施。做到防水、防雨、防潮。散装水泥要有固定的容器,既能用自卸汽车进料,又能人工出料。

D. 保管。水泥的储存时间不能太长,出厂后超过3个月的水泥,应进行复验,并按复验结果使用。

水泥应避免与石灰、石膏以及其他易于飞扬的粒状材料同存,以防混杂,影响质量。包装如有损坏,应及时更换以免散失。

水泥库房经要常保持清洁,落地灰及时清理、收集、灌装,并应另行收存使用。根据使用情况安排好进料和发料的衔接,严格遵守先进先发的原则,防止发生长时间不动的死角。

2) 木材

A. 质量验收。木材的质量验收包括材种验收和等级验收。木材的品种很多，首先要辨认材种及规格是否符合。对照木材质量标准，查验其腐朽、弯曲、钝棱、裂纹以及斜纹等缺陷是否与标准规定的等级相符。

B. 数量验收。木材的数量以材积表示，要按规定的方法进行检尺，按材积表查定材积，也可按计算式算得，如板材或方材的材积计算公式为：

$$V(m^3)=[宽(cm)×厚(cm)×长度(m)]÷10000$$

原条木的材积计算公式为：

$$V=\frac{1}{4}\pi D^2 L \times \frac{1}{10000}$$

式中　V——木材材积（m^3）；
　　　π——圆周率；
　　　L——原条的检尺长度（m）；
　　　D——长度中心位置的断面直径（cm）。

C. 保管

木材应按材种规格等级不同码放，要便于抽取和保持通风，板、方材的垛顶部要遮盖，以防日晒雨淋。经过烘干处理的木材，应放进仓库。

木材各表面水分蒸发不一致，常常容易干裂，应避免日光直接照射。采用狭而薄的衬条或用隐头堆积，或在端头设置遮阳板等。木材存料场地要高，通风要好，清除腐木、杂草和污物。必要时用5%的漂白粉溶液喷洒。

3）钢材

A. 质量验收。钢材质量验收分外观质量验收和内在化学成分、力学性能的验收。外观质量验收中，由现场材料验收人员，通过眼看、手摸，或使用简单工具，如钢刷、木棍等，检查钢材表面是否有缺陷。钢材的化学成分、力学性能均应经有关部门复试，与国家标准对照后，判定其是否合格。

B. 数量验收。钢材数量可通过称重、点件、检尺换算等几种方式验收。验收中应注意的是：称重验收可能产生磅差，其差量在国家标准容许范围内的，即签认送货单数量；若差量超过国家标准容许范围，则应找有关部门解决。检尺换算所得重量与称重所得重量会产生误差，特别是国产钢材其误差量可能较大，供需双方应统一验收方法。当现场数量检测确实有困难时，可到供料单位监磅发料，保证进场材料数量准确。

C. 保管。施工现场存放材料的场地狭小，保管设施较差。钢材中优质钢材、小规格钢材，如镀锌板、镀锌管、薄壁电线管等，最好入库入棚保管，若条件不允许，只能露天存放时，应做好苫垫。

钢材在保管中必须分清品种、规格、材质，不能混淆。保持场地干燥，地面不积水，清除污物。

4）砂、石料

A. 质量验收。现场砂石料一般先目测：

砂：颗粒坚硬洁净，一般要求中粗砂，除特殊需用外，一般不用细砂。黏土、泥灰、粉末等不超过3%～5%。

石：颗粒级配应理想，粒形以近似立方块的为好。针片状颗粒不得超过25%，在大于C30混凝土中，不得超过15%。注意鉴别有无风化石、石灰石混入。含泥量一般混凝土不得超过2%，大于C30的混凝土，不超过1%。

砂石含泥量的外观检查，如黄砂颜色灰黑，手感发黏，抓一把能粘成团，手放开后，砂团散开，发现有粘联小块，用手指捻开小块，指上留有明显泥污的，表示含泥量过高。石子的含沙量，用手握石子摩擦后无尘土粘于手上，表示合格。

B. 数量验收。砂石的数量验收按运输工具不同、条件不同而采取不同方法。

量方验收：进料后先做方，即把材料作成梯形堆放在平整的地上，如图7-1所示。凡是出厂有计数凭证的（一般称为上量方）即以发货凭证的数量为准，但要进行抽查；凡进场计数（称下量方）一般应在现场落地成方，检查验收，也可车上检查验收。无论是上量方抽查，还是下量方检查，都应考虑运输过程的下沉率。

成方后进行长、宽、高测量，然后计算体积：

$$V=\frac{h}{6}[ab+(a+a_1)(b+b_1)+a_1b_1]$$

多数地区砂石料以t为单位。因此，求出体积后，再乘上相应的堆积密度，得出吨数。

例：已知砂的堆积密度为1.33t/m³，量得梯形体各边长宽及高度为：$a=2$m，$a_1=3$m，$b=4$m，$b_1=5$m，$h=0.8$m，求砂的总重量。

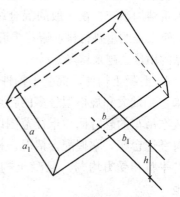

图7-1 砂石堆码形状

解：

$$V=\frac{0.8}{6}[2\times4+(2+3)\times(4+5)+3\times5]=9.07\text{m}^3$$

砂的总重=9.07m³×1.33t/m³=12.06t

过磅计量：发料单位经过地秤，每车随附秤码单送到现场时，应收下每车的秤码单、记录车号，在最后一车送到后，核对收到车数的秤码单和送货凭证是否相符。

数量验收的其他方法：水运码头接货无地秤，堆方又无场地时，可在车船上抽查。一种方法是利用船上载重水位线表示的吨位计量；另一种方法是在运输车上快速将黄砂在车上拉平，量其装载高度，按照车型固定的长宽度计算体积，然后换算成重量。

C. 合理堆放。一般应集中堆放在混凝土搅拌机和砂浆机旁，不宜过远。堆放要成方成堆，避免成片。平时要经常清理，并督促班组清底使用。

5) 砖

A. 质量验收。抗压、抗折、抗冻等数据，一般以质保书为凭证。现场主要从以下几方面做外观验收：

砖的颜色：未烧透或烧过火的砖，即色淡和色黑的红砖不能使用。

外形规格：按砖的等级要求进行验收。

B. 数量验收。定量码垛点数：在指定的地点定量码垛（一般200块为一垛），点数方便，便于发放。

按托板计数：用托板装运的砖，按不同砖每托板规定的装砖数，集中整齐码放，清点数量为每托板数量乘托板数。

车上点数，一般适用于车上码放整齐，现场亟待使用，需要边卸边用的情况。

C. 合理保管。按现场平面布置图，码放于垂直运输设备附近便于起吊。不同品种规格的砖，应分开码放，基础墙、底层墙的砖可沿墙周围码放。使用中要注意清底，用一垛清一垛，断砖要充分利用。

6）成品、半成品的验收和保管

包括混凝土构件、门窗、铁件以及成型钢筋等。除门窗用于装修外，其他都用于工程的承重结构系统。在一般的混合结构项目中，这些成品、半成品占材料费的30%左右，是建筑工程的重要材料，随着建筑业的发展，工厂化、机械化施工水平的提高，成品、半成品的用量会越来越多。

A. 混凝土构件。混凝土构件一般在工厂生产，再运到现场安装。由于混凝土构件有笨重、量大和规格型号多的特点，验收时一定要对照加工计划，分层分段配套码放，码放在吊车的悬臂回转半径范围以内。要认真核对品种、规格、型号，检验外观质量，及时登记台账，掌握配套情况。构件存放场地要平整，垫木规格一致且位置上下对齐，保持平整和受力均匀。混凝土构件一般按工程进度进场，防止过早进场，阻塞施工场地。

B. 铁件。主要包括金属结构、预埋铁件、楼梯栏杆、垃圾斗、水落管等。铁件进场按加工图纸验收，复杂的会同技术部门验收。铁件一般在露天存放，精密的放入库内或棚内。露天存放的大件铁件要用垫木垫起，小件可搭设平台，分品种、规格、型号码放整齐，并挂牌标明。铁件要按加工计划逐项核对验收，按单位工程登记台账。由于铁件分散堆放，保管困难，要经常清点，防止散失和腐蚀。

C. 门窗。门窗有钢质、木质、塑料质和铝合金质的，都是在工厂加工运到现场安装。门窗验收要详细核对加工计划，认真检查规格、型号，进场后要分品种、规格码放整齐。木门窗口及存放时间短的钢门、钢窗可露天存放，用垫木垫起，雨期时要上遮，防止雨淋日晒变形。木门、窗扇及存放时间长的钢门、钢窗要存入库内或棚内，用垫木垫起。门窗验收码放后，要挂牌标明规格、型号、数量，按单位工程建立门窗及附件台账，防止错领错用。

D. 成型钢筋。是指由工厂加工成型后运到现场绑扎的钢筋。一般会同生产班组按照加工计划验收规格和数量，并交班组管理使用。钢筋的存放场地要平整，没有积水，分规格码放整齐，用垫木垫起，防止水浸锈蚀。

7）装饰材料

装饰材料价值高，易损、易坏、易丢。壁纸、瓷砖、马赛克、油漆、五金、灯具等应入库专人保管，防止丢失。量大笨重的装饰材料必须落实保管措施，以防损坏。

8）现场包装品

现场材料的包装容器，一般都有利用价值，如纸袋、麻袋、布袋、木箱、铁桶、瓷缸等。现场必须建立回收制度，保证包装品的成套、完整，提高回收率和完好率。对开拆包装的方法要有明确的规章制度，如铁桶不开大口，盖子不离箱，线封的袋子要拆线，粘口的袋子要用刀割等。要健全领用和回收的原始记录，对回收率、完好率进行考核，用量大、易损坏的包装品，例如水泥纸袋等，可实行包装品的回收奖励制度。

2. 现场材料发放和耗用管理方法

（1）现场材料发放

1）发料依据

现场发料的依据是下达给施工班组、专业施工队的班组作业计划（任务书），根据任务书上签发的工程项目和工程量所计算的材料用量，办理材料的领发手续。由于施工班组、专业施工队伍各工种所担负的施工部位和项目有所不同，因此除任务书以外，还须根据不同的情况办理一些其他领发料依据。

首先是工程用料的发放，包括大堆材料、主要材料及成品、半成品等，凡属于工程用料的必须以限额领料单作为发料依据。在实际生产过程中，因各种原因变化很多，如设计变更、施工不当等造成工程量增加或减少，使用的材料也发生变更，造成限额领料单不能及时下达。此时，应由工长填制、项目经理审批的工程暂借用料单（见表7-1），并在3日内补齐限额领料单，交到材料部门作为正式发料凭证，否则停止发料。

工程暂借用料单 表7-1

班组_____ 工程名称_____ 工程量_____

施工项目_____ 年 月 日

材料名称	规 格	计量单位	应发数量	实发数量	原 因	领料人

项目经理（主管工长）：　　　　　发料：　　　　　定额员：

第二，是工程暂设用料。包括大堆材料及主要材料，凡属于施工组织设计以内的，按工程用料一律以限额领料单作为发料依据。施工组织设计以外的临时零星用料，由工长填制、项目经理审批的工程暂设用料申请单（见表7-2），办理领发手续。

工程暂设用料申请单 表7-2

单位：_____

班组：_____　　　　　年 月 日　　　　　编号_____

材料名称	规 格	计量单位	请发数量	实发数量	用 途

项目经理（主管工长）：　　　　　发料：　　　　　领料：

第三，对于调出给项目外的其他部门或施工项目的，凭施工项目材料主管人签发或上级主管部门签发、项目材料主管人员批准的调拨单，见表7-3。

材料调拨单　　　　　　　　　　　　　表 7-3

_____号　　　　　　　　　　　　　　　　　　收料单位_____
年　月　日　　　　　　　　　　　　　　　　　　　　发料单位_____

材料名称	规格	单位	请发数量	实发数量	实际价格		计划价格		注
					单价	金额	单价	金额	
合计									

主管：　　　　收料：　　　　发料：　　　　制表：

第四，对于行政及公共事务用料，包括大堆材料、主要材料及剩余材料等，主要凭项目材料主管人员或施工队主管领导批准的用料计划到材料部门领料，并且办理材料调拨手续。

2）材料发放程序

A. 将施工预算或定额员签发的限额领料单下达到班组。工长对班组交待生产任务的同时，做好用料交底。

B. 班组料具员持限额领料单向材料员领料。材料员经核实工程量、材料品种、规格、数量等无误后，交给领料员和仓库保管员。

C. 班组凭限额领料单领用材料，仓库依此发放材料。发料时应以限额领料单为依据，限量发放，可直接记载在限额领料单上，也可开领料小票，双方签字认证，见表7-4。若一次开出的领料量较大需多次发放时，应在发放记录上逐日记载实领数量，由领料人签认，见表7-5。

领料单　　　　　　　　　　　　　　表 7-4

工程名称_____　　　　　　　　　　　　　　队组_____
工程项目_____　　　年　月　日　　　　　　用途_____

材料编号	材料名称	规格	单位	数量	单价	

材料保管员：　　　　　　领料：　　　　　　材料核算员：

发放记录　　　　　　　　　　　　　　表 7-5

栋号_____
班组_____　　　　　　年　月　　　　　计量单位：

任务书编号	日期	工程项目	发放量	领料人	任务书编号	日期	工程项目	发放量	领料人

主管：　　　　　　　　　　　　　　　　保管员：

D. 当领用数量达到或超过限额数量时，应立即向主管工长和材料部门主管人员说明情况，分析原因，采取措施。若限额领料单不能及时下达，应由工长填制并由项目经理审批的工程暂借用料单,办理因超耗及其他原因造成多用材料的领发手续。

3) 材料发放方法

在现场材料管理中,各种材料的发放程序基本上是相同的,而发放方法却因不同品种、规格而有所不同。

大堆材料:主要包括砖、瓦、灰、砂、石等材料,一般都是露天存放,多工程使用。根据有关规定,大堆材料的进出场及现场发放都要进行计量检测。这样既保证施工的质量,也保证了材料进出场及发放数量的准确性。大堆材料的发放除按限额领料单中确定的数量发放外,要做到在指定的料场清底使用。对混凝土、砂浆所使用的砂、石,按水泥的实际用量比例进行计量控制发放。也可以按混凝土、砂浆不同强度等级的配合比,分盘计算发料的实际数量,并做好分盘记录和办理领发料手续。

主要材料:包括水泥、钢材、木材等。一般是库发材料或是在指定露天料场和大棚内保管存放,由专职人员办理领发手续。主要材料的发放要凭限额领料单(任务书)、有关的技术资料和使用方案发放。

例如水泥的发放,除应根据限额领料单签发的工程量、材料的规格、型号及定额数量外,还要凭混凝土、砂浆的配合比进行发放。另外,要看工程量的大小,需要分期分批发放的,做好领发记录,见表7-6。

水泥领用及纸袋回收记录 表7-6

班组: 年 月 栋号:

料单编号	工程项目	领 出			领用人	回 收			退回人
		散装	袋 装			日期	好袋	破袋	
			好	破					

主管: 保管员:

成品及半成品:主要包括混凝土构件、钢木门窗、铁件及成型钢筋等材料。一般都是在指定的场地和大棚内存放,由专职人员管理和发放。发放时依据限额领料单及工程进度,并办理领发手续。

4) 材料发放中应注意的问题

针对现场材料管理的薄弱环节,应做好以下几方面工作:

A. 必须提高材料人员的业务素质和管理水平,熟悉工程概况、施工进度计划、材料性能及工艺要求等,便于配合施工生产;

B. 根据施工生产需要,按照国家计量法规定,配备足够的计量器具,严格执行材料进场及发放的计量检测制度;

C. 在材料发放过程中,认真执行定额用料制度,核实工程量、材料的品种、规格及定额用量,以免影响施工生产;

D. 严格执行材料管理制度,大堆材料清底使用,水泥早进早发,装修材料按计划配套发放,以免造成浪费;

E. 对价值较高及易损、易坏、易丢的材料,发放时领发双方须当面点清,签字认证,并做好发放记录；

F. 实行承包责任制，防止丢失损坏，避免重复领发料现象的发生。

(2) 材料的耗用

现场材料的耗用，简称为耗料，是指在材料消耗过程中，对构成工程实体的材料消耗所进行的核算活动。

1) 材料耗用依据

现场耗料的依据是根据施工班组、专业施工队所持的限额领料单（任务书）到材料部门领料时所办理的领料手续的凭证。常见有两种：一是领料单（小票）；二是材料调拨单。领料单的使用范围：施工班组、专业施工队领料时，领发料双方办理领发（出库）手续，填制领料单，按领料单上的项目逐项填写，注明单位工程、施工班组、材料名称、规格、数量及领用日期，双方签字认证。

材料调拨单的使用范围有两种：一是项目之间材料调拨，属于内调，是各工地的材料部门为本工程用料所办理的调拨手续。在调拨过程中，填制调拨单，注明调出工地、调入工地、材料名称、规格、请发数量、实发数量及调拨日期，并且有双方主管人的签字，双方经办人签字认证。这样可以保证各自工程成本的真实性。另一是外单位调拨及购买材料使用的调拨，在办理调拨手续过程中要有上级主管部门和项目主管领导的批示，方可进行调拨。填制调拨单时注明调出单位、调入单位、材料名称、规格、请发数、实发数以及实际价格、计划价格和单价、金额、调拨日期等，经主管人签字后，双方经办人签字认证。

以上两种凭证是耗料的原始依据，必须如实填写，准确清楚，不弄虚作假，不得任意涂改，保证耗料的准确性。

2) 材料耗用的程序

现场耗料过程，是材料核算的重要组成部分。根据材料的分类以及材料的使用去向，采取以下的耗料程序。

A. 工程耗料。包括大堆材料、主要材料及成品、半成品等的耗料程序，根据领料凭证（任务书）所发出的材料经核算后，对照领料单进行核实，并按实际工程进度计算材料的实际耗料数量。由于设计变更、工序搭接造成材料超耗的，也要如实记入耗料台账，便于工程结算，见表7-7。

耗料台账 表7-7

工程名称： 结构： 层数： 面积： 开工日期 年 月 日 竣工日期 年 月 日

材料名称	计量单位	包干指标		上年结转		分月耗料数量																	
		原指标	调整	预算	实际	预算	实际	预算	实际	预算	实际	预算	实际	预算	实际	预算	实际	预算	实际	预算	实际	预算	实际

B. 暂设耗料。包括大堆材料、主要材料及可利用的剩余材料。根据施工组织设计要求，所搭设的设施视同工程用料，要按单独项目进行耗料。按项目经理（工长）提出的用

料凭证（任务书）进行核算后，与领料单核实，计算出材料的耗料数量。如有超耗也要计算在材料成本之内，并且记入耗料台账。

C. 行政公共设施耗料。根据施工队主管领导或材料主管批准的用料计划进行发料，使用的材料一律以外调材料形式进行耗料，单独记入台账。

D. 调拨材料。是材料在不同部门之间的调动，标志着所属权的转移。不管内调与外调都应记入台账。

E. 班组耗料。根据各施工班组和专业施工队的领发料手续（小票），考核各班组、专业施工队是否按工程项目、工程量、材料规格、品种及定额数量进行耗料，并且记入班组耗料台账，作为当月的材料移动报告，如实地反映出材料的收、发、存情况，为工程材料的核算提供可靠依据，见表7-8。

材料移动月报　　　　　　　　　　　　表 7-8

编制单位：　　　　　　　　　20　　年　　月　　　　　　　　第　　页

材料名称	规格	计量单位	预算单价	上月结存		本月收入		耗料							本月调出		本月结存	
								1		2		3		合计					
				数量	金额	数量	金额	数量	金额	数量	金额	数量	金额	数量	金额	数量	金额	数量	金额

财务主管：　　　　　材料主管：　　　　　核算员：　　　　　材料保管员：

在施工过程中，施工班组由于某种原因或特殊情况，发生多领料或剩余材料，都要及时如实办理退料手续和补办手续，及时冲减账面，调整库存量，保证账物相符，正确地反映出工程耗料的真实情况。

3）材料耗用方法

根据现场耗用材料的特点，使材料得到充分利用，保证施工生产，应根据材料的种类、型号分别采用不同的耗料方法。

大堆材料，一般露天存放，不便于随时计数，耗料一般采取两种方法：一是实行定额耗料，按实际完成工作量计算出材料用量，并结合盘点，计算出月度耗料数量；二是根据混凝土、砂浆配合比和水泥耗用量，计算其他材料用量，并按项目逐日记入材料发放记录，到月底累计结算，作为月度耗料数量。有条件的现场，可采取进场划拨方法，结合盘点进行耗料。

主要材料，一般都是库发材料，根据工程进度计算实际耗料数量。

例如：水泥的耗料，根据月度实际进度部位，以实际配合比为依据计算水泥需用量，然后根据实际使用数量开具的领料小票或按实际使用量逐日记载的水泥发放记录累计结算，作为水泥的耗料数量。

成品及半成品，一般都是库发材料或是在指定的露天料场或大棚内进行管理发放。一般采用按工程进度、部位进行耗料，也可按配料单或加工单进行计算，求得与当月进度相适应的数量，作为当月的耗料数量。

例如：铁件及成型钢筋一般会同施工班组按照加工计划进行验收，然后交班组保管使用或是按照加工翻样的加工单，分层、分段以及分部位进行耗料。

4) 材料耗用中应注意的问题

现场耗料是保证施工生产、降低材料消耗的重要环节，切实做好现场耗料工作，是搞好项目管理的根本保证。为此应做好以下工作：

A. 要加强材料管理制度，建立健全各种台账，严格执行限额领料和料具管理规定。

B. 分清耗料对象，按照耗料对象分别记入成本。对于分不清的，例如群体工程同时使用一种材料，可根据实际总用量，按定额和工程进度进行分解。

C. 严格保管原始凭证，不得任意涂改耗料凭证，以保证耗料数据和材料成本的真实可靠。

D. 建立相应的考核制度，对材料耗用要逐项登记，避免乱摊、乱耗，保证耗料的准确性。

E. 加强材料使用过程中的管理，认真进行材料核算，按规定办理领发料手续。

3. 加强材料消耗管理，降低材料消耗

材料消耗过程的管理，就是对材料在施工生产消耗过程中进行组织、指挥、监督、调节和核算，消除不合理的消耗，达到物尽其用，降低材料成本，提高企业经济效益。在建安工程中，材料费用占工程造价比重很大，建筑企业的利润，大部分来自材料采购成本的节约和降低材料消耗，特别是降低现场材料消耗。

目前，施工现场材料管理仍很薄弱，浪费惊人，主要表现在：

1) 对材料工作的认识上，普遍存在着"重供应轻管理"观念。只管完成任务而单纯抓进度、质量、产值，不重视材料的合理使用和经济实效，耗超按实报，现场材料管理人员配备力量较弱，使现场材料管理停留在一个粗放式管理水平上。

2) 在施工现场管理与材料业务管理上，普遍存在着现场材料堆放混乱、管理不严，余料不能充分利用；材料计量设备不齐、不准，造成用料上的不合理；材料质量不稳定，如：砌体外形尺寸不标准，误差大，影响砌墙平整度，要依赖抹灰去填平，大量超耗抹灰砂浆；材料紧缺，无法按材料原有功能使用，如：将高强度等级水泥用作仅需低强度等级水泥的砌墙砂浆或抹灰砂浆，优材劣用；要配制高强度等级的混凝土时，因无高强度等级水泥供应，只能用低强度等级水泥替代，大量增加水泥用量；钢材规格供应不配套，导致以大代小，以优代普；施工抢进度，不按规范施工，片面增加材料用量，放松现场管理，浪费材料；技术操作水平差，施工管理不善，工程质量差，造成返工，浪费材料；设计多变，采购进场的原有材料不合用，形成积压变质浪费；盲目采购，由于责任心不强或业务不熟悉，采购了质次或不适用的物资。或图方便，大批购进，造成积压浪费。

3) 基层材料人员队伍建设上，普遍存在着队伍不稳定，文化水平偏低，懂生产技术和管理的人员偏少的状况，造成现场材料管理水平较低。

为改善现场材料管理水平，强化现场材料管理的科学性，达到节约材料的目的，主要应从以下两方面着手：

(1) 加强施工管理和采取技术措施节约材料

1) 节约水泥的措施

A. 优化混凝土配合比。混凝土是以水泥为胶凝材料，同水和粗细骨料按适当比例配制，拌成的混合物，经一定时间硬化成为人造石。砂、石起骨架作用，称为骨料。水泥与水形成水泥浆，水泥浆包裹在骨料表面并填充其空隙。在硬化前，水泥浆起润滑作用，赋予混合物一定的流动性,以便施工。水泥浆硬化后,则将骨料胶结成一个坚实的整体。

组成混凝土的所有材料中,水泥的价格最贵。水泥的品种、强度等级很多,经济合理地使用水泥,对于保证工程质量和降低成本是非常重要的。

a. 选择合理的水泥强度等级。在选择水泥强度等级时,以所用水泥强度等级为混凝土强度等级的 1.5~2.0 倍为宜;当配制高强度等级混凝土时,可以取 0.9~1.5 倍。用高强度等级水泥配制低强度混凝土,用较少的水泥用量就可达到混凝土所要求的强度,但不能满足施工所需的和易性及耐久性,还需增加水泥用量,就会造成浪费。所以当必须用高强度等级水泥配制低强度等级混凝土时,可掺一定数量的混合物,如磨细粉煤灰,以保证必要的施工和易性,并减少水泥用量。反之,如果要用低强度等级水泥配制高强度等级混凝土,则因水泥用量太多,会对混凝土技术特性产生一系列不良影响。

b. 级配相同的情况下,选用骨料粒径最大的可用石料。因为同等体积的骨料,粒径小的表面积比粒径大的要大,需用较多的水泥砂浆才能裹住骨料表面积,势必增加水泥用量。在施工中,要视钢筋混凝土的钢筋间距大小,能选用 5~70mm 石子的,就不要用 5~40mm 的石子。能用 5~40mm 的石子的,不要用 5~15mm 的石子。能用细石混凝土的不要用砂浆。而且粒径大的石子比粒径小的石子价格低。骨料选用得好,既可节约水泥又可提高工程经济效益。

c. 掌握好合理的砂率。砂率合理既能使混凝土混合物获得所要求的流动性及良好的粘聚性和保水性,又能使水泥用量减为最少。

d. 控制水灰比:水灰比确定后要严格控制,水灰比过大会造成混凝土黏聚性和保水性不良,产生流浆、离析现象,并严重影响混凝土的强度。

B. 合理掺用外加剂

混凝土外加剂可以改善混凝土和易性,并能提高其强度和耐久性,从而节约水泥。

C. 充分利用水泥活性及其富余系数

各地未列入统配范围的小水泥厂生产的水泥,由于生产单位设备条件、技术水平所限,加上检测手段差,使水泥质量不稳定,水泥的富余系数波动很大。大水泥厂生产的水泥,一般富余强度也较大,所以建筑企业要加快测试工作,及时掌握其活性就能充分利用各种水泥的富余系数,一般可节约水泥 10% 左右。当然,充分利用水泥活性是要担点风险的,但如果在充分积累数据及掌握科学技术资料以后,在实际使用时还是有潜力可挖的。

D. 掺加粉煤灰

粉煤灰是发电厂燃烧粉状煤灰后的灰碴,经冲水、排出的是湿原状粉煤灰。湿原状粉煤灰经烘干磨细,可成为与水泥细度相同的磨细粉煤灰。

在混凝土中加磨细粉煤灰 10.3%,可节约水泥 6%。

在砌筑砂浆中掺原状粉煤灰 17%,可节约水泥 11%,并可同时节约石灰膏及黄砂 17%,利用粉煤灰节约水泥,是一项长期的且经济、合理、有效的措施。

为了贯彻各项节约水泥措施,在大量捣浇混凝土工程的施工过程中,由专人管理配合比、计量、外掺料以及大石块等工作,这对保证水泥节约措施的落实,并保证质量是极为有利的。

2) 木材的节约措施

木材是一种自然资源,我国森林覆盖率只有12%,木材资源缺乏,开采方法较为落后,目前国内提供的木材远远不能满足建设的需要,每年都要花大量外汇进口木材。近几年木材价格不断上涨,节约木材尤为重要。

节约木材的措施:

A. 以钢代木。用组合式定型钢模板、大模板、滑模、爬模、盒子模代木模。这些模板都是用钢材制作的,使用方便,周转次数可达几十次,如用钢模代替木模,每立方米钢筋混凝土可节约木材80%左右,是节约木材的重要措施。此外,以钢管脚手架代替杉槁脚手架也是节约木材的重要措施。

B. 改进支模办法。采用无底模、砖胎模、升板、活络脱模等支模办法可节约模板用量或加快模板周转。

C. 优材不劣用。有些建筑企业用优质木材代替劣等木材使用,极不经济。

D. 长料不短用。木材长料锯成短料很容易,短料要接长使用却很困难。要特别注意科学、合理地使用木料。除深入进行宣传教育外,要制订必要的限制措施和奖惩办法。

E. 以旧料代新料。板条墙、板条吊平顶天棚的短撑档木,大都在40cm左右,可以不用新料,以旧短料代替。施工过程中,往往为图方便省事,用长料锯成,甚为可惜。另外建筑工地木模拆下后的旧短料很多,应予合理使用,做到物尽其用。

F. 综合利用。量材套锯,提高出材率。下脚料可加工成木质纤维,制造纤维板等。现场制作、拆除模板和安装木板墙、木筋天棚等锯下的短料,都可锯成木砖、对拔榫等,有的可拼接制作抹灰工具如操板、托尺等。

3) 钢材的节约措施

A. 集中断料,合理加工。在一个建筑企业范围内,所有钢构件、铁件加工,应该集中到一个专设单位进行。这样做,一是有利于钢材配套使用;二是便于集中断料,通过科学排料,使边角料得到充分利用;使损耗量达到最小程度。

B. 钢筋加工成型时,应注意合理的焊接或绑扎钢筋的搭接长度。线材经过冷拔可以利用延伸率,减少钢材用量。使用预应力钢筋混凝土,亦可节约钢材。

C. 充分利用短料、旧料。对建筑企业来说,需加工的品种、规格繁多,加工时,可以大量利用短料、边角料、旧料。如加工成型钢筋的短头料,可以制作预埋铁件的脚头。制作钢管脚手锯下的短管,可以作钢模斜撑、夹箍等。

D. 尽可能不以大代小,以优代劣。可用沸腾钢的不用镇静钢、不随意以大代小,实在不得已要代用时,也应经过换算断面积,如钢筋大代小时可以减少根数,型钢可以选择断面积最接近的规格,使代用后造成的损失尽量减少。

4) 砌体材料的节约

A. 充分利用断砖。在施工过程中,会产生数量不等的断砖。充分利用断砖,减少操作损耗率,节约砌体材料。

B. 减少管理损耗。砌体的管理损耗定额一般只有0.5%,目前有些单位采用倾卸方式,运输损耗率远远超过0.5%。要提高装卸质量,提倡文明装卸,以减少耗损。

C. 堆放合理,减少场内二次搬运。使用中要督促砖垛底脚清,减少管理损耗。

5) 砂、石料的节约

A. 集中搅拌混凝土、砂浆。根据各建筑企业的不同条件,因地制宜地设立搅拌站,供应预拌混凝土,对生产班组实行计量供应。这样可以保证混凝土和砂浆质量,有利于加强核算,并可减少分散堆放材料的摊基,从而减少损耗。

B. 利用拆房产生的三合土(碎砖)代替石块、石子。随着城镇建设的发展,旧房拆迁增多,拆房的三合土可以在临时便道路基施工中,代替石块、石子。对于三合土原作为废物处理,建筑企业加以利用,只需支付运费,成本低廉。

C. 利用原状粉煤灰、石屑等代替黄砂。火力发电厂每年燃煤排放大量湿粉煤灰,一般称为原状粉煤灰,原状粉煤灰掺入C20以下混凝土中可以节约部分水泥和黄砂,如在用52.5级宁国水泥捣制C15混凝土时,掺入15%的原状粉煤灰每立方米混凝土可以节约水泥33kg,黄砂16kg。而混凝土的28天抗压强度与不掺的基本相近,它的60天抗压强度比不掺的还要高一些。原状粉煤灰按砂浆量的35%掺入M5砌筑砂浆,可以节约黄砂25%,砂浆强度比不掺的还要高。原状粉煤灰掺入抹灰基层,可以节约黄砂25%。可见,原状粉煤灰掺入砌筑砂浆和抹灰砂浆,节约黄砂的效果是很好的。不过原状粉煤灰应选取湿排粉煤灰的中粗灰区部分为好。原状粉煤灰资源极为丰富,应该积极利用。此外,原状粉煤灰还可用于道路、地坪的砂垫层。

石屑是轧制碎石时的副产品,石屑价格较黄砂价低,可代替黄砂掺入砌筑砂浆和抹灰基层的砂浆中,均可节约黄砂。

D. 用SH粉(双灰粉)代黄砂。用磨细生石灰粉30%,磨细粉煤灰68%,另加2%的石膏粉,混合均匀,配制成SH粉,用密封塑料袋包装,运往工地可用于砌筑砂浆和抹灰基层砂浆。这样做,既能大量利用粉煤灰,又可以不用石灰膏,省却了工地石灰的化制过程或石灰膏(集中化制)的繁重运量,并且有利于场容管理。

(2) 提高企业管理水平、加强材料管理、降低材料消耗

1) 加强基础管理是降低材料消耗的基本条件。"两算对比"即施工预算和施工图预算的对比,是控制材料消耗的基础工作。通过"两算对比"可以做到先算后干,对材料消耗心中有数;可以编制切合实际的施工方案和采取技术措施。因此必须做好材料分析工作,为准确提出材料需用创造条件,为提高供应水平打好基础。

2) 合理供料、一次就位、减少二次搬运和堆基损失。材料要供好、管好、用好,才能降低消耗,提高经济效益。决不能认为材料供到现场就算了事,而是要做到哪里用料,就送到哪里,一次到位。有些企业能够做到以小时计算供货时间,以班组生产使用点为卸料地点。这样就无需二次搬运,减少了二次搬运费和劳动力消耗,省掉了二次堆积的损耗,材料到场就用,提高了材料的周转速度,又可降低材料资金的占用。

3) 开展文明施工和做到施工操作落手清。建筑施工现场脏、乱、差,必然严重浪费建筑材料。所谓"走进工地,脚踏钱币"就是对施工现场浪费材料的形象批评。做好文明施工和班组操作落手清,材料堆放合理、成条成垛,散落砂浆、混凝土、断砖等随做、随清、随用,材料损耗就可以达到最小限度,材料单耗就可降低。这样,既节约了材料,提高了企业经济效益,还有利于现场面貌的改观。

4) 回收利用、修旧利废。建筑施工过程中可回收利用的料具较多,不仅落地砂浆、散落混凝土等在操作中应及时予以收集利用;喷泵振动筛上筛余的砂浆也可以回收使用于道路、明沟、散水坡等垫层中;绑扎脚手架的钢丝,可以回收整理拉直再次使用,一般可以周转3次;修旧利废的项目更多,如钢设备的零配件、水暖电器料、劳保用品、工具等

均可大力开展修旧利废工作;钢脚手扣件,最易脱落 T 形螺栓,配装 1 只就可以继续使用,否则整套就要报废;高压镝灯的镇流器、电容常易损坏,配上零件即可修复使用;现场水电临时设施料既要回收利用,又应开展修旧利废。总之,只要我们注意发扬节约"一分钱"的精神,贯彻勤俭节约的方针,落实责任制,制订合理的回收利用制度和奖惩办法,可以促进这项工作持久、深入地开展下去。

5) 加速材料周转和节约材料资金。加速料具的周转,缩短周转天数,就相当于增加了材料和资金。所以加速材料的周转是极为重要的材料管理工作,也是材料管理人员的重要职责。

加速材料周转的途径:

A. 计划准确、及时,材料储备不能超越储备定额,注意缩短周转天数。材料进场适时,要按施工进度配套进场,同时做到保质保量、工完料尽。

B. 周转材料必须按工程进度及时安装、及时拆除并迅速转移。当混凝土达到拆模强度时,模板就应予以拆除,这样拆模既方便,又可加快模板周转使用。

C. 减少料具流通过程中的中间环节,简化手续和层次,选择合理的运输方式。

6) 定期进行经济活动分析和揭露浪费堵塞漏洞

建筑企业和建设项目,要定期进行经济活动分析。通过分析,找出问题,揭露浪费事实,并采取相应措施,堵塞浪费漏洞,不断完善管理手段。

(3) 实行材料节约奖励制度和提高节约材料的积极性

实行材料节约奖励制度,是材料消耗管理中运用经济方法管理经济的重要措施。材料节约奖属于单项奖,奖金在材料节约价值中支付,应在认真执行定包、计量准确、手续完备、资料齐全、节约有物的基础上,按照多节约多奖励的原则进行奖励。

实行材料节约奖励的办法,一般有两种基本形式。一种是规定节约奖励标准,按照节约额的比例提取节约奖金,奖励操作工人及有关人员;另一种是在节约奖励标准中还规定了超耗罚款标准,控制材料超耗。

建筑企业实行材料节约奖,是一项繁重而细致的工作,要积极慎重稳妥地进行。实行材料节约奖必须具备以下 5 个条件:

1) 有合理的材料消耗定额。材料消耗定额,是考核材料实际消耗水平的标准,没有材料消耗定额,材料节约奖就无法推行。实行节约奖的建筑企业,必须具有切合实际的材料消耗定额,同时要注意定额的内容和用途,正确使用定额。

对没有定额的少量分项工程,可根据历年材料消耗统计资料,测定平均先进消耗水平作为试用定额执行,以后经过实践,逐步调整为施工定额。

2) 有严格的材料收发制度。材料收发制度是建筑企业材料管理中的最基本的基础管理工作。没有收发料制度,就无法进行经济核算、限额领料和材料节约奖励。凡实行材料节约奖励的企业,必须有严格的收发料制度。收料时,要认真执行进场材料验收有关品种、数量、质量的各种规定。发料时,一定要实行限额领料制度。为了检验收发料过程中可能发生的差错,对现场材料,必须贯彻月末盘点制度,如有盈亏,一定要查明原因,并及时按规定办理调整手续。

3) 有完善的材料消耗考核制度。材料消耗的节超,要有完善的制度予以准确考核。决定材料消耗水平的因素有三个方面,即材料消耗量、完成工程量以及材料品种和质量,考核材料消耗必须从这三方面着手。

　　A. 材料消耗总量，即完成本项工程所消耗的各种材料的绝对量。是现场材料部门凭限额领料单，发给生产班组的材料。总量包括工程用量，及由于质量原因造成的修补或返工用料。总量的结算，应在该工程全部结束，不再发生用料时进行，如果结算后又发生耗料，应合并结算，重新考核。

　　B. 完成工程量。在材料消耗量相同的情况下，完成工程量越多，材料单耗就越低，反之，完成工程量越小，单耗就越高。所以在结算材料消耗总量的同时，要准确考核完成工程量。限额领料单中的工程量，是由任务单签发者按工程任务预算的，一个大的分项工程很可能需几周时间才能完成，为了正确核算工程量，分项工程完成后，要进行复核。若是工程变更或设计修改而增减工程量的，应调整预算和限额领料数，若是签发任务单时与编制施工组织设计时的预算工程量有出入，要查清原因，肯定准确工程量。属于建设单位和设计单位变更设计，则要有书面根据，方可调整预算。在工程量结算时，还要注意剔除外加工部分。

　　C. 材料品种和质量。材料定额对所用材料的品种和质量，都有具体要求和明确规定，如发生以优代劣等情况，均应按规定调整定额用量。

　　4）工程质量稳定。工程质量优良是最大的节约。实行材料节约奖，必须切实执行质量监督检查制度，符合质量要求才能发奖。

　　5）制订材料节约奖励办法。实行材料节约奖，必须事先订立材料奖励办法，其内容包括实行奖励的范围、定额标准、提奖水平、结算和发奖办法、考核制度等，经批准后执行。

（4）实行现场材料承包责任制，提高经济效益

现场实行材料承包责任制，主要是材料消耗过程中的材料承包责任制。它是使责、权、利紧密结合，以提高经济效益、降低单位工程材料成本为目的的一种经济管理手段。

1）实行材料承包制的条件

　　A. 材料要能计量、能考核、算得清账。

　　B. 以施工定额为核算依据。

　　C. 执行材料预算单价，预算单价缺项的，可制定综合单价。

　　D. 严格执行限额领料制度，料具管理的内部资料，要求做到齐全、配套、准确、标准化、档案化。

　　E. 执行材料承包的单位工程，质量必须达到优良品方能提取奖金。

　　F. 材料节约，按节约额提取奖金，可根据材料价值的高、低，节约的难、易程度分别确定。

2）实行现场材料承包的形式

　　A. 单位工程材料承包。对工期短、便于单一考核的单位工程，从开工到竣工的全部工程用料，实行一次性包死。各种承包既要反映材料实物量，也要反映材料金额，实行双控指标。向项目负责人发包，考核对象是项目承包者。这种承包可以反映单位工程的整体效益，堵塞材料消耗过程的漏洞，避免材料串、换、代造成的差额。项目负责人从整体考虑，注意各工种、工序之间的衔接，使材料消耗得到控制。

　　B. 按工程部位承包。对工期长、参建人员多或操作单一、损耗量大的单位工程，按

工程的基础、结构、装修、水电安装等施工阶段，分部位实行承包。由主要工种的承包作业队承包，实行定额考核，包干使用，节约有奖，超耗有罚的制度。这种承包的特点是，专业性强，不易串料，奖罚兑现快。

C. 特殊材料单项承包。对消耗量大、价格昂贵、资源紧缺、容易损耗的特殊材料实行实物量承包。这些材料一般用于建筑产品造价高，功能要求特殊，使用材料贵重，甚至从国外进口的材料。承包对象为专业队组。这种承包可以在大面积施工，多工种参建的条件下，使某项专用材料消耗控制在定额之内，避免人多、手杂、乱抄、乱拿的现象，降低非工艺损耗，是特殊工程，特殊材料消耗过程的有效管理措施。

（三）周转材料管理

1. 周转材料的概念

周转材料是指能够多次应用于施工生产，有助于产品形成，但不构成产品实体的各种材料。是有助于建筑产品的形成而必不可少的劳动手段。如：浇捣混凝土所需的模板和配套件、施工中搭设的脚手架及其附件等。

从材料的价值周转方式（价值的转移方式和价值的补偿方式）来看，建筑材料的价值是一次性地全部地转移到建筑物中去的。而周转材料却不同，它能在几个施工过程中多次地反复使用，并不改变其本身的实物形态，直至完全丧失其使用价值、损坏报废时为止。它的价值转移是根据其在施工过程中损耗程度，逐渐地分别转移到产品中去，成为建筑产品价值的组成部分，并从建筑物的价值中逐渐地得到价值补偿。

在一些特殊情况下，由于受施工条件限制，有些周转材料也是一次性消耗的，其价值也就一次性转移到工程成本中去，如大体积混凝土浇捣时所使用的钢支架等在浇捣完成后无法取出，钢板桩由于施工条件限制无法拔出，个别模板无法拆除等。也有些因工程的特殊要求而加工制作的非规格化的特殊周转材料，只能使用一次。这些情况虽然核算要求与材料性质相同，实物也作销账处理，但也必须做好残值回收，以减少损耗，降低工程成本。因此，搞好周转材料的管理，对施工企业来讲是一项至关重要的工作。

2. 周转材料的分类

施工生产中常用的周转材料包括定型组合钢模板、大钢模板、滑升模板、飞模、酚醛复膜胶合板、木模板、杉槁架木、钢和木脚手板、门型脚手架以及安全网、挡土板等。

周转材料按其自然属性可分为钢制品和木制品两类；按使用对象可分为混凝土工程用周转材料、结构及装修工程用周转材料和安全防护用周转材料三类。

几年来，随着"钢代木"节约木材的发展趋势，传统的杉槁、架木、脚手板等"三大工具"已为高频焊管和钢制脚手板所替代；木模板也基本为钢模板所取代。

需要指出的是，"钢代木"并非简单的材质取代和功能模仿，而是在原有基础上的改进和提高。使周转材料工具化、系列化和标准化。

3. 周转材料管理的任务

1）根据生产需要，及时、配套地提供适量和适用的各种周转材料。

2）根据不同周转材料的特点建立相应的管理制度和办法，加速周转，以较少的投入发挥尽可能大的效能。

3）加强维修保养，延长使用寿命，提高使用的经济效果。

4. 周转材料管理的内容

(1) 使用

周转材料的使用是指为了保证施工生产正常进行或有助于产品的形成而对周转材料进行拼装、支搭以及拆除的作业过程。

(2) 养护

指例行养护，包括除却灰垢、涂刷防锈剂或隔离剂，使周转材料处于随时可投入使用的状态。

(3) 维修

修复损坏的周转材料，使之恢复或部分恢复原有功能。

(4) 改制

对损坏且不可修复的周转材料，按照使用和配套的要求进行大改小、长改短的作业。

(5) 核算

包括会计核算、统计核算和业务核算三种核算方式。会计核算主要反映周转材料投入和使用的经济效果及其摊销状况，它是资金（货币）的核算；统计核算主要反映数量规模、使用状况和使用趋势，它是数量的核算；业务核算是材料部门根据实际需要和业务特点而进行的核算，它既有资金的核算，也有数量的核算。

5. 周转材料的管理方法

(1) 租赁管理

1) 租赁的概念

租赁是指在一定期限内，产权的拥有方向使用方提供材料的使用权，但不改变所有权，双方各自承担一定的义务，履行契约的一种经济关系。

实行租赁制度必须将周转材料的产权集中于企业进行统一管理，这是实行租赁制度的前提条件。

2) 租赁管理的内容

A. 应根据周转材料的市场价格变化及摊销额度要求测算租金标准，并使之与工程周转材料费用收入相适应。其测量方法是：

$$日租金 = \frac{月摊销费 + 管理费 + 保养费}{月度日历天数}$$

式中管理费和保养费均按周转材料原值的一定比例计取，一般不超过原值的2%。

B. 签订租赁合同，在合同中应明确以下内容：

a. 租赁的品种、规格、数量，附有租用品明细表以便查核；

b. 租用的起止日期、租用费用以及租金结算方式；

c. 规定使用要求、质量验收标准和赔偿办法；

d. 双方的责任和义务；

e. 违约责任的追究和处理等。

C. 考核租赁效果。通过考核找出问题，采取措施提高租赁管理水平。主要考核指标有：

a. 出租率：

$$某种周转材料的出租率(\%) = \frac{期内平均出租数量}{期内平均拥有量} \times 100\%$$

式中

$$\text{期内平均出租数量} = \frac{\text{期内租金收入(元)}}{\text{期内单位租金(元)}}$$

期内平均拥有量为以天数为权数的各阶段拥有量的加权平均值。

b. 损耗率：

$$\text{某种周转材料的损耗率(\%)} = \frac{\text{期内损耗量总金额(元)}}{\text{期内出租数量总金额(元)}} \times 100\%$$

c. 周转次数（主要考核组合钢模板）：

$$\text{年周转次数} = \frac{\text{期内钢模支模面积}(m^2)}{\text{期内钢模平均拥有量}(m^2)}$$

3）租赁管理方法

A. 租用。项目确定使用周转材料后，应根据使用方案制定需要计划，由专人向租赁部门签订租赁合同，并做好周转材料进入施工现场的各项准备工程，如存放及拼装场地等。租赁部门必须按合同保证配套供应并登记《周转材料租赁台账》。

B. 验收和赔偿。租赁部门应对退库周转材料进行外观质量验收。如有丢失损坏应由租用单位赔偿。验收及赔偿标准一般按以下原则掌握：对丢失或严重损坏（指不可修复的，如管体有死弯，板面严重扭曲）按原值的50%赔偿；一般性损坏（指可修复的，如板面打孔、开焊等）按原值30%赔偿；轻微损坏（指不需使用机械，仅用手工即可修复的）按原值的10%赔偿。

租用单位退租前必须清除混凝土灰垢，为验收创造条件。

C. 结算。租金的结算期限一般自提运的次日起至退租之日止，租金按日历天数逐日计取，按月结算。租用单位实际支付的租赁费用包括租金和赔偿费两项。

租赁费用(元)=Σ(租用数量×相应日租金(元)×租用天数+丢失损坏数量×相应原值×相应赔偿率%)

根据结算结果由租赁部门填制《租金及赔偿结算单》。

为简化核算工作也可不设《周转材料租赁台账》，而直接根据租赁合同进行结算。但要加强合同的管理，严防遗失，以免错算和漏算。

(2) 周转材料的费用承包管理方法

周转材料的费用承包是适应项目管理的一种管理形式，或者说是项目管理对周转材料管理的要求。它是指以单位工程为基础，按照预定的期限和一定的方法测定一个适当的费用额度交由承包者使用，实行节奖超罚的管理。

1）承包费用的确定

A. 承包费用的收入。承包费用的收入即是承包者所接受的承包额。承包额有两种确定方法，一种是扣额法，另一种是加额法。扣额法指按照单位工程周转材料的预算费用收入，扣除规定的成本降低额后的费用；加额法是指根据施工方案所确定的使用数量，结合额定周转次数和计划工期等因素所限定的实际使用费用，加上一定的系数额作为承包者的最终费用收入。所谓系数额是指一定历史时期的平均耗费系数与施工方案所确定的费用收入的乘积。

公式如下：

扣额法费用收入(元)=预算费用收入(元)×(1-成本降低率%)

加额法费用收入(元)=施工方案确定的费用收入(元)×(1+平均耗费系数)

式中 $$平均耗费系数 = \frac{实际耗用量 - 定额耗用量}{实际耗用量}$$

B. 承包费用的支出。承包费用的支出是在承包期限内所支付的周转材料使用费（租金）、赔偿费、运输费、二次搬运费以及支出的其他费用之和。

2）费用承包管理法的内容

A. 签订承包协议。承包协议是对承、发包双方的责、权、利进行约束的内部法律文件。一般包括工程概况、应完成的工程量、需用周转材料的品种、规格、数量及承包费用、承包期限、双方的责任与权力、不可预见问题的处理以及奖罚等内容。

B. 承包额的分析。首先要分解承包额。承包额确定之后，应进行大略的分解。以施工用量为基础将其还原为各个品种的承包费用。例如将费用分解为钢模板、焊管等品种所占的份额。

第二要分析承包额。在实际工作中，常常是不同的周转材料分别进行承包，或只承包某一品种的费用，这就需要对承包效果进行预测，并根据预测结果提出有针对性的管理措施。

C. 周转材料进场前的准备工作。根据承包方案和工程进度认真编制周转材料的需用计划，注意计划的配套性（品种、规格、数量及时间的配套），要留有余地，不留缺口。

根据配套数量同企业租赁部门签订租赁合同，积极组织材料进场并做好进场前的各项准备工作，包括选择、平整存放和拼装场地、开通道路等，对现场狭窄的栋号应做好分批进场的时间安排，或事先另选存放场地。

3）费用承包效果的考核

承包期满后要对承包效果进行严肃认真的考核、结算和奖罚。

承包的考核和结算指承包费用收、支对比，出现盈余为节约，反之为亏损。如实现节约应对参与承包的有关人员进行奖励。可以按节约额进行全额奖励，也可以扣留一定比例后再予奖励。奖励对象应包括承包班组、材料管理人员、技术人员和其他有关人员。按照各自的参与程度和贡献大小分配奖励份额。如出现亏损，则应按与奖励对等的原则对有关人员进行罚款。费用承包管理方法是目前普遍实行的项目经理责任制中较为有效的方法，企业管理人员应不断探索有效管理措施，提高承包经济效果。

提高承包经济效果的基本途径有两条：

A. 在使用数量既定的条件下努力提高周转次数。

B. 在使用期限既定的条件下，努力减少占用量。同时应减少丢失和损坏数量，积极实行和推广组合钢模的整体转移，以减少停滞、加速周转。

(3) 周转材料的实物量承包管理

实物量承包的主体是施工班组，也称班组定包。它是指项目班子或施工队根据使用方案按定额数量对班组配备周转材料，规定损耗率，由班组承包使用，实行节奖超罚的管理办法。

实物量承包是费用承包的深入和继续，是保证费用承包目标值的实现和避免费用承包出现断层的管理措施。

1）定包数量的确定

以组合钢模为例，说明定包数量的确定方法。

A. 模板用量的确定。根据费用承包协议规定的混凝土工程量编制模板配模图，据此确定模板计划用量，加上一定的损耗量即为交由班组使用的承包数量。公式如下：

$$模板定包数量(m^2) = 计划用量(m^2) \times (1 + 定额损耗率)$$

式中 定额损耗量一般不超过计划用量的1%。

B. 零配件用量的确定。零配件定包数量根据模板定包数量来确定。每万平方米模板零配件的用量分别为：

U形卡：140000件；插销：300000件；

内拉杆：12000件；外拉杆：24000件；

三型扣件：36000件；勾头螺栓：12000件；

紧固螺栓：12000件。

$$零配件定包数量(件) = 计划用量(件) \times (1 + 定额损耗率)$$

式中

$$计划用量(件) = \frac{模板定包量(m^2)}{10000} \times 相应配件用量(件)$$

2) 定包效果的考核和核算

定包效果的考核主要是损耗率的考核。即用定额损耗量与实际损耗量相比，如有盈余为节约，反之为亏损。如实现节约则全额奖给定包班组，如出现亏损则由班组赔偿全部亏损金额。公式如下：

$$奖(+)罚(-)金额(元) = 定包数量(件) \times 原值(元) \times (定额损耗率 - 实际损耗率)$$

式中

$$实际损耗率(\%) = \frac{实际损耗数量}{定包数量} \times 100\%$$

根据定包及考核结果，对定包班组兑现奖罚。

(4) 周转材料租赁、费用承包和实物量承包三者之间的关系

周转材料的租赁、费用承包和实物量承包是三个不同层次的管理，是有机联系的统一整体。实行租赁办法是企业对工区或施工队所进行的费用控制和管理；实行费用承包是工区或施工队对单位工程或承包栋号所进行的费用控制和管理；实行实物量承包是单位工程或承包栋号对使用班组所进行的数量控制和管理，这样便形成了既有不同层次、不同对象的，又有费用的和数量的综合管理体系。降低企业周转的费用消耗，应该同时搞好三个层次的管理。

限于企业的管理水平和各方面的条件，作为管理初步，可于三者之间任择其一。如果实行费用承包则必须同时实行实物量承包，否则费用承包易出现断层，出现"以包代管"的状况。

6. 几种周转材料管理

(1) 组合钢模板的管理

1) 组合钢模的组成

组合钢模是考虑模板各种结构尺寸的使用频率和装拆效率，采用模数制设计的，能与《建筑统一模数制》和《厂房建筑统一化基本规则》的规定相适应，同时还考虑了长度和宽度的配合，能任意横竖拼装，这样既可以预先拼成大型模板，整体吊装，也可以按工程

结构物的大小及其几何尺寸就地拼装。组合钢模的特点是：接缝严密，灵活性好，配备标准，通用性强，自重轻，搬运方便。在建筑业得到广泛的运用。

组合钢模主要由钢模板和配套件二部分组成，其中钢模板视其不同使用部位，又分为平面模板、转角模板、梁腋模板、搭接模板等。

平面模板用于基础、墙体、梁、柱和板等各种结构的平面部位。使用范围较广，占的比例最大，是模板中使用数量最多的基本模板。

转角模板，用于柱与墙体、梁与墙体、梁与楼板及墙体之间等的各个转角部位。依其同混凝土结构物接触的不同部位（内角与外角）及其发挥的不同作用又分阴角模板、阳角模板、连接角模三种类型。阴角模板适用于与平面模板组成结构物的直角处的内角部位，即用于墙与墙、墙与柱、墙与梁等之间的转弯凹角的部位。阳角模板适用于与平面模板组成结构物的直角处的外角部位，即用于柱的四角和墙，以及梁的侧边与底部之间的凸出部位。无论是阴角模板，还是阳角模板，都具有刚度好，不易变形的特点。连接角模（又称角条）能起到转角模板的连接作用，主要与平面模板联接使用于柱模的四角，墙角和梁的侧边与底部之间的外角部位。

组合钢模的配套件分为支承件（以下简称"围令支撑"）与连接件（以下简称"零配件"）二部分。

围令支撑主要用于钢模板纵横向及底部起支承拉结作用，用以增强钢模板的整体、刚度及调整其平直度，也可将钢模板拼装成大块板，以保证在吊运过程中不致产生变形。

按其作用不同又分为围令、支撑二个系统。围令一般主要用 3.81cm 焊接管，能与扣件式钢管脚手架的材料通用，也有采用 70mm×50mm×3mm 和 60mm×40mm×2.5mm 的方钢管等。支撑主要起支承作用，应具有足够的强度和稳定性，以确保模板结构的安全可靠性。一般用 3.81cm 或 5cm 的焊接管制成，还有采用钢桁架的。钢桁架装拆方便，自重轻，便利操作，跨度可以灵活调节。在广泛推行钢模使用的过程中，各建筑企业因地制宜地创造了不少灵活、简便、利于装拆的钢模支承件。

钢模的零配件，目前使用的有以下几种：

A. U形卡（又称万能销或回形卡）。是用 12mm 圆钢采用冷冲法加工成形，用于钢模之间的连接，具有将相邻两块钢模锁住夹紧，保证不错位，接缝严密的作用，使一块块钢模纵横向自由连接成整体。

B. L形插销（又称穿销，穿钉）。用于模板端头横肋板插销孔内，起加固平直作用，以增加横板纵向拼接刚度，保证接头处的板面平整，并可在拆除水平模板时，防止大块掉落。其制作简单，用途较多。

C. 钩头螺栓（弯钩螺栓）和紧固螺栓。用于钢模板与围令支撑的连接，其长度应与使用的围令支撑的尺寸相适应。

D. 对拉螺栓（模板拉杆）。用于墙板二侧的连接和内外两组模板的连接，以确保拼装的模板在承受混凝土内侧压力时，不至于引起鼓胀，保证其间距的准确和混凝土表面平整，其规格尺寸应根据设计要求与供应条件适当选用。

E. 扣件。是与其他配件一起将钢模板拼装成整体的连接件。用于钢模板与围令支撑之间起连接固定作用。铸钢扣件基本有三种形式：直角扣件（十字扣件），用于连接扣紧两根互相垂直相交的钢管。回转扣件（转向扣件）用于连接扣紧两根任意角度相交的钢管。对接扣件（一字扣件）用于钢管的对接使之接长。

2）组合钢模置备量的计算及其配套要求

编制钢模需要量计划，根据企业计划期模板工程量和钢模推广面指标计算。如没有资料，可根据下列参考资料按混凝土量匡算模板面积。见表7-9。

每立方米混凝土的模板面积参考资料（m²）　　　　表7-9

构件名称	规格尺寸	模板面积	构件名称	规格尺寸	模板面积
条形基础		2.16	梁	宽0.35m以内	8.89
独立基础		1.76		宽0.45m以内	6.67
满堂基础	无梁	0.26	墙	厚10cm以内	25.00
	有梁	1.52		厚20cm以内	13.60
设备基础	5m³以内	2.91		厚20cm以外	8.20
	20m³以内	2.23	电梯井壁		14.80
	100m³以内	1.50	挡土墙		6.80
	100m³以外	0.80	有梁板	厚10cm以内	10.70
柱	周长1.2m以内	14.70		厚10cm以外	8.70
	周长1.8m以内	9.30	无梁板		4.20
	周长1.8m以外	4.80	平板	厚10cm以内	12.00
梁	宽0.25m以内	12.00		厚10cm以外	8.00

计算公式如下：

计划期钢模板工程量＝计划期模板工程量(m^2)×钢模板的推广面(％)

依据计划期钢模板工程量及企业实际钢模拥有量，参照历年来钢模的平均周转次数可决定钢模板的置备量，其计算公式如下：

$$\text{计划期钢模板置备量}=\frac{\text{计划期钢模板工程量}}{\text{计划期钢模周转次数}}-\text{计划期的钢模拥有量}$$

钢模置备量的计算由多种因素确定，要根据各企业的具体情况，参照上式计算，钢模的置备量过高，购置费用就大，模板闲置积压的机会就多，不利于资金周转；置备量过小，又不能满足施工需要，因此必须全面统筹计划。

（2）木模板的管理

1）木模板需用量的确定

建筑企业一般是根据混凝土工程量匡算模板接触面积的（或称模板展开面积）。然后扣除使用钢模的部分，即为木模的需用面积，再依据木模的需用量计算得出计划期的木材申请数。

计算公式：

$$\text{计划期木材申请数}=\frac{S\times r}{m}-\omega$$

式中　S——计划期木模需用面积（m^2）；

　　　r——平均每平方米木模换算成木材的经验平均用量，依地区、单位、部位的不同而不同，通常取每平方米的木模需用0.1～0.15m^3的成材；

　　　m——木材的周转次数，根据目前木材供应的资源及质量情况，一般是南方材周转使用在5次左右，北方材周转使用在6次左右；

ω——计划期末企业的木材库存量。

在计算一个单位工程计划用量时要考虑木模使用中的翻转，不必全部配齐，关于翻转的次数，一般是根据施工进度的需要来确定的。如一幢10层框架结构，有的需配3层模板即可。也有的要配4层，申请时只要总量的3/10或4/10即可满足。

2) 木模板的管理形式

木模板的使用，在现阶段还占有一定比重。主要管理形式有：

A. 统一集中管理。设立模板配制车间，负责模板的"统一管理"、"统一配料"、"统一制作"、"统一回收"。工程使用模板时，事先向模板车间提出计划，由车间统一制作，发给工地使用。施工现场负责模板的安装和拆除，使用完后，由模板车间统一回收整理、计算工程的实际消耗量，正确核算模板摊销费用。

B. 模板专业队管理。是专业承包性质的管理。它负责统一制作、管理及回收，负责安装和拆除，实行节约有奖，超耗受罚的经济包干责任制。

C. "四包"管理。由班组"包制作，包安装，包拆除，包回收"。形成制作、安装、拆除相结合的统一管理形式。各道工序互创条件，做到随拆随修，随修随用。

(3) 脚手架的管理

为了加速周转，减少资金占用，脚手架料采取租赁管理办法，实效甚好。现场材料人员应加强对使用过程中的脚手架料管理，严格清点进出场的数量及质量检查。交班组使用时，办清交接手续，设置专用台账进行管理，督促班组合理使用，随用随清，防止丢失损坏，严禁挪作他用。拆架要及时，禁止高空抛甩。拆架后要及时回收清点入库，进行维护保养。凡不需继续使用的，应及时办理退租手续，以加速周转使用。

钢管脚手架及扣件，多功能门式架，金属吊篮架，以及钢木、竹跳板等极易被偷，管理更为重要。曾有一个工地被偷钢管30t左右，应特别引起重视。脚手架料由于用量大，周转搭设，拆除频繁，流动面宽，一般由公司或工程处设专业租赁站，实行统一管理，灵活调度，提高利用率。在施工现场搭拆过程仍需有一定的保管时间，应有适当的地点，进行集中清点、清理、检验、维修和保养，以保证质量。分规格堆放整齐，合理保管。扣件与配件要注意防止在搭架或拆架时散失。使用后均需清理涂油，配件要定量装箱，入库保管。进出场必须交接清楚，及时办理租赁或退租手续，防止丢失、被盗。凡质量不符合使用要求的脚手架料及扣件，必须经检验后报废，不准混堆。

（四）工具的管理

1. 工具的概念

工具是人们用以改变劳动对象的手段，是生产力要素中的重要组成部分。

工具具有多次使用、在劳动生产中能长时间发挥作用等特点。工具管理的实质，是使用过程中的管理，是在保证生产适用的基础上延长使用寿命的管理。工具管理是施工企业材料管理的组成部分，工具管理的好坏，直接影响施工能否顺利进行，影响着劳动生产率和成本的高低。工具管理的主要任务是：

1) 及时、齐备地向施工班组提供优良、适用的工具，积极推广和采用先进工具，保证施工生产，提高劳动效率。

2）采取有效的管理办法，加速工具的周转，延长使用寿命，最大限度地发挥工具效能。

3）做好工具的收、发、保管和维护、维修工作。

2. 工具的分类

施工工具不仅品种多，而且用量大。建筑企业的工具消耗，一般约占工程造价的2%。因此，搞好工具管理，对提高企业经济效益也很重要。为了便于管理将工具按不同内容进行分类。

（1）按工具的价值和使用期限分类

1）固定资产工具。是指使用年限1年以上，单价在规定限额（一般为1000元）以上的工具。如50t以上的千斤顶、测量用的水准仪等。

2）低值易耗工具。是指使用期或价值低于固定资产标准的工具，如手电钻、灰槽、苫布、搬子、灰桶等。这类工具量大繁杂，约占企业生产工具总价值的60%以上。

3）消耗性工具。是指价值较低（一般单价在10元以下），使用寿命很短，重复使用次数很少且无回收价值的工具，如铅笔、扫帚、油刷、锹把、锯片等。

（2）按使用范围分类

1）专用工具。是指为某种特殊需要或完成特定作业项目所使用的工具。如量卡具、根据需要而自制或定购的非标准工具等。

2）通用工具。是指使用广泛的定型产品，如各类搬手、钳子等。

（3）按使用方式和保管范围分类

1）个人随手工具。指在施工生产中使用频繁，体积小便于携带而交由个人保管的工具，如瓦刀、抹子等。

2）班组共用工具。指在一定作业范围内为一个或多个施工班组共同使用的工具。它包括两种情况：一是在班组内共同使用的工具，如胶轮车、水桶等；二是在班组之间或工种之间共同使用的工具，如水管、搅灰盘、磅秤等。前者一般固定给班组使用并由班组负责保管；后者按施工现场或单位工程配备，由现场材料人员保管；计量器具则由计量部门统管。

另外，按工具的性能分类，有电动工具、手动工具两类。按使用方向划分，有木工工具、瓦工工具、油漆工具等。按工具的产权划分有自有工具、借入工具、租赁工具。工具分类的目的是满足某一方面管理的需要，便于分析工具管理动态，提高工具管理水平。

3. 工具管理的内容

（1）储存管理

工具验收后入库，按品种、质量、规格、新旧残废程度分开存放。同样工具不得分存两处，成套工具不得拆开存放，不同工具不得叠压存放。制定工具的维护保养技术规程，如防锈、防刃口碰伤、防易燃物品自燃、防雨淋和日晒等。对损坏的工具及时修复，延长工具使用寿命，使之处于随时可投入使用的状态。

（2）发放管理

按工具费定额发出的工具，要根据品种、规格、数量、金额和发出日期登记入账，以便考核班组执行工具费定额的情况。出租或临时借出的工具，要做好详细记录并办理有关租赁或借用手续，以便按期、按质、按量归还。坚持"交旧领新"、"交旧换新"和"修旧利废"等行之有效的制度,做好废旧工具的回收、修理工作。

(3) 使用管理

根据不同工具的性能和特点制定相应的工具使用技术规程和规则。监督、指导班组按照工具的用途和性能合理使用。

4. 工具的管理方法

(1) 工具租赁管理方法

工具租赁是在一定的期限内,工具的所有者在不改变所有权的条件下,有偿地向使用者提供工具的使用权,双方各自承担一定的义务的一种经济关系。工具租赁的管理方法适合于除消耗性工具和实行工具费补贴的个人随手工具以外的所有工具品种。

企业对生产工具实行租赁的管理方法,需进行以下几步工作:

1) 建立正式的工具租赁机构。确定租赁工具的品种范围,制定有关规章制度,并设专人负责办理租赁业务。班组亦应指定专人办理租用、退租及赔偿事宜。

2) 测算租赁单价。租赁单价或按照工具的日摊销费确定的日租金额的计算公式如下:

$$某种工具的日租金(元)=\frac{该种工具的原值+采购、维修、管理费}{使用天数}$$

式中 A. 采购、维修、管理费按工具原值的一定比例计数,一般为原值的 1‰~2‰;

B. 使用天数可按本企业的历史水平计算。

3) 工具出租者和使用者签订租赁协议。

4) 根据租赁协议,租赁部门应将实际出租工具的有关事项登入《租金结算台账》。

5) 租赁期满后,租赁部门根据《租金结算台账》填写《租金及赔偿结算单》。如有发生工具的损坏、丢失,将丢失损坏金额一并填入该单"赔偿栏"内。结算单中金额合计应等于租赁费和赔偿费之和。

6) 班组用于支付租金的费用来源是定包工具费收入和固定资产工具及大型低值工具的平均占用费。公式如下:

班组租赁费收入=定包工具费收入+固定资产工具和大型低值工具平均占用费

式中某种固定资产工具和大型低值工具平均占用费=该种工具分摊额×月利用率(%)

班组所付租金,从班组租赁费收入中核减,财务部门查收后,作为班组工具费支出,计入工程成本。

(2) 工具的定包管理办法

工具定包管理是"生产工具定额管理、包干使用"的简称。是施工企业对班组自有或个人使用的生产工具,按定额数量配给,由使用者包干使用,实行节奖超罚的管理方法。

工具定包管理,一般在瓦工组、抹灰工组、木工组、油漆组、电焊工组、架子工组、水暖工组、电工组实行。实行定包管理的工具品种范围,可包括除固定资产工具及实行个人工具费补贴的随手工具以外的所有工具。

班组工具定包管理,是按各工种的工具消耗,对班组集体实行定包,实行班组工具定包管理,需进行以下几步工作:

1) 实行定包的工具,所有权属于企业。企业材料部门指定专人为工具定包员,专门负责工具定包的管理工作。

2) 测定各工种的工具费定额。定额的测定,由企业材料管理部门负责,分三步进行:

第一步：在向有关人员调查的基础上，查阅不少于 2 年的班组使用工具资料。确定各工种所需工具的品种、规格、数量，并以此作为各工种的标准定包工具。

第二步：分别确定各工种工具的使用年限和月摊销费，月摊销费的公式如下：

$$某种工具的月摊销费 = \frac{该种工具的单价}{该种工具的使用期限（月）}$$

式中　工具的单价，采用企业内部不变价格，以避免因市场价格的经常波动，影响工具费定额。

工具的使用期限，可根据本企业具体情况凭经验确定。

第三步，分别测定各工种的日工具费定额，公式如下：

$$某工种人均日工具费定额 = \frac{该工种全部标准定包工具月摊销费总额}{该工种班组额定人数} \times 月工作日$$

式中　班组额定人数，是由企业劳动部门核定的某工种的标准人数；月工作日按 22 天计算。

3）确定班组月度定包工具费收入，公式如下：

某工种班组月度定包工具费收入 = 班组月度实际作业工日 × 该工种人均日工具费定额

班组工具费收入可按季或按月，以现金或转账的形式向班组发放，用于班组向企业使用定包工具的开支。

4）企业基层材料部门，根据工种班组标准定包工具的品种、规格、数量，向有关班组发放工具。班组可按标准定包数量足量领取，也可根据实际需要少领。自领用日起，按班组实领工具数量计算摊销，使用期满以旧换新后继续摊销。但使用期满后能延长使用时间的工具，应停止摊销收费。凡因班组责任造成的工具丢失和因非正常使用造成的损坏，由班组承担损失。

5）实行工具定包的班组需设立兼职工具员，负责保管工具，督促组内成员爱护工具和记载保管手册。

零星工具可按定额规定使用期限，由班组交给个人保管，丢失赔偿。

班组因生产需要调动工作，小型工具自行搬运，不报销任何费用或增加工时，班组确属无法携带需要运输车辆时，由公司出车运送。

企业应参照有关工具修理价格，结合本单位各工种实际情况，制定工具修理取费标准及班组定包工具修理费收入，这笔收入可记入班组月度定包工具费收入，统一发放。

6）班组定包工具费的支出与结算。此项工作分三步进行：

第一步，根据《班组工具定包及结算台账》，按月计算班组定包工具费支出，公式如下：

$$某工种班组月度定包工具费支出 = \sum_{i=1}^{n}(第 i 种工具数 \times 该种工具的日摊销费) \times 班组月度实际作业天数$$

式中

$$某种工具的日摊销费 = \frac{该种工具的月摊销费}{22 天}$$

第二步，按月或按季结算班组定包工具费收支额，公式如下：

某工种班组月度定包工具费收支额 = 该工种班组月度定包工具费收入 −
月度定包工具费支出 − 月度租赁费用 − 月度其他支出

式中租赁费，若班组已用现金支付，则此项不计。

其他支出包括应扣减的修理费和丢失损失费。

第三步,根据工具费结算结果,填制《定包工具结算单》。

7) 班组工具费结算若有盈余,为班组工具节约,盈余额可全部或按比例,作为工具节约奖,归班组所有;若有亏损,则由班组负担。企业可将各工种班组实际的定包工具费收入,作为企业的工具费开支,记入工程成本。

企业每年年终应对工具定包管理效果进行总结分析,找出影响因素,提出有针对性的处理意见。

8) 其他工具的定包管理方法。

A. 按分部工程的工具使用费,实行定额管理,包干使用的管理方法。它是实行栋号工程全面承包或分部、分项承包中工具费按定额包干,节约有奖、超支受罚的工具管理办法。

承包者的工具费收入按工具费定额和实际完成的分部工程量计算;工具费支出按实际消耗的工具摊销额计算。其中各个分部工程工具使用费,可根据班组工具定包管理方法中的人均日工具费定额折算。

B. 按完成百元工作量应耗工具费实行定额管理、包干使用的管理方法。这种方法是先由企业分工种制定万元工作量的工具费定额,再由工人按定额包干,并实行节奖超罚。

工具领发时采取计价"购买"或用"代金成本票"支付的方式,以实际完成产值与万元工具定额计算节约和超支。工具费万元定额要根据企业的具体条件而定。

(3) 对外包队使用工具的管理方法

1) 凡外包队使用企业工具者,均不得无偿使用,一律执行购买和租赁的办法。外包队领用工具时,须由企业劳资部门提供有关详细资料,包括:外包队所在地区出具的证明、人数、负责人、工种、合同期限、工程结算方式及其他情况。

2) 对外包队一律按进场时申报的工种颁发工具费。施工期内变换工种的,必须在新工种连续操作 25 天,方能申请按新工种发放工具费。

外包队工具费发放的数量,可参照班组工具定包管理中某工种班组月度定包工具费收入的方法确定。两者的区别是,外包队的人均日工具费定额,需按照工具的市场价格确定。

外包队的工具费随企业应付工程款一起发放。

3) 外包队使用企业工具的支出。采取预扣工具款的方法,并将此项内容列入工具承包合同。预扣工具款的数量,根据所使用工具的品种、数量、单价和使用时间进行预计,公式如下:

$$预扣工具款总额=\sum_{i=1}^{n}(第\ i\ 种工具日摊销费×该种工具使用数量×预计租用天数)$$

式中 $某种工具的日摊销费=\dfrac{该种工具的市场采购价}{使用期限(日)}$

4) 外包队向施工企业租用工具的具体程序。

A. 外包队进场后由所在施工队工长填写"工具租用单",经材料员审核后,一式三份(外包队、材料部门、财务部门各一份)。

B. 财务部门根据"工具租用单"签发"预扣工具款凭证",一式三份(外包队、财务部门、劳资部门各一份)。

C. 劳资部门根据"预扣工具款凭证"按月分期扣款。

D. 工程结束后,外包队需按时归还所租用的工具,将材料员签发的实际工具租赁费凭证,与劳资部门结算。

E. 外包队领用的小型易耗工具,领用时1次性计价收费。

F. 外包队在使用工具期内,所发生的工具修理费,按现行标准付修理费,从预扣工程款中扣除。

G. 外包队丢失和损坏所租用的工具,一律按工具的现行市场价格赔偿,并从工程款中扣除。

H. 外包队退场时,料具手续不清,劳资部门不准结算工资,财务部门不得付款。

(4) 个人随手工具津贴费管理方法

1) 实行个人工具津贴费的范围。目前,施工企业对瓦工、木工、抹灰工等专业工种的本企业工人所使用的个人随手工具,实行个人工具津贴费管理方法,这种方法使工人有权自选顺手工具,有利于加强维护保养,延长工具使用寿命。

2) 确定工具津贴费标准的方法。根据一定时期的施工方法和工艺要求,确定随手工具的范围和数量,然后测算分析这部分工具的历史消耗水平,在这个基础上,制定分工种的作业工日个人工具津贴费标准。再根据每月实际作业工日,发给个人工具津贴费。

3) 凡实行个人工具津贴费的工具,单位不再发给,施工中需用的这类工具,由个人负责购买、维修和保管。丢失、损坏由个人负责。

4) 学徒工在学徒期不享受工具津贴,由企业一次性发给需用的生产工具。学徒期满后,将原领工具按质折价卖给个人,再享受工具津贴。

【例7-1】 某宾馆工程顶楼餐厅施工需用中粗砂300t,砂已验收进场。使用这批砂时,技术人员发现这批砂是粗砂,不是设计要求的中粗砂,只好退货更换,造成了重大损失。问题:

1) 由于更换这批砂子,施工企业将发生哪些主要的损失?

2) 发生这类问题的原因分析。

3) 提出改进措施。

【分析】

1) 施工企业将受到下列损失:

A. 更换300t砂子的运杂费损失及二次搬运损耗的损失;

B. 延误工程,停工待料及延期竣工的损失;

C. 如果采购合同没有载明砂的规格的,还将产生300t粗砂减价的损失等。

2) 原因分析:

A. 采购的责任分析:合同载明中粗砂规格的,采购没有责任,合同没有明示规格的,采购承担主要责任。

B. 验收的责任分析:砂子规格单据与实物相符的,验收没有责任,单据载明为中粗砂,实物为粗砂,验收承担主要责任。

3) 改进措施:

A. 按计划组织采购，合同必须按采购计划的规定载明采购货物的质量、规格和型号等。

B. 把好验收关，做到质量不符合的不收，数量规格不符合的不收，单据不全的不收。

C. 提高材料管理人员的业务水平，使能根据材料的用途，在第一时间就能发现材料的问题，及早采取措施，减少损失。

【例 7-2】 某企业承包一宾馆工程，竣工结算时算出共亏损 12 万元，经查账，亏损主要发生在以下两方面：

1）砖的用量大大超过预算，单此一项超 5 万元；

2）钢材结算用量超过预算 20t，计 6 万余元。

经进一步查找原因发现，工程用砖尺寸偏小，为当地生产的小青砖，价款已按标准砖单价支付，预算则是标准砖需用量，钢材领用都有凭证，手续齐全，仓库未发生过被盗等事项。检查验收入库单也未发现问题，据验收人员说，钢材是甲供材料，重量是按车辆吨位验收的。问题：

1）该宾馆工程发生亏损的直接原因是什么？

2）该企业材料管理中存在着哪些问题？

【分析】

1）直接原因是材料进场验收没有把好关：

A. 小青砖的采购和进场验收没有把住规格关；

B. 钢材进场没有把住数量关，致使企业吃了缺方亏吨的亏。

2）该企业材料管理存在的问题有：

A. 材料计划管理不强：预算材料用量没有作为计划指标进行管理；

B. 材料采购混乱，把小青砖当作标准砖采购；

C. 验收把关不严，砖的规格一看便知，钢材重量应当过磅验收；

D. 材料核算不及时等。

【例 7-3】 某县新建一幢 2000m² 的住宅楼工程，由一建公司包工包料承建，主体使用中型砌块砌筑，竣工验收抽查中型砌块质量发现，抗压强度等主要指标与质保书不符，为不合格产品，如果交付使用，将会造成重大的质量安全事故。最后鉴定该工程质量不合格，必须拆除。问题：

1）中型砌块等材料进场使用到工程上要过哪几关？

2）把不合格材料用到工程上去的根本原因是什么？

3）简述建筑企业材料管理的根本任务？

【分析】

1）材料进场使用至工程上应当通过采购、验收、监理、施工四大关；

2）把不合格材料用到工程上去的表面原因是四大关都没有把住关，是有关人员失职造成的，但这不是根本原因，否则只要有一关把住，不合格材料就不会用到工程上去。通过分析，根本原因应该是：

A. 对材料工作在认识上存在着重供应轻管理的观念，供应材料只抓保进度；

B. 在材料管理中，管理不严，有章不循，甚至处于无管理状态；

C. 材料管理人员责任心不强或业务不熟悉，材料管理水平低。

3）建筑企业材料管理根本任务，本着管物资必须全面管供、管用、管节约和管回收、修旧利废的原则，把好供、管、用三个主要环节，以最低的材料成本，按质、按量、及时、配套供应施工生产所需的材料，并监督和促进材料的合理使用。

【例7-4】 某日，南桥市贝港大桥坍塌。经调查，大桥坍塌的直接原因是：大桥有2个深26m的桥墩钻孔灌注桩混凝土的抗压强度没有达到设计要求，致使下部支撑不够而坍塌。问题：

1）混凝土抗压强度没有达到设计要求的原因有哪些？
2）该施工队伍在材料管理方面可能存在着什么问题？

【分析】

1）混凝土强度不足的原因主要有：

A. 混凝土配合比问题，核心是水泥量投放不足，原因有：
a. 企业偷工减料，或以低强度等级水泥代用高强度等级水泥而不增加数量；
b. 水泥厂的袋装水泥量都处在允许误差的下限，使总量严重不足；
c. 数量验收事故，袋装水泥点袋计数不准确，散装水泥卸车没有卸净；
d. 材料领用没有过秤等。

B. 水泥的质量问题：
a. 质量验收不严格，进场水泥未达到设计要求；
b. 水泥储存已过期，仍按原强度等级投放等。

C. 施工保养等其他方面的问题。

2）材料管理方面存在的问题可能有：

A. 材料管理制度不健全，进场材料无人验收才会发生上列情况；
B. 材料管理岗位责任制不健全，致使验收、发放、使用无人把关等。

复习思考题

1. 周转材料管理的内容主要有哪些？
2. 周转材料租赁的管理内容和方法是什么？
3. 工具怎样进行管理？
4. 现场材料管理的任务是什么？
5. 现场材料管理分哪几个阶段？各阶段的主要管理内容分别有哪些？
6. 现场材料发放和耗用中应注意哪些问题？
7. 材料节约的途径有哪些？

八、材料核算

(一) 概　述

1. 材料核算的概念

材料核算是企业经济核算的重要组成部分。材料核算是以货币或实物数量的形式，对建筑企业材料管理工作中的采购、供应、储备、消耗等项业务活动进行记录、计算、比较和分析，总结管理经验，找出存在问题，从而提高材料供应管理水平的活动。

材料供应核算是建筑企业经济核算工作的重要组成部分。材料费用一般占建筑工程造价60%左右，材料的采购供应和使用管理是否经济合理，对企业的各项经济技术指标的完成，特别是经济效益的提高有着重大的影响。因此建筑企业在考核施工生产和经营管理活动时，必须抓住工程材料成本核算、材料供应核算这两个重要的工作环节。

进行材料核算，应做好以下基础工作：

1) 要建立和健全材料核算的管理体制，使材料核算的原则贯穿于材料供应和使用的全过程，做到干什么、算什么，人人讲求经济效果，积极参加材料核算和分析活动。这就需要组织上的保证，把所有业务人员组织起来，形成内部经济核算网，为实行指标分管和开展专业核算奠定组织基础。

2) 要建立健全核算管理制度。明确各部门、各类人员以及基层班组的经济责任，制定材料申请、计划、采购、保管、收发、使用的办法、规定和核算程序。把各项经济责任落实到部门、专业人员和班组，保证实现材料管理的各项要求。

3) 要有扎实的经营管理基础工作。主要包括材料消耗定额、原始记录、计量检测报告、清产核资和材料价格等。材料消耗定额是计划、考核、衡量材料供应与使用是否取得经济效果的标准；原始记录是反映经营过程的主要凭据；计量检测是反映供应、使用情况和记账、算账、分清经济责任的主要手段；清产核资是摸清家底，弄清财、物分布占用，进行核算的前提；材料价格是进行考核和评定经营成果的统一计价标准。没有良好的基础工作，就很难开展经济核算。

2. 材料核算的基本方法

(1) 工程成本的核算方法

工程成本核算是指对企业已完工程的成本水平，执行成本计划的情况进行比较，是一种既全面而又概略的分析。工程成本按其在成本管理中的作用有三种表现形式：

1) 预算成本。预算成本是根据构成工程成本的各个要素，按编制施工图预算的方法确定的工程成本，是考核企业成本水平的重要标尺，也是结算工程价款、计算工程收入的重要依据。

2) 计划成本。企业为了加强成本管理，在施工生产过程中有效地控制生产耗费，所确定的工程成本目标值。计划成本应根据施工图预算，结合单位工程的施工组织设计和技术组织措施计划、管理费用计划确定。它是结合企业实际情况确定的工程成本控制额，是企业降低消耗的奋斗目标，是控制和检查成本计划执行情况的依据。

3）实际成本。即企业完成建筑安装工程实际发生的应计入工程成本的各项费用之和。它是企业生产耗费在工程上的综合反映，是影响企业经济效益高低的重要因素。

工程成本核算，首先是将工程的实际成本同预算成本比较，检查工程成本是节约还是超支。其次是将工程实际成本同计划成本比较，检查企业执行成本计划的情况，考察实际成本是否控制在计划成本之内。无论是预算成本和计划成本，都要从工程成本总额和成本项目两个方面进行考核。在考核成本变动时，要借助成本降低额（预算成本降低额和计划成本降低额）和成本降低率（预算成本降低率、计划成本降低率）两个指标。前者用以反映成本节超的绝对额，后者反映成本节超的幅度。

在对工程成本水平和执行成本计划考核的基础上，应对企业所属施工单位的工程成本水平进行考核，查明其成本变动对企业工程成本总额变动的影响程度；同时，应对工程的成本结构、成本水平的动态变化进行分析，考察工程成本结构和水平变动的趋势。此外，还要分析成本计划和施工生产计划的执行情况，考察两者的进度是否同步增长。通过工程成本核算，对企业的工程成本水平和执行成本计划的情况作出初步评价，为深入进行成本分析，查明成本升降原因指明方向。

（2）工程成本材料费的核算

工程材料费的核算反映在两个方面：一是建筑安装工程定额规定的材料定额消耗量与施工生产过程中材料实际消耗量之间的"量差"；二是材料投标价格与实际采购供应材料价格之间的"价差"。工程材料成本盈亏主要核算这两个方面。

1）材料的量差。材料部门应按照定额供料，分单位工程记账，分析节约与超支，促进材料的合理使用，降低材料消耗。做到对工程用料，临时设施用料，非生产性其他用料，区别对象划清成本项目。对属于费用性开支非生产性用料，要按规定掌握，不能记入工程成本。对供应两个以上工程同时使用的大宗材料，可按定额及完成的工程量进行比例分配，分别记入单位工程成本。为了抓住重点，简化基层实物量的核算，根据各类工程用料特点，结合班组核算情况，可选定占工程材料费用比重较大的主要材料，如土建工程中的钢材、木材、水泥、砖瓦、砂、石、石灰等按品种核算，施工队建立分工号的实物台账，一般材料则按类核算，掌握队、组用料节超情况，从而找出定额与实耗的量差，为企业进行经济活动分析提供资料。

2）材料的价差。材料价差的发生，要区别供料方式。供料方式不同，其处理方法也不同。由建设单位供料，按承包商的投标价格向施工单位结算，价格差异则发生在建设单位，由建设单位负责核算。施工单位实行包料，按施工图预算包干的，价格差异发生在施工单位，由施工单位材料部门进行核算，所发生的材料价格差异按合同的规定处理成本。

3. 材料成本分析

（1）材料成本分析的概念

成本分析就是利用成本数据按期间与目标成本进行比较。找出成本升降的原因，总结经营管理的经验，制定切实可行的措施，加以改进，不断地提高企业经营管理水平和经济效益。

成本分析可以在经济活动的事先、事中或事后进行。在经济活动开展之前，通过成本预测分析，可以选择达到最佳经济效益的成本水平，确定目标成本，为编制成本计划提供可靠依据。在经济活动过程中，通过成本控制与分析，可以发现实际支出脱离目标成本的差异，以便及时采取措施，保证预定目标的实现。在经济活动完成之后，通过实际成本分析，评价成本计划的执行效果，考核企业经营业绩，总结经验，指导未来。

（2）成本分析方法

成本分析方法很多，如技术经济分析法、比重分析法、因素分析法、成本分析会议等。材料成本分析通常采用的具体方法有：

1）指标对比法。这是一种以数字资料为依据进行对比的方法。通过指标对比，确定存在的差异，然后分析形成差异的原因。

对比法主要可以有以下几种：

A. 实际指标和计划指标比较。

B. 实际指标和定额、预算指标比较。

C. 本期实际指标与上期（或上年同期成本企业历史先进水平）的实际指标对比。

D. 企业的实际指标与同行业先进水平比较。

例：本期实际指标与预算指标对比如表8-1所示。

建筑直接工程费成本表　　　　　　　　　　　　　　表8-1

单位：万元

成本项目	预算成本	实际成本	成本降低额	成本降低率(%)
人工费	204.6	205.70	−1.10	−0.54
材料费	1613.2	1479.63	133.57	8.28
机械使用费	122.4	122.34	0.06	0.05
其他直接费	31.2	30.44	0.76	2.43
现场经费	94.2	82.62	11.58	12.29
工程成本合计	2065.6	1920.73	144.87	7.01

从表8-1中可以看出材料费的成本降低额为133.57万元，降低率为8.28%。

2）因素分析法。成本指标往往由很多因素构成，因素分析法是通过分析材料成本各构成因素的变动对材料成本的影响程度，找出材料成本节约或超支的原因的一种方法。

因素分析法具体有连锁替代法和差额计算法二种。

A. 连锁替代法。它以计划指标和实际指标的组成因素为基础，把指标的各个因素的实际数，顺序、连环地去替换计划数，每替换一个因素，计算出替代后的乘积与替代前乘积的差额，即为该替代因素的变动对指标完成情况的影响程度。各因素影响程度之和就是实际数与计划数的差额。现举例如下：

假设成本中材料费超支1400元，用连锁替代法进行分析。

影响材料费超支的因素有3个，即产量、单位产品材料消耗量和材料单价。它们之间的关系可用下列公式表示：

$$材料费总额 = 产量 \times 单位产品材料消耗量 \times 材料单价$$

根据以上因素将有关资料列于表8-2。

材料费总额组成因素表　　　　　　　　　　　　　　表8-2

指　标	计　划　数	实　际　数	差　额
材料费(元)	4000	5400	+1400
产量(m³)	100	120	+20
单位产品材料消耗量(kg)	10	9	−1
材料单价(元)	4	5	+1

第一次替代，分析产量变动的影响
$$120(m^3) \times 10(kg/m^3) \times 4(元/kg) = 4800元$$
$$4800元 - 4000元 = 800元$$

第二次替代，分析材料消耗定额变动的影响
$$120m^3 \times 9(kg/m^3) \times 4(元/kg) = 4320元$$
$$4320元 - 4800元 = -480元$$

第三次替代，分析材料单价变动的影响
$$120m^3 \times 9(kg/m^3) \times 5(元/kg) = 5400元$$
$$5400元 - 4320元 = 1080元$$

分析结果：800元－480元＋1080元＝1400元

通过计算，可以看出材料费的超支主要是由于材料单价的提高而引起的。

B. 差额计算法。差额计算法是连锁替代法的一种简化形式，它是利用同一因素的实际数与计划数的差额，来计算该因素对指标完成情况的影响，现仍以表8-2数字为例分析如下。

由于产量变动的影响程度：
$$(+20) \times 10 \times 4 = 800元$$

由于单位产品材料消耗量变动的影响程度：
$$120 \times (-1) \times 4 = -480元$$

由于单价变动的影响程度：
$$120 \times 9 \times (+1) = 1080元$$

以上3项相加结果：
$$800 + (-4800 + 1080) = 1400元$$

分析的结果与连锁替代法相同。

3）趋势分析法。趋势分析法是将一定时期内连续各期有关数据列表反映并借以观察其增减变动基本趋势的一种方法。

假设某企业2002~2006年各年的某类单位工程材料成本如表8-3所示。

单位工程材料成本表（元）　　表8-3

年度	2002	2003	2004	2005	2006
单位成本	500	570	650	720	800

表中数据说明该企业某类单位工程材料成本总趋势是逐年上升的，但上升的程度多少，并不能清晰地反映出来。为了更具体地说明各年成本的上升程度，可以选择某年为基年，计算各年的趋势百分比。现假设以2002年为基年，各年与2002年的比较如表8-4。

各年单位工程材料成本上升程度比较表　　表8-4

年度	2002	2003	2004	2005	2006
单位成本比率（%）	100	114	130	144	160

从上表可以看出该类单位工程材料成本在5年内逐年上升，每年上升的幅度约是上一年的15%左右，这样就可以对材料成本变动趋势有进一步的认识，还可以预测今后成本上升的幅度。

（二）材料核算的内容和方法

1. 材料采购的核算

材料采购核算，是以材料采购预算成本为基础，与实际采购成本相比较，核算其成本降低或超耗程度。

（1）材料采购实际成本（价格）

材料采购实际成本是材料在采购和保管过程中所发生的各项费用的总和。它由材料原价、供销部门手续费、包装费、运杂费、采购保管费五方面因素构成。组成实际价格的五个内容，任何一方面的变动，都会直接影响到材料实际成本的高低，进而影响工程成本的高低。在材料采购及保管过程中应力求节约，降低材料采购成本是材料采购管理的重要环节。

市场供应的材料，由于货源来自各地，产品成本不一致，运输距离不等，质量情况也有上下，为此在材料采购或加工订货时，要注意材料实际成本的核算，采购材料时应作各种比较，即：同样的材料比质量；同样的质量比价格；同样的价格比运距；最后核算材料成本。地方大宗材料的价格组成，运费占主要成分，尽量做到就地取材，减少运输及管理费用。

材料价格通常按实际成本计算，具体方法有"先进先出法"或"加权平均法"二种。

1）先进先出法。是指同一种材料每批进货的实际成本如各不相同时，按各批不同的数量及价格分别记入账册。在发生领用时，以先购入的材料数量及价格先计价核算工程成本，按先后程序依此类推。

2）加权平均法。是指同一种材料在发生不同实际成本时，按加权平均法求得平均单价，当下一批进货时，又以余额（数量及价格）与新购入的数量、价格作新的加权平均计算，得出平均价格。

（2）材料采购成本的考核

材料采购成本可以从实物量和价值量两方面进行考核。单项品种的材料在考核材料采购成本时，可以从实物量形态考核其数量上的差异。企业实际进行采购成本考核，往往是分类或按品种综合考核价值上的"节"与"超"。通常有如下两项考核指标。

1）材料采购成本降低（超耗）额

材料采购成本降低（超耗）额＝材料采购预算成本－材料采购实际成本

式中材料采购预算成本是按预算价格事先计算的计划成本支出；材料采购实际成本是按实际价格事后计算的实际成本支出。

2）材料采购成本降低（超耗）率

材料采购成本降低(超耗)率(%)＝(材料采购成本降低(超耗)额÷材料采购预算成本)×100%

通过此项指标，考核成本降低或超耗的水平和程度。

例：某工地四季度从四个产地采购四批中粗砂，A批 $150m^3$，每立方米采购成本 24 元；B批 $200m^3$，每立方米 23.5 元；C批 $400m^3$，每立方米 22 元；D批 $250m^3$，每立方米 23 元。

中粗砂加权平均成本(元/m³)＝(150×24＋200×23.5＋400×22＋250×23)÷
(150＋200＋400＋250)＝22.85元/m³

中粗砂预算单价每立方米24.88元。

中粗砂采购成本降低额＝(24.88－22.85)×1000＝2030元

中粗砂采购成本降低率＝(1－22.85÷24.88)×100％≈8.16％

该工地采购中粗砂四批共1000m³，共节约采购费用2030元，成本降低率达到8.16％，经济效果尚好。

2. 材料供应的核算

材料供应计划是组织材料供应的依据。它是根据施工生产进度计划、材料消耗定额等编制的。施工生产进度计划确定了一定时期内应完成的工程量，而材料供应量是根据工程量乘材料消耗定额，并考虑库存、合理储备、综合利用等因素，经平衡后确定的。按质、按量、按时配套供应各种材料，是保证施工生产正常进行的基本条件之一。检查考核材料供应计划的执行情况，主要是检查材料的收入执行情况，它反映了材料对生产的保证程度。

检查材料收入的执行情况，就是将一定时期（旬、月、季、年）内的材料实际收入量与计划收入量作对比，以反映计划完成情况。一般情况下，从以下二个方面进行考核。

(1) 检查材料收入量是否充足

这是考核各种材料在某一时期内的收入总量是否完成了计划，检查在收入数量上是否满足了施工生产的需要。其计算公式为：

材料供应计划完成率(％)＝(实际收入量÷计划收入量)×100％

例如：某建筑施工单位的部分材料收入情况考核如表8-5。

某单位供应材料情况考核表　　　　　　　　表8-5

材料名称	规格	单位	进料来源	进料方式	进料数量		实际完成情况(％)
					计划	实际	
水泥	42.5	t	××水泥厂	卡车运输	390	429	110
黄砂	中粗	t	材料公司	卡车运输	780	663	85
碎石	5～40mm	t	材料公司	航运	1560	1636	105

检查材料收入量是保证生产完成所必须的数量，是保证施工生产顺利进行的一项重要条件。如收入量不充分，如上表中黄砂的收入量仅完成计划收入量的85％，这就造成一定程度上的材料供应数量不足，影响施工正常进行。

(2) 检查材料供应的及时性

在检查考核材料收入总量计划的执行情况时，还会遇到收入总量的计划完成情况较好，但实际上施工现场却发生停工待料的现象，这是因为在供应工作中还存在收入时间是否及时的问题。也就是说，即使收入总量充分，但供应时间不及时，也同样会影响施工生产的正常进行。

分析考核材料供应及时性问题时，需要把时间、数量、平均每天需用量和期初库存等资料联系起来考查。例如表8-5中水泥完成情况为110％，从总量上看满足了施工生产的需要，但从时间上来看，供料很不及时，几乎大部分水泥的供应时间集中在中、下旬，影响了上旬施工生产的顺利进行。见表8-6。

某单位7月份水泥供应及时性考核（t） 表8-6

进货批数	计划需用量		其月初库存量	计划收入		实际收入		完成计划（%）	对生产保证程度		备注
	本月	平均每日用量		日期	数量	日期	数量		按日数计	按数量计	
	390	15	30						2	30	
第一批				7.1	80	7.5	45		3	45	
第二批				7.7	80	7.14	105		7	105	
第三批				7.13	80	7.19	120		8	120	
第四批				7.19	80	7.27	159		3	45	
第五批				7.25	70						
							429		23	345	

注：1. 7月的工作天数按26天计算。
2. 平均每日需用量＝全月需用量÷实际工作天＝390÷26＝15t。
3. 第四批27日供货的159t，实际起保证作用的只有28、29和31日三天（30日为星期天）。

从表8-7可以看出，当月的水泥供货总量超额完成了计划，但由于供货不均衡，月初需用的材料却集中于后期供应，其结果造成了工程发生停工待料现象，实际收入总量429t中，能及时用于生产建设的只有345t，停工待料3天，供货及时性（对生产的保证程度）的计算公式为：

本月供货及时性率(%)＝(实际供货对生产建设具有保证的天数÷全月实际工作天数)×100%

代入上列数字后即：

本月供货及时性率＝(23÷26)×100%≈88.46%

3. 材料储备的核算

为了防止材料积压或储备不足，保证生产需要，加速资金周转，企业必须经常检查材料储备定额的执行情况，分析材料库存情况。

检查材料储备定额的执行情况，是将实际储备材料数量（金额）与储备定额数量（金额）相对比，当实际储备数量超过最高储备定额时，说明材料有超储积压；当实际储备数量低于最低储备定额时，说明企业材料储备不足，需要动用保险储备。

（1）储备实物量的核算

实物量储备的核算是对实物周转速度的核算，主要核算材料对生产的保证天数、在规定期限内的周转次数和周转1次所需天数。其计算公式为：

材料储备对生产的保证天数＝期末库存量÷每日平均消耗材料量

材料周转次数＝某种材料的年消耗量÷平均库存

材料周转天数（即储备天数）＝平均库存×日历天（年）÷年度材料耗用量

例：某建筑企业核定黄砂最高储备天数为5.5天，某年度1～12月耗用黄砂149328t，其平均库存为3360t，期末库存为4100t，计算实际储备天数对生产的保证程度及超储或不足供应现状：

实际储备天数＝(平均库存×报告期日历天数)÷年度耗用量＝(3360×360)÷149328＝8.1天

对生产的保证天数＝4100÷(149328÷360)≈9.88天

黄砂超储情况：
1）超储天数＝报告期实际储备－核定最高生产储备＝8.1－5.5＝2.6天
2）超储数量＝超额天数×平均每日消耗量＝2.6×(149328÷360)＝1078.48t

（2）储备价值量的核算

价值形态的检查考核，是把实物数量乘以材料单价用货币作为综合单位进行综合计算，其好处是能将不同质、不同价格的各类材料进行最大限度地综合，它的计算方法除上述的有关周转速度方面（周转次、周转天）的核算方法均适用外，还可以从百元产值占用材料储备资金情况及节约使用材料资金方面进行计算考核。其计算式为：

1）百元产值占用材料储备资金＝(定额流动资金中材料储备资金平均数÷年度建安工作量)×100
2）流动资金中材料资金节约使用额＝(计划周转天数－实际周转天)×(年度材料耗用总额÷360)

例：某建筑单位全年完成建安工作量1168.8万元，年度耗用材料总量为888.29万元，其平均库存为151.78万元。核定周转天数为70天，现要求计算该企业的实际周转次数，周转天数，百元产值占用材料储备资金及节约材料资金等情况。

1）周转次数＝年度耗用材料总量÷平均库存＝888.29万元÷151.78万元/次≈5.85次
2）周转天＝平均库存×报告期日历天÷年度材料耗用总量＝151.78×360÷888.29≈61.51天
3）百元产值占用材料储备资金＝(151.78万元÷1168.8万元)×100≈12.99元
4）可以节约使用流动资金＝(70－61.51)×(888.29万元÷360)≈20.95万元

4. 材料消耗量核算

现场材料使用过程的管理，主要是按单位工程定额供应和班组耗用材料的限额领料进行管理。前者是按预算定额对在建工程实行定额供应材料；后者是在分部分项工程中以施工定额对施工队伍限额领料。施工队伍实行限额领料，是材料管理工作的落脚点，是经济核算、考核企业经营成果的依据。

检查材料消耗情况，主要是用材料的实际消耗量与定额消耗量进行对比，反映材料节约或浪费情况。由于材料的使用情况不同，因而考核材料的节约或浪费的方法也不相同，分述如下：

（1）核算某项工程某种材料的定额与实际消耗情况

计算公式如下：

某种材料节约(超耗)量＝某种材料实际耗用量－该项材料定额耗用量

上式计算结果为负数，则表示节约；反之计算结果为正数，则表示超耗。

某种材料节约(超耗)率＝(某种材料节约(超耗)量÷该种材料定额耗用量)×100%

同样，式中负百分数表示节约率；正百分数表示超耗率。

例如某工程浇捣墙基C20混凝土，每立方米定额用水泥32.5级245kg，共浇捣23.6m^3，实际用水泥5204kg，则其：

水泥节约量为＝5204－245×23.6＝－578(kg)
水泥节约率%＝[578÷(245×23.6)]×100%≈10%

(2) 核算多项工程某种材料消耗情况

节约或超支的计算式同上。某种材料的计划耗用量，即定额要求完成一定数量建筑安装工程所需消耗的材料数量的计算式应为：

某种材料定额耗用量＝Σ（材料消耗定额×实际完成的工程量）

例如：某工程浇捣混凝土和砌墙工程均需使用黄砂，工程资料如表 8-7。

工程资料   表 8-7

分部分项工程名称	完成工程量（m³）	定额单耗(t)	限额用量(t)	实际用量(t)	节约、超支量(t)	节约、超支率(%)
M5 砂浆砌一砖半外墙	65.4	0.325	21.255	20.520	−0.735	−3.98
现浇 C20 混凝土圈梁	2.45	0.656	1.607	1.702	＋0.095	＋5.91
合　　计			22.862	22.222	−0.640	−2.8

根据表 8-7 资料，可以看出二项工程合计节约黄砂 0.64t，其节约率为 2.8%。

如果作进一步分析检查，则砌墙工程节约黄砂 3.98%计 0.735t，混凝土工程超耗黄砂 5.91%计 0.095t。

(3) 核算一项工程使用多种材料的消耗情况

建筑材料有时由于使用价值不同，计量单位各异，不能直接相加进行考核。因此，需要利用材料价格作为同度量因素，用消耗量乘材料价格，然后加总对比。公式如下：

材料节约(−)或超支(＋)额＝Σ材料价格×（材料实耗量−材料定额消耗量）

例如：某施工单位以 M5 混合砂浆砌筑一砖外墙工程共 100m³，定额及实际耗料核算检查情况见表 8-8。

(4) 检查多项分项工程使用多种材料的消耗情况

这类考核检查，适用以单位工程为单位的材料消耗情况，它既可了解分部分项工程以及各单位材料定额的执行情况，又可综合分析全部工程项目耗用材料的效益情况，见表 8-9。

材料消耗分析表   表 8-8

材料名称规格	单位	消耗数量		材料计划价格(元)	消耗金额(元)		节约、超支量(t)	节约、超支率(%)
		应耗	实耗		应耗	实耗		
32.5 级水泥	kg	4746	4350	0.293	1390.58	1274.55	116.03	8.34
黄砂	kg	33130	36000	0.028	927.64	1008	−80.36	−8.06
石灰膏	kg	3386	4036	0.101	341.99	407.64	−65.65	−19.20
标准砖	kg	53600	53000	0.222	11899.2	11766	133.2	1.12
合计					14559.41	14456.19	103.22	0.71

材料消耗分析表   表 8-9

工程名称	工程量		材料		材料单耗		材料价格(元)	材料费用(元)	
	单位	数量	名称	单位	实际	定额		按实际计	按定额计
C10 基础加固混凝土	m³	18.1	32.5 级水泥	kg	187	194	0.293	991.72	1028.84
			黄砂	kg	578	581	0.028	292.83	294.45
			5～40mm 碎石	kg	1034	1050	0.0216	404.25	410.51
C20 基础钢筋混凝土	m³	36.42	32.5 级水泥	kg	473	450	0.024	205.47	195.48
			黄砂	kg	246	254	0.293	2625.08	2710.45
			5～40mm 碎石	kg	607	615	0.028	618.99	627.15
				kg	1292	1320	0.0216	1016.38	1038.41
合计								6154.82	6305.29

5. 周转材料的核算

由于周转材料可多次反复使用于施工过程，因此其价值的转移方式不同于材料的一次性转移，而是分多次转移，通常称为摊销。周转材料的核算以价值量核算为主要内容，核算周转材料的费用收入与支出的差异和摊销。

(1) 费用收入

周转材料的费用收入是以施工图为基础，以预算定额为标准随工程款结算而取得的资金收入。

(2) 费用支出

周转材料的费用支出是根据施工工程的实际投入量计算的。在对周转材料实行租赁的企业，费用支出表现为实际支付的租赁费用；在不实行租赁制度的企业，费用支出表现为按照规定的摊销率所提取的摊销额。

(3) 费用摊销

1) 一次摊销法。一次摊销法是指一经使用，其价值即全部转入工程成本的摊销方法。它适用于与主件配套使用并独立计价的零配件等。

2) "五·五"摊销法。是指投入使用时，先将其价值的一半摊入工程成本，待报废后再将另一半价值摊入工程成本的摊销方法。它适用于价值偏高，不宜一次摊销的周转材料。

3) 期限摊销法。期限摊销法是根据使用期限和单价来确定摊销额度的摊销方法。它适用于价值较高、使用期限较长的周转材料。计算方法如下：

第一步：分别计算各种周转材料的月摊销额，公式如下：

某种周转材料÷月摊销额(元)＝(该种周转材料采购原值－预计残余价值(元))÷
(该种周转材料预计使用年限×12(月))

第二步：计算各种周转材料月摊销率，公式如下：

某种周转材料月摊销率＝(该种周转材料月摊销额(元)÷
(该种周转材料采购原值(元))×100%

第三步：计算月度总摊销额：

周转材料月总摊销额＝Σ(周转材料采购原值(元)×该周转材料月摊销率(%))

6. 工具的核算

(1) 费用收入与支出

在施工生产中，工具费的收入是按照框架结构、排架结构、升板结构、全装配结构等不同结构类型，以及旅游宾馆等大型公共建筑，分不同檐高（20m以上和以下），以每平方米建筑面积计取。一般情况下，生产工具费用约占工程直接费的2%。

工具费的支出包括购置费、租赁费、摊销费、维修费以及个人工具的补贴费等项目。

(2) 工具的账务

施工企业的工具财务管理和实物管理相对应，工具账分为由财务部门建立的财务账和由料具部门建立的业务账二类。

1) 财务账

A. 总账（一级账）。以货币单位反映工具资金来源和资金占用的总体规模。资金来源是购置、加工制作、从其他企业调入、向租赁单位租用的工具价值总额。资金占用是企业在库和在用的全部工具价值余额。

B. 分类账（二级账）。是在总账之下，按工具类别所设置的账户，用于反映工具的摊销和余值状况。

C. 分类明细账（三级账）。是针对二级账户的核算内容和实际需要，按工具品种而分别设置的账户。

在实际工作中，上述三种账户要平行登记，做到各类费用的对口衔接。

2) 业务账

总数量账。用以反映企业或单位的工具数量总规模，可以在一本账簿中分门别类地登记，也可以按工具的类别分设几个账簿进行登记。

A. 新品账。亦称在库账，用以反映未投入使用的工具的数量，是总数量账的隶属账。

B. 旧品账。亦称在用账，用以反映已经投入使用的工具的数量，是总数量账的隶属账。

当因施工需要使用新品时，按实际领用数量冲减新品账，同时记入旧品账，某种工具在总数量账上的数额，应等于该种工具在新品账和旧品账的数额之和。当旧品完全损耗，按实际消耗冲减旧品账。

C. 在用分户账。用以反映在用工具的动态和分布情况，是旧品账的隶属账。某种工具在旧品账上的数量，应等于各在用分户账上的数量之和。

(3) 工具费用的摊销方法与周转材料相同。

【例 8-1】 某工程的砖基础、砖外墙、暖气沟墙耗用砖的资料如表 8-10，试检查砖的消耗情况。

砖基础、砖外墙、暖气沟墙耗用砖统计表　　　　表 8-10

分项工程名称	完成工程量(m^3)	定额单耗(块/m^3)	实耗量(块)
砖基础	250	508	123000
外墙	900	523	462600
暖气沟墙	350	539	190400

【分析】

1) 定额耗用量：

$$砖基础应耗砖 = 250 \times 508 = 127000 \text{ 块}$$

$$外墙应耗砖 = 900 \times 523 = 470700 \text{ 块}$$

$$暖气沟耗砖 = 350 \times 539 = 188650 \text{ 块}$$

2) 砖的合计用量：

$$三项合计应耗用砖 = 127000 + 470700 + 188650 = 786350 \text{ 块}$$

$$三项合计实际耗用砖 = 123000 + 462600 + 190400 = 776000 \text{ 块}$$

3) 砖的节约量 = 776000 - 786350 = -10350 块（节约）

$$砖的节约率 = \frac{10350}{786350} \times 100\% \approx 1.32\%$$

4) 分项工程砖的节约数量和节约率：

$$砖基础砖的节约量 = 127000 - 123000 = 4000 \text{ 块}$$

$$砖基础砖的节约率 = \frac{4000}{127000} \times 100\% \approx 3.15\%$$

外墙砖的节约量＝470700－462600＝8100块

砖基础砖的节约率＝$\frac{8100}{470700}\times 100\%\approx 1.72\%$

暖气沟砖的节约量＝188650－190400＝－1750块

暖气沟砖的超耗率＝$\frac{1750}{188650}\times 100\%\approx 0.93\%$

【例 8-2】 某企业报告期的钢材消耗资料如表 8-11，试用差额计算法对钢材的消耗情况进行分析，并用文字作简要的说明。

钢材消耗表（t） 表8-11

材料名称	工程量(m^3)		单价(元/t)		单耗(t/m^3)	
	计划	实际	计划	实际	计划	实际
钢材	50	62	3800	4000	0.32	0.28

【分析】

替代基础：50×0.32×3800＝60800（元）

第一替代：工程量增加对钢材费超支的影响程度：(62－50)×0.32×3800＝14592元（主要的超支因素）

第二替代：单耗下降对钢材费的影响程度 62×(0.28－0.32)×3800＝－9424元（节约因素）

第三替代：单价上涨对钢材费的影响程度 62×0.28×(4000－3800)＝3472元（超支因素）

复核：14592－9424＋3472＝62×0.28×4000－60800＝8640元

报告期钢材共超支8640元，超支的主要原因是工程量大幅度增加。

【例 8-3】 某单位本期水泥的消耗资料如表 8-12，试用差额计算法找出水泥消耗节超的主要原因。

水泥消耗表（t） 表8-12

材料名称	工程量(m^3)		单价(元/t)		单耗(t/m^3)	
	计划	实际	计划	实际	计划	实际
水泥	2500	3000	480	450	0.28	0.29

【分析】

替代基础：水泥费用＝工程量×单耗×单价＝2500×0.28×480＝336000元

第一替代：工程量变动对材料费的影响程度：(3000－2500)×0.28×480＝67200元（超支）

第二替代：单耗变动对材料费的影响程度：3000×(0.29－0.28)×480＝14400元（超支）

第三替代：单价变动对材料费的影响程度：3000×0.29×(450－480)＝－26100元（节约）

实际水泥费用支出＝3000×0.29×450＝391500元

复核：67200＋14400－26100＝391500－336000＝55500元

本期水泥费用实际比计划超支55500元，超支的主要原因是工程量增加，应进一步分析工程量大幅增加的原因。

【例 8-4】 某工程处今年上半年地方材料采购供应计划完成情况如表 8-13 所示，求材料供应计划的完成率和品种配套率。

材料采购供应计划完成情况表　　　　表 8-13

材料名称	计量单位	计划供应量	实际进货量
砖	千块	3000	2400
黏土瓦	千张	600	760
石灰	t	500	450
砂	m³	4000	4400
石子	m³	3500	4550

【分析】

1) 材料供应计划率：

$$砖供应计划完成率 = \frac{2400}{3000} \times 100\% = 80\%$$

$$黏土瓦供应计划完成率 = \frac{760}{600} \times 100\% \approx 127\%$$

$$石灰供应计划完成率 = \frac{450}{500} \times 100\% = 90\%$$

$$砂供应计划完成率 = \frac{4400}{4000} \times 100\% = 110\%$$

$$石子供应计划完成率 = \frac{4550}{3500} \times 100\% = 130\%$$

2) 材料供应品种配套率：

$$品种配套率 = \frac{5-2}{5} \times 100\% = 60\%$$

【例 8-5】 某工程处上月份（30 天）普通水泥供货执行情况如表 8-14。求：
1) 水泥供应对当月需用量的保证程度，并将数据填入表 8-14；
2) 水泥供应的及时率。

水泥供货执行情况表 (t)　　　　表 8-14

材料名称及批次	合同约定供货量		实际供货情况		对本月需用量的保证程度	
	本月	每日	日期	数量	按日计	按数量计
水泥	3000	100				
第一批			当月 3 日	700		
第二批			当月 12 日	1200		
第三批			当月 18 日	600		
第四批			当月 29 日	600		
合计	3000			3100		

【分析】

1) 水泥供应对当月需用量的保证程度
按日计算的保证天数（见表 8-15）
按数量计算的保证数量（见表 8-15）

217

水泥供应对当月需用量的保证程度　　　　　　　　　　　　表 8-15

材料名称及批次	合同约定供货量		实际供货情况		对本月需用量的保证程度	
	本月	每日	日期	数量	按日计	按数量计
水泥	3000t	100t				
第一批			当月 3 日	700t	7 天	700
第二批			当月 12 日	1200t	12 天	1200
第三批			当月 18 日	600t	6 天	600
第四批			当月 29 日	600t	1 天	100
合计	3000t			3100t	26 天	2600

2) 水泥供应的及时率 $= \dfrac{26}{30} \times 100\% = 86.7\%$

复习思考题

1. 工程成本中材料核算的内容是什么？
2. 材料核算主要核算哪几项业务？其各自的方法是什么？
3. 某公司本期主要材料消耗资料如下，请用连锁替代法对主要材料消耗情况进行分析，并用文字加以简单说明。

单位名称	单位	工程量 m³		单价（元）		单位工程材料	
		计划	实际	计划	实际	计划	实际
钢材	t	50	62	3000	3400	0.32	0.28
水泥	t	2500	3000	480	520	0.28	0.29
木材	m³	56	50	850	830	0.18	0.21

九、相关法律、法规及标准

近几年是我国建筑业发展史上出台法律法规数量最多、效力最强的时期。这些法律、法规、规章，形成了较为完整的建筑业和工程建设法规体系。为加强建设工程的质量和安全的监督、检查提供了技术依据，建筑市场运行有法可依的局面基本形成。

（一）《中华人民共和国建筑法》及其贯彻实施

1997年11月1日，第八届全国人大常委会第二十八次会议通过了《中华人民共和国建筑法》（以下简称《建筑法》），共八章八十五条，1998年3月1日起实施。

《建筑法》是规范我国各类房屋建筑及附属设施建造和安装活动的重要法律，它的基本精神是保证建筑工程质量和安全，规范和保障建筑各方主体的利益。它以规范建筑市场行为为出发点，以建筑工程质量和安全为主线，内容包括总则、建筑许可、建筑工程发包与承包、建筑工程监理、建筑工程安全管理、建筑工程质量管理、法律责任、附则。《建筑法》为我国确立了建筑活动中的基本法律制度。

1. 建筑活动中应遵守制度

1) 建筑工程施工许可制度（第七条至第十一条）；
2) 从事建筑活动的单位的资质管理制度（第十二条至第十三条）；
3) 从事建筑活动的专业技术人员执业资格制度（第十四条）；
4) 建筑工程招标投标制度（第十六条、第十九条至第二十三条）；
5) 建筑工程监理制度（第三十条至第三十五条）；
6) 建筑安全生产管理制度（第三十六条）；
7) 建筑工程安全生产群防群治制度（第三十六条）；
8) 建筑工程安全生产培训制度（第四十六条）；
9) 工程事故措施报告制度（第五十一条）；
10) 工程质量监督检查制度（第五十二条、第六十三条、第七十九条）；
11) 对从事建筑活动的单位推行质量体系认证制度（第五十三条）；
12) 建筑工程质量责任制度（第五十四条至第六十条）；
13) 建筑工程竣工验收制度（第六十一条）；
14) 建筑工程质量保修制度（第六十二条）。

2. 《建筑法》有八条禁止性规定

1) 禁止将建筑工程肢解发包（第二十四条）；
2) 禁止建筑施工企业超越本企业资质等级许可的业务范围或者以任何形式用其他建筑施工企业的名义承揽工程（第二十六条）；
3) 禁止建筑施工企业以任何形式允许其他单位或者个人使用本企业的资质证书、营业执照，以本企业的名义承揽工程（第二十六条）；
4) 禁止承包单位将其承包的全部建筑工程转包给他人（第二十八条）；

5)禁止承包单位将其承包的全部建筑工程肢解以后以分包的名义转包给他人(第二十八条);

6)禁止总承包单位将部分工程分包给不具备相应资质条件的单位(第二十九条);

7)禁止分包单位将其承包的工程再分包(第二十九条);

8)工程监理单位不得转让工程监理业务(第三十四条)。

3. 《建筑法》中与材料管理有关的条款

第二十五条 按照合同约定,建筑材料、建筑构配件和设备由工程承包单位采购的,发包单位不得指定承包单位购入用于工程的建筑材料、建筑构配件和设备或者指定生产厂、供应商。

第三十四条 工程监理单位与被监理工程的承包单位以及建筑材料、建筑构配件和设备供应单位不得有隶属关系或者其他利害关系。

第五十六条 设计文件选用的建筑材料、建筑构配件和设备,应当注明其规格、型号、性能等技术指标,其质量要求必须符合国家规定的标准。

第五十七条 建筑设计单位对设计文件选用的建筑材料、建筑构配件和设备,不得指定生产厂、供应商。

第五十九条 建筑施工企业必须按照工程设计要求、施工技术标准和合同的约定,对建筑材料、建筑构配件和设备进行检验,不合格的不得使用。

第七十四条 建筑施工企业在施工中偷工减料的,使用不合格的建筑材料、建筑构配件和设备的,或者有其他不按照工程设计图纸或者施工技术标准施工的行为的。责令改正,处以罚款;情节严重的,责令停业整顿,降低资质等级或者吊销资质证书;造成建筑工程质量不符合规定的质量标准的,负责返工、修理,并赔偿因此造成的损失;构成犯罪的,依法追究刑事责任。

(二)《中华人民共和国招标投标法》及其贯彻实施

1999年8月30日九届全国人大常委会第十一次会议审议通过《中华人民共和国招标投标法》(以下简称《招标投标法》,共六章,六十八条。该法的颁布实施标志着我国的招标投标事业开始步入法制化轨道。《招标投标法》的实施目的在于通过法律手段强化竞争机制,借助公开、公平、公正的招标投标活动,促进生产要素的合理配置。招标投标制度的确立,改变了传统的直接采购和行政分配方式,是深化投资融资、体制改革的一项重大举措,是政府在投资管理方面迈向市场经济的又一里程碑。《招标投标法》的颁布实施,对于规范建设工程领域的招标投标活动,保护国家利益、社会公共利益和招标投标活动当事人的合法权益,提高经济效益,保证项目质量,具有深远的历史意义和重大的现实意义。

1. 《招标投标法》中规定的强制招标范围

《招标投标法》第三条规定:在中华人民共和国境内进行下列工程建设项目,包括项目的勘察、设计、施工、监理以及与工程建设有关的重要设备、材料等的采购,必须进行招标:

1)大型基础设施、公用事业等关系社会公共利益、公众安全的项目;

2) 全部或者部分使用国有资金投资或者国家融资的项目；

3) 使用国际组织或者外国政府贷款、援助资金的项目。

根据 2000 年 4 月 4 日国务院批准，2000 年 5 月 1 日国家发展计划委员会发布的《工程建设项目招标范围和规模标准规定》，上述所列项目达到下列标准之一的，必须进行招标：

1) 施工单项合同估算价在 200 万元人民币以上的；

2) 重要设备、材料等货物的采购，单项合同估算价在 100 万元人民币以上的；

3) 勘察、设计、监理等服务的采购，单项合同估算价在 50 万元人民币以上的；

4) 单项合同估算价低于第 1)、2)、3) 项规定的标准，但项目总投资额在 3000 万元人民币以上的。

法律或者国务院对必须进行招标的其他项目的范围有规定的，依照其他规定。

2.《招标投标法》中规定的两种招标方式

《招标投标法》第十条规定，招标分为公开招标和邀请招标两种方式。公开招标，是招标人在指定的报刊、电子网络或其他媒体上发布招标公告，吸引众多的企业单位参加投标竞争，招标人从中择优选择中标单位的招标方式。邀请招标，也称选择性招标，由招标人根据供应商承包资信和业绩，选择一定数目的法人或其他组织（一般不能少于 3 家），向其发出投标邀请书，邀请他们参加投标竞争。这两种方式的区别主要在于：1) 发布信息的方式不同；2) 选择的范围不同；3) 竞争的范围不同；4) 公开的程度不同；5) 时间和费用不同。

3. 关于投标的主要规定

1) 响应招标、参加投标竞争的法人或者其他组织，称之为投标人。投标人应当具备承担招标项目的能力；国家有关规定对投标人资格条件或者招标文件对投标人资格条件有规定的，投标人应当具备规定的资格条件。

2) 投标人应当按照招标文件的要求编制投标文件。投标文件应当对招标文件提出的实质性要求和条件作出响应。招标项目属于建设施工的，投标文件的内容应当包括拟派出的项目负责人与主要技术人员的简历、业绩和拟用于完成招标项目的机械设备等。

3) 投标人应当在招标文件要求提交投标文件的截止时间前，将投标文件送达投标地点。投标人在招标文件要求提交投标文件的截止时间前，可以补充、修改或者撤回已提交的投标文件，并书面通知招标人。补充、修改的内容为投标文件的组成部分。投标人根据招标文件载明的项目实际情况，拟在中标后将中标项目的部分非主体、非关键性工作进行分包的，应当在投标文件中载明。

4) 两个以上法人或者其他组织可以组成一个联合体，以一个投标人的身份共同投标。联合体各方均应当具备承担招标项目的相应能力；均应当具备规定的相应资格条件。由同一专业的单位组成的联合体，按照资质等级较低的单位确定资质等级。

5) 投标人不得相互串通投标报价，不得排挤其他投标人的公平竞争；损害招标人或者其他投标人的合法权益；投标人不得与招标人串通投标，损害国家利益、社会公共利益或者他人的合法权益；

禁止投标人以向招标人或者评标委员会成员行贿的手段谋取中标。

6) 投标人不得以低于成本的报价竞标，也不得以他人名义投标或者以其他方式弄虚作假，骗取中标。

4. 加强招标投标活动的监督管理

招标投标活动必须遵守法定的规则和程序，做到"公开、公平、公正"。任何单位和个人不得以任何形式干预依法进行的招标投标活动，不得搞地方和部门保护，限制或者排斥本地区、本系统以外的法人或其他组织参加投标；开标的过程和评标的标准与程序都应当公开，不允许进行任何形式的幕后交易、暗箱操作；禁止投标人以行贿或者相互串通等手段进行不正当的投标竞争。

(三)《中华人民共和国合同法》及其贯彻实施

为了保护合同当事人的合法权益，维护社会经济秩序，促进社会主义现代化建设，九届全国人大二次会议审议通过了《中华人民共和国合同法》（以下简称《合同法》），该法于1999年10月1日起正式实施，共二十三章，四百二十八条，分总则、分则和附则三个部分，是所有民商法中条款最多的一部法律。其中，总则部分共八章，将各类合同所涉及的共性问题进行了统一规定，包括一般规定、合同的订立、合同的效力、合同的履行、合同的变更和转让、合同的权利义务终止、违约责任和其他规定等内容。分则部分共十五章，分别对买卖合同、供用电、水、气、热力合同、赠与合同、借款合同、租赁合同、融资租赁合同、承揽合同、建设工程合同、运输合同、技术合同、保管合同、仓储合同、委托合同、行纪合同和居间合同进行了具体规定。它的颁布对于规范市场秩序，建立社会主义市场经济体制具有重要意义。

1. 合同的定义和应遵循的原则

《合同法》所称合同是平等主体的自然人、法人、其他组织之间设立、变更、终止民事权利义务关系的协议。婚姻、收养、监护等有关身份关系的协议，适用其他法律的规定。合同应遵循以下六项原则。一是双方平等原则。合同当事人的法律地位平等，一方不得将自己的意志强加给另一方。二是合同自由原则。当事人依法享有自愿订立合同的权利，任何单位和个人不得非法干预。三是公平原则。当事人应当遵循公平原则确定各方的权利和义务。四是诚实信用原则。当事人行使权利、履行义务应当讲诚实守信用。五是合法与秩序原则。当事人订立、履行合同，应当遵守法律、行政法规，尊重社会公德，不得扰乱社会经济秩序，损害社会公共利益。六是依合同履行义务原则。依法成立的合同，对当事人具有法律约束力。当事人应当按照约定履行自己的义务，不得擅自变更或去解除合同。依法成立的合同，受法律保护。

2. 合同的内容

合同的内容是指据以确定当事人权利、义务和责任的具体规定，通过合同条款具体体现。按照合同自愿原则，《合同法》规定："合同内容由当事人约定"，同时，为了起到合同条款的示范作用，规定合同条款一般包括以下条款：

1) 当事人的名称或者姓名和住所。这一条款明确了合同权利义务的享有和承担者，而当事人住所的确定，有利于当事人履行合同，也便于明确地域管辖。

2) 标的。标的是合同当事人权利义务共同指向的对象。没有标的或标的不明确，当事人的权利和义务就无所指向，合同就无法履行。不同的合同其标的也有所不同，有的合同的标的是财产，有的合同标的是行为，因此当事人必须在合同中明确规定合同的标的。

3) 数量。数量是对标的的计量,是以数字和计量单位来衡量标的的尺度。没有数量条款的规定,就无法确定双方权利义务的大小,使得双方权利义务处于不确定的状态。

4) 质量。质量是指标的内在素质和外观形态的综合。如产品的品种、规格、执行标准等,当事人约定质量条款时,必须符合国家有关规定和要求。

5) 价款或者报酬。是合同当事人一方向交付标的方支付的表现为货币的代价。

6) 履行期限、地点和方式。履行期限是合同当事人履行义务的时间界限,是确定当事人是否按时履行或迟延履行的客观标准,也是当事人主张合同权利的时间依据。履行地点是当事人交付标的或者支付价款的地方,当事人应在合同中予以明确。履行方式是指明当事人以什么方式来完成合同的义务,当事人只有在合同中明确约定合同的履行方式,才便于合同的履行。

7) 违约责任。违约责任是指当事人一方或双方,不履行合同或不能完全履行合同,按照法律规定或合同约定应当承担的经济制裁。在违约责任条款中,当事人应明确约定合同的履行方式,才便于合同的履行。

8) 解决争议的方法。争议解决的方法有和解、调解、仲裁和诉讼四种,其中仲裁和诉讼是最终解决争议的两种不同的方法,而且当事人只能在这两种方法中选择其一,即或裁或诉。当事人在订立合同时,在合同中约定争议的解决方法,有利于当事人在发生争议后,及时解决争议。

买卖合同的内容还可以包括包装方式、检验标准和方法、结算方式、合同使用的文字及其效力等条款。

3. 建设工程合同的签订、成立、生效、无效及无效处理

(1) 合同成立、生效

合同法规定,当事人订立合同,采取要约、承诺方式。承诺通知到达要约人时生效,承诺生效时,合同成立;采用合同书形式订立合同的,自双方当事人签订或盖章后合同成立;建设工程合同应当采用书面形式。从上述规定可以看出:通过招标投标的建设工程,施工合同是在中标通知书发出时合同成立,发包人与承包人(总包与分包)在施工合同上签字或盖章后合同生效;不通过招标投标的建设工程施工合同是在当事人在施工合同上签字或盖章后合同成立,依法成立的,合同生效。

(2) 合同无效

建设工程施工合同的效力认定直接关系到签约双方的经济利益,以下几种情况可以认定合同无效。

首先,有《合同法》第五十二条规定的情形的,合同无效:

1) 一方以欺诈、胁迫手段订立合同,损害国家利益;
2) 恶意串通,损害国家、集体或第三人利益;
3) 以合法形式掩盖非法目的;
4) 损害社会公共利益;
5) 违反法律、行政法规的强制性规定。

对那些具有社会危害性的侵权责任,当事人不能通过合同免除其法律责任,即使约定了,也不承认其有法律约束力。《合同法》明确规定了两种无效免责条款:

1) 造成对方人身伤害的;

2）因故意或者重大过失造成对方财产损失的。
针对上述规定建设施工合同无效的情形有：
1）承包人未取得建筑施工企业资质或者超越资质等级的；
2）没有资质的实际施工者借用有资质的建筑施工企业名义的；
3）建设工程必须进行招标而未招标或者中标无效的；
4）承包人非法转包、违法分包建设工程或者没有资质的实际施工人借用有资质的建筑施工企业名义与他人签订的建设工程施工合同无效；
5）其他情形。

（3）无效合同的处理

《合同法》第五十八条规定："合同无效或者被撤销后，因该合同取得的财产，应当予以返还；不能返还或者没有必要返还的，应当折价补偿。有过错的一方应当赔偿对方因此所受到的损失，双方都有过错的，应当各自承担相应的责任。"《民法通则》第六十一条规定："民事行为被确认为无效或被撤销后，当事人因该行为取得的财产，应当返还给受损失的一方。有过错的一方应当赔偿对方因此所受到的损失，双方都有过错的，应当各自承担相应的责任。双方恶意串通，实施民事行为损害国家的、集体的或者第三人的利益的，应当追缴双方取得的财产，收归国家、集体所有或者返还第三人。"《民法通则》第九十二条规定："没有合法依据，取得不当利益，造成他人损失的，应当将取得的不当利益返还受损失的人。"根据上述规定，建设工程合同无效实际上产生相互返还的问题，对接受工程的一方，工程是不当得利，应予返还。鉴于工程无法返还，那么只能参照当年适用的工程定额折价补偿。至于补偿的工程款数额与合同约定的工程款数额的差值如何处理，应根据公平原则由双方按过错责任分担比较合理。

4. 买卖合同

买卖合同是出卖人转移标的物的所有权于买受人，买受人支付价款的合同。出卖人应当履行向买受人交付标的物或者交付提取标的物的单证，并转移标的物所有权的义务。出卖人应当按照约定的地点交付标的物，当事人没有约定交付地点或者约定不明确的，可以协议补充；不能达成补充协议的，按照合同有关条款或者交易习惯确定；仍然不能确定的，适用下列规定：

1）标的物需要运输的，出卖人应当将标的物交付第一承运人以运交给买受人；
2）标的物不需要运输的，出卖人和买受人订立合同时知道标的物在某一地点的，出卖人应当在该地点交付标的物；不知道标的物在某一地点的，应当在出卖人订立合同时的营业地交付标的物。

买受人收到标的物时应当在约定的检验期间内检验。没有约定检验期间的，应当及时检验。当事人约定检验期间的，买受人应当在检验期间内将标的物的数量或者质量不符合约定的情形通知出卖人。买受人怠于通知的，视为标的物的数量或者质量符合约定。当事人没有约定检验期间的，买受人应当在发现或者应当发现标的物的数量或者质量不符合约定的合理期间内通知出卖人。买受人在合理期间内未通知或者自标的物收到之日起两年内未通知出卖人的，视为标的物的数量或者质量符合约定，但对标的物有质量保证期的，适用质量保证期，不适用该两年的规定。出卖人知道或者应当知道提供的标的物不符合约定的，买受人不受前两款规定的通知时间的限制。

出卖人多交标的物的，买受人可以接收或者拒绝接收多交的部分。买受人接收多交部分的，按照合同的价格支付价款；买受人拒绝接收多交部分的，应当及时通知出卖人。

凭样品买卖的当事人应当封存样品，并可以对样品质量予以说明，出卖人交付的标的物应当与样品及其说明的质量相同。凭样品买卖的买受人不知道样品有隐蔽瑕疵的，即使交付的标的物与样品相同，出卖人交付的标的物的质量仍然应当符合同种物的通常标准。

（四）《中华人民共和国安全生产法》及其贯彻实施

2002年6月29日，第九届全国人民代表大会常务委员会第二十八会议审议通过了《中华人民共和国安全生产法》（以下简称《安全生产法》），2002年11月1日起施行。制定《安生生产法》的根本目的是为了加强安全生产监督管理，防止和减少生产安全事故，保障人民群众生命和财产安全，促进经济发展。《安生生产法》共七章九十七条。内容包括总则、生产经营单位的安全生产保障、从业人员的权利和义务、安全生产的监督管理、生产安全事故的应急救援与调查处理、法律责任和附则。凡在中华人民共和国领域内从事生产经营活动的单位的安全生产，适用《安生生产法》。有关法律、行政法规对消防安全和道路交通安全、铁路交通安全、水上交通安全、民用航空安全另有规定的除外。

《安全生产法》确立了安全生产管理必须坚持"安全第一、预防为主"的方针，并严格要求生产经营单位必须遵守《安生生产法》和其他有关安全生产的法律、法规，加强安全生产管理，建立、健全安全生产责任制度，完善安全生产条件，确保安全生产。为了加强建设工程安全产生监督管理，保障人民群众生命和财产安全，根据《建筑法》和《安全生产法》，2003年11月12日国务院第28次常务会议通过颁布了《建设工程安全生产管理条例》（以下简称《条例》）。它是《安全生产法》内容在工程建设中的具体化，是我国第一部规范建设工程安全生产的行政法规。主要内容包括：建设工程安全生产管理，必须坚持安全第一、预防为主的方针；建设单位、勘察单位、设计单位、施工单位、工程监理单位及其他与建设工程安全生产有关的单位，必须遵守安全生产法律、法规的规定，保证建设工程安全生产，依法承担建设工程安全生产责任；各级人民政府建设行政主管部门，必须依照《安全生产法》的规定，对建设工程安全生产实施监督管理。《条例》的颁布，标志着建设工程安全生产管理进入法制化、规范化发展的新时期。

1. 施工单位及相关人员的安全责任

《条例》第四章（共十九条），对施工单位负责人员和施工中各个环节的安全生产责任分别作了规定。

1）施工单位主要负责人依法对本单位的安全生产工作全面负责。施工单位应当建立健全安全生产责任制度和安全生产教育培训制度，制定安全生产规章制度和操作规程，保证本单位安全生产条件所需资金的投入，对所承担的建设工程进行定期和专项安全检查，并做好安全检查记录。

2）施工单位的项目负责人应当由取得相应执业资格的人员担任，对建设工程项目的安全施工负责，落实安全生产责任制度、安全生产规章制度和操作规程，确保安全生产费用的有效使用，并根据工程的特点组织制定安全施工措施，消除安全事故隐患，及时、如实报告生产安全事故。

3）专职安全生产管理人员负责对安全生产进行现场监督检查。发现安全事故隐患，应当及时向项目负责人和安全生产管理机构报告；对违章指挥、违章操作的，应当立即制止。

4）作业人员应当遵守安全施工的强制性标准、规章制度和操作规程，正确使用安全防护用具、机械设备等。施工单位应当向作业人员提供安全防护用具和安全防护服装，并书面告知危险岗位的操作规程和违章操作的危害。

作业人员有权对施工现场的作业条件、作业程序和作业方式中存在的安全问题提出批评、检举和控告，有权拒绝违章指挥和强令冒险作业。

在施工中发生危及人身安全的紧急情况时，作业人员有权立即停止作业或者在采取必要的应急措施后撤离危险区域。

5）施工单位应当在施工现场入口处、施工起重机械、临时用电设施、脚手架、出入通道口、楼梯口、电梯井口、孔洞口、桥梁口、隧道口、基坑边沿、爆破物及有害危险气体和液体存放处等危险部位，设置明显的安全警示标志。安全警示标志必须符合国家标准。

6）施工单位应当在施工现场建立消防安全责任制度，确定消防安全责任人，制定用火、用电、使用易燃易爆材料等各项消防安全管理制度和操作规程，设置消防通道、消防水源，配备消防设施和灭火器材，并在施工现场入口处设置明显标志。

3. 施工单位有关人员的教育和培训

《安全生产法》和《条例》对施工单位有关人员的安全生产教育和培训，作了明确的规定：

1）施工单位的主要负责人、项目负责人、专职安全生产管理人员应当经建设行政主管部门或者其他有关部门考核合格后方可任职。

2）施工单位应当对管理人员和作业人员每年至少进行一次安全生产教育培训，其教育培训情况记入个人工作档案。安全生产教育培训考核不合格的人员，不得上岗。

3）作业人员进入新的岗位或者新的施工现场前，应当接受安全生产教育培训。未经教育培训或者教育培训考核不合格的人员，不得上岗作业。

施工单位在采用新技术、新工艺、新设备、新材料时，应当对作业人员进行相应的安全生产教育培训。

（五）《中华人民共和国产品质量法》及其贯彻实施

为了加强对产品质量的监督管理，提高产品质量水平，明确产品质量责任，保护消费者的合法权益，维护社会经济秩序，1993年2月22日第七届全国人民代表大会常务委员会第三十次会议通过《中华人民共和国产品质量法》（以下简称《产品质量法》），从1993年9月1日起施行。2000年7月8日第九届全国人民代表大会常务委员会第十六次会议《关于修改〈中华人民共和国产品质量法〉的决定》进行了修正。《产品质量法》共六章七十四条，包括总则、产品质量的监督管理、生产者、销售者的产品质量责任和义务、损害赔偿、罚则和附则。适用于在中华人民共和国境内从事产品生产、销售活动。《产品质量法》所称产品是指经过加工、制作，用于销售的产品。建设工程不适用《产品质量法》规定；但是，建设工程使用的建筑材料、建筑构配件和设备，属于前款规定的产品范围的，适用《产品质量法》规定。

《产品质量法》规定,可能危及人体健康和人身、财产安全的工业产品,必须符合保障人体健康、人身、财产安全的国家标准、行业标准;未制定国家标准、行业标准的,必须符合保障人体健康,人身、财产安全的要求。国家根据国际通用的质量管理标准,推行企业质量体系认证制度。经认证合格的,由认证机构颁发产品质量认证证书,准许企业在产品或者其包装上使用产品质量认证标志。国家对产品质量实行以抽查为主要方式的监督检查制度,对可能危及人体健康和人身、财产安全的产品,影响国计民生的重要工业产品以及用户、消费者、有关组织反映有质量问题的产品进行抽查。

学习《产品质量法》时应重点学习下列与材料管理有关的条款。

第二十六条 生产者应当对其生产的产品质量负责。产品质量应当符合下列要求:

(一)不存在危及人身、财产安全的不合理的危险,有保障人体健康和人身、财产安全的国家标准、行业标准的,应当符合该标准;

(二)具备产品应当具备的使用性能,但是,对产品存在使用性能的瑕疵作出说明的除外;

(三)符合在产品或者其包装上注明采用的产品标准,符合以产品说明、实物样品等方式表明的质量状况。

第二十七条 产品或者其包装上的标识必须真实,并符合下列要求:

(一)有产品质量检验合格证明;

(二)有中文标明的产品名称、生产厂厂名和厂址;

(三)根据产品的特点和使用要求,需要标明产品规格、等级、所含主要成分的名称和含量的,用中文相应予以标明;需要事先让消费者知晓的,应当在外包装上标明,或者预先向消费者提供有关资料;

(四)限制使用的产品,应当在显著位置清晰地表明生产日期和安全使用期或者失效日期;

(五)使用不当,容易造成产品本身损坏或者可能危及人身、财产安全的产品,应当有警示标志或者中文警示说明。

第二十九条 生产者不得生产国家明令淘汰的产品。

第三十条 生产者不得伪造产地,不得伪造或者冒用他人的厂名、厂址。

第三十一条 生产者不得伪造或者冒用认证标志等质量标志。

第三十二条 生产者生产产品,不得掺杂、掺假,不得以假充真、以次充好,不得以不合格产品冒充合格产品。

第五十条 在产品中掺杂、掺假,以假充真,以次充好,或者以不合格产品冒充合格产品的,责令停止生产、销售,没收违法生产、销售的产品,并处违法生产、销售产品货值金额百分之五十以上三倍以下的罚款;有违法所得的,并处没收违法所得;情节严重的,吊销营业执照;构成犯罪的,依法追究刑事责任。

第五十一条 生产国家明令淘汰的产品的,销售国家明令淘汰并停止销售的产品的,责令停止生产、销售,没收违法生产、销售的产品,并处违法生产、销售产品货值金额等值以下的罚款;有违法所得的,并处没收违法所得;情节严重的,吊销营业执照。

(六)《建设工程质量管理条例》及其贯彻实施

《建设工程质量管理条例》是为了加强对建设工程质量的管理,保证建设工程质量,保护人民生命和财产安全，根据《中华人民共和国建筑法》制定，2000年1月10日国务院第二十五次常务会议通过，2000年1月30日起施行。共九章八十二条，内容包括总则、建设单位的质量责任和义务、勘察、设计单位的质量责任和义务、施工单位的质量责任和义务、工程监理单位的质量责任和义务、建设工程质量保修、监督管理、罚则、附则。凡在中华人民共和国境内从事建设工程质量的新建、扩建、改建等有关活动及实施对建设工程质量监督管理的，必须遵守本条例。《条例》所称建设工程，是指土木工程、建筑工程、线路管道和设备安装工程及装修工程。《条例》中与材料管理有关的条款：

第八条 建设单位应当依法对工程建设项目的勘察、设计、施工、监理以及与工程建设有关的重要设备、材料等的采购进行招标。

第十四条 按照合同约定，由建设单位采购建筑材料、建筑构配件和设备的，建设单位应当保证建筑材料、建筑构配件和设备符合设计文件和合同要求。

建设单位不得明示或者暗示施工单位使用不合格的建筑材料、建筑构配件和设备。

第二十二条 设计单位在设计文件中选用的建筑材料、建筑构配件和设备，应当注明规格、型号、性能等技术指标，其质量要求必须符合国家规定的标准。

除有特殊要求的建筑材料、专用设备、工艺生产线等外，设计单位不得指定生产厂、供应商。

第二十八条 施工单位必须按照工程设计图纸和施工技术标准施工，不得擅自修改工程设计，不得偷工减料。施工单位在施工过程中发现设计文件和图纸有差错的，应当及时提出意见和建议。

第二十九条 施工单位必须按照工程设计要求、施工技术标准和合同约定，对建筑材料、建筑构配件、设备和商品混凝土进行检验，检验应当有书面记录和专人签字；未经检验和检验不合格的，不得使用。

第三十一条 施工人员对涉及结构安全的试块、试件以及有关材料，应当在建设单位或者工程监理单位监督下现场取样，并送具有相应资质等级的质量检测单位进行检测。

第三十五条 工程监理单位与被监理工程的施工承包单位以及建筑材料、建筑构配件和设备供应单位有隶属关系或者其他利害关系的，不得承担该项建设工程的监理业务。

第三十七条 工程监理单位应当选派具有相应资格的总监理工程师进驻施工现场。未经监理工程师签字，建筑材料、建筑构配件、设备不得在工程上使用或者安装，施工单位不得进行下一道工序的施工，未经总监理工程师签字，建设单位不得拨付工程款，不得进行竣工验收。

第五十一条 供水、供电、供气、公安消防等部门或者单位不得明示或者暗示建设单位、施工单位购买其指定的生产供应单位的建筑材料、建筑构配件和设备。

第五十六条 违反本条例规定，建设单位有下列行为之一的，责令改正，处20万元以上50万元以下的罚款：

（一）迫使承包方以低于成本的价格竞标的；

（二）任意压缩合理工期的；

（三）明示或暗示设计单位或者施工单位违反工程建设强制性标准，降低工程质量的；

（四）施工图设计文件未经审查或者审查不合格，擅自施工的；

（五）建设项目必须实行工程监理而未实行工程监理的；

（六）未按照国家规定办理工程质量监督手续的；

（七）明示或者暗示施工单位使用不合格的建筑材料、建筑构配件和设备；

（八）未按照国家规定将竣工验收报告、有关认可文件或者准许使用文件报送备案的。

第六十四条　违反本条例规定，施工单位在施工中偷工减料的，使用不合格的建筑材料、建筑构配件和设备的，或者有不按照工程设计图纸或者施工技术标准施工的其他行为的，责令改正，处工程合同价款百分之二以上百分之四以下的罚款；造成建设工程质量不符合规定的质量标准的，负责返工、修理，并赔偿因此造成的损失；情节严重的，责令停业整顿，降低资质等级或者吊销资质证书。

第六十五条　违反本条例规定，施工单位未对建筑材料、建筑构配件、设备和商品混凝土进行检验，或者未对涉及结构安全的试块、试件以及有关材料取样检测的，责令改正，处 10 万元以上 20 万元以下的罚款；情节严重的，责令停业整顿，降低资质等级或者吊销资质证书；造成损失的，依法承担赔偿责任。

第六十七条　工程监理单位有下列行为之一的，责令改正，处 50 万元以上 100 万元以下的罚款，降低资质等级或者吊销资质证书；有违法所得的，予以没收，造成损失的，承担连带赔偿责任：

（一）与建设单位或者施工单位串通，弄虚作假、降低工程质量的；

（二）将不合格的建设工程、建筑材料、建筑构配件和设备按照合格签字的。

第七十一条　违反本条例规定，供水、供电、供气、公安消防等部门或者单位明示或者暗示建设单位或者施工单位购买其指定的生产供应单位的建筑材料、建筑构配件和设备的，责令改正。

（七）相关标准中的强制性条文

1. 标准和标准化

从 20 世纪初开始，随着国际贸易的发展，标准化跨越国界走向国际化，相继建立了两个世界性的标准化机构——国际标准化组织 ISO 和国际电工委员会 IEC。随着社会化大生产的发展，标准化迅速发展起来，目前，世界上各经济发达国家都把标准化作为组织现代化生产建设的重要条件，作为实行科学管理的重要手段。我国自 20 世纪 50 年代以来就十分重视标准化工作，1989 年 4 月 1 日实施的《中华人民共和国标准化法》，进一步确立了标准的法律地位，规定了标准化的体制和制定标准的原则，明确了依法执行标准的义务，以及违反《标准化法》应承担的法律责任。

标准：对重复性事物和概念所作的统一规定。

它以科学、技术和实践经验的综合成果为基础，经有关方面协商一致，由主管机构批准，以特定形式发布，作为共同遵守的准则和依据。规范、规程都是标准的表达形式。

标准化：在经济、技术、科学及管理等社会实践中，对重复性事物和概念通过制定、发布和实施标准，达到统一，以获得最佳秩序和社会效益的全部活动。

总的来说，"标准"主要用来调整人与自然的关系，是人们在生产建设中利用自然资源和生产工具等应遵循的行为规则；而"标准化"则是通过制定和实施标准，使社会生产建设活动达到最佳效益的过程。基于这样的认识，《标准化法》进一步指出："标准化工作的任务是制定标准、组织实施标准和对标准实施进行监督"。在我国凡是正式批量生产和交换的工业产品、重要的农产品、各类工程建设、安全卫生、环境保护、信息技术，以及其他应统一的技术要求，都必须制定标准，并贯彻执行。标准化对发展社会主义市场经济、促进技术进步、改进产品和工程质量、提高社会经济效益，正在发挥愈来愈重要的作用。工程建设标准化是在建设领域有效地实行科学管理、强化政府宏观调控的基础和手段，对确保建设工程质量和安全、促进建设工程技术进步、提高建设工程经济效益和社会效益等都具有特别重要的意义。

(1) 标准的分类

《标准化法》规定，标准分为两类：

1) 强制性标准。它是发布后必须执行的标准。重要的工程建设质量标准，安全、卫生、环境保护标准，重要的通用技术语言和模数、公差标准，通用的试验、检验方法标准，以及国家需要控制的其他标准等均属于强制性标准。

2) 推荐性标准。它是发布后自愿执行的标准。强制性标准以外的标准均属于推荐性标准。

强制性标准具有法律属性，在规定的适用范围内必须遵照执行。推荐性标准具有技术上的权威性，经过合同等合法文件确认采用后，也具有法律属性。当前，我国的标准主要是强制性标准，正在积极发展推荐性标准。

WTO要求：技术法规是一个国家的主权，必须执行；技术标准是竞争的手段，自愿采用。中国政府与WTO的谈判结果：强制性标准与WTO的技术法规等同；推荐性标准与WTO的技术标准等同。

为了贯彻落实《建设工程质量管理条例》，满足标准体制改革和与国际接轨的需要，更好地对标准实施监督，建设部组织有关专家，从现行的国家和行业强制性标准中，把那些直接涉及工程质量、安全、卫生及环境保护等方面必须严格执行的技术规定摘编出来，编制成《工程建设标准强制性条文》。《工程建设标准强制性条文》是参与建设活动各方执行工程建设强制性标准和政府对执行情况实施监督的依据；《工程建设标准强制性条文》的所有条款都必须执行。大力宣传和贯彻《工程建设标准强制性条文》是保证和提高建设工程质量的重要环节。

从标准的体系来看，标准的总体可分为四个层次：

第一层——综合基础标准。它是制定各种标准所必须遵循的、全国统一的基础标准，如标准化工作导则，标准化效果评价原则等。

第二层——专业基础标准。它是某一专业范围内作为其他标准的基础、具有普遍指导意义的标准，如模数、公差、符号、图例、术语标准、分类、代码标准等。

第三层——通用标准。它是针对某一类事物制定的共性标准，其覆盖面一般较大，常作为制定专用标准的依据。如通用的安全、卫生、环境保护标准，某类工程的通用勘察、设计、施工及验收标准，通用的试验方法标准等。

第四层——专用标准。它是针对某一具体事物制定的个性标准，其覆盖面一般较小，是根据有关的基础标准和通用标准制定的，如某一范围的安全、卫生、环保标准，某种具体工程的设计、施工标准，某种试验方法标准等。

上层标准的内容一般是下层标准共性内容的提升，上层标准制约下层标准。第一、二层标准多数为国家标准，第三层标准可为国家标准或行业标准，第四层标准多数为行业标准。

(2) 标准的分级

标准可以根据其协调统一的范围及适应的范围不同而分为不同的级别,这就是标准的分级。国际上有两级标准,即国际标准和区域性标准。各个国家由于其经济和社会制度的不同,而有不同的标准分级方法。大多数资本主义国家的标准分为国家标准、协会标准、公司标准三级。我国的标准根据《标准化法》规定分为四级:

1) 国家标准:是对需要在全国范围内统一的技术要求制定的标准。国家标准由国务院标准化行政主管部门编制计划,协调项目分工,组织制定、修订,统一审批、编号、发布。

2) 行业标准:是对没有国家标准而又需要在全国某个行业范围内统一的技术要求所制定的标准。行业标准不得与有关国家标准相抵触。有关行业标准之间应保持协调、统一,不得重复。行业标准在相应的国家标准公布后,即行废止。行业标准是由国务院行政主管部门组织制定,并由该部门统一审批、编号、发布,送国务院标准化行政主管部门备案。

3) 地方标准:是对没有国家标准和行业标准而又需要在省、自治区、直辖市范围内统一的技术要求所制定的标准。地方标准不得违反有关法律、法规和国家及行业的强制性标准。地方标准由省、自治区、直辖市标准化行政主管部门统一编制计划、组织制定、审批、编号和发布。

4) 企业标准:是在某一企业、事业单位范围内实施的标准。对没有国家标准、行业标准、地方标准而又需要在某一企业、事业单位范围内统一的技术要求,通常制定企业标准。对于已有国家标准、行业标准、地方标准的,企业、事业单位也可制定严于这些标准的标准。

(3) 标准的代号和编号

1) 国家标准的代号和编号

国家标准的代号由大写汉语拼音字母构成。如:

GB——强制性国家标准;

GB/T——推荐性国家标准。

国家标准的编号由国家标准的代号、国家标准发布的顺序号和国家标准发布的年号(即发布年份的四位数字)构成。根据国家技术监督局和建设部共同规定,统一顺序号在50001号以后的为工程建设标准顺序号(顺序号在50000以前为产品类标准)。如:

工程建设强制性国家标准编号

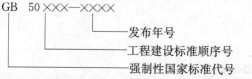

为了区别工程类标准与产品类标准,在工程类国家标准封面的左上角还加识别符号"P"。

2) 行业标准的代号与编号

行业标准的代号由国务院标准化行政主管部门规定,工程建设以及有关的行业标准代

号如下:

　　CJ——城市建设行业标准;
　　JC——建材行业标准;
　　JG——建筑工业行业标准;
　　JT——交通行业标准;
　　HJ——环境保护行业标准。

行业标准的编号由标准代号、标准顺序号及年号组成。行业标准顺序号在3000以前为工程类标准,在3001以后为产品类标准。

3) 地方标准的代号与编号

强制性地方标准的代号由汉语拼音"DB"加上省、自治区、直辖市行政区划代码前两位数再加斜线组成,再加"T"则组成推荐性地方标准代号。如:

浙江省强制性地方标准代号:DB33/;
浙江省推荐性地方标准代号:DB33/T。

地方标准的编号,由地方标准代号、地方标准顺序号和年号三部分组成。如:

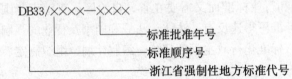

为加强工程建设强制性标准实施的监督工作,保证建设工程质量,保障人民的生命、财产安全,维护社会公共利益,2000年8月25日建设部令第81号发布了《实施工程建设强制性标准监督规定》,规定"施工单位违反工程建设强制性标准的,责令改正,处工程合同价款2%以上4%以下的罚款;造成建设工程质量不符合规定的质量标准的,负责返工、修理,并赔偿因此造成的损失;情节严重的责令停业整顿,降低资质等级或者吊销资质证书。"

4) 企业标准的代号与编号

企业代号可用汉语拼音字母或阿拉伯数字,或两者兼用组成。企业代号按中央所属企业和地方企业分别由国务院有关行政主管部门和省、自治区、直辖市标准化行政主管部门会同同级行政主管部门规定。

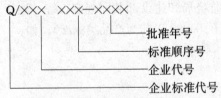

2. 相关标准的强制性条文

(1)《砌体工程施工质量验收规范》GB 50203—2002

1) 水泥进场使用前,应分批对其强度、安定性进行复验。检验批应以同一生产厂家、同一编号为一批。当在使用中对水泥质量有怀疑或水泥出厂超过3个月(快硬硅酸盐水泥超过1个月)时,应复查试验,并按其结果使用。

不同品种的水泥,不得混合使用。

2) 凡在砂浆中掺入有机塑化剂、早强剂、缓凝剂、防冻剂等,应经检验和试配符合要求后,方可使用。有机塑化剂应有砌体强度的型式检验报告。

3) 砖和砂浆的强度等级必须符合设计要求。

4) 施工时所用的小砌块的产品龄期不应小于28天。

5) 承重墙体严禁使用断裂小砌块。

6) 小砌块应底面朝上反砌于墙上。

7) 小砌块和砂浆的强度等级必须符合设计要求。

8) 石材及砂浆强度等级必须符合设计要求。

9) 钢筋的品种、规格和数量应符合设计要求。

10) 构造柱、芯柱、组合砌体构件、配筋砌体剪力墙构件的混凝土或砂浆的强度等级应符合设计要求。

11) 冬期施工所用材料应符合下列规定:

A. 石灰膏、电石膏等应防止受冻,如遭冻结,应经融化后使用;

B. 拌制砂浆用砂,不得含有冰块和大于10mm的冻结块;

C. 砌体用砖或其他块材不得遭水浸冻。

(2)《砌筑砂浆配合比设计规程》JGJ 98—2000

掺加料严禁使用脱水硬化的石灰膏;

2) 砌筑砂浆稠度、分层度、试配抗压强度必须同时符合要求;

3) 砌筑砂浆的分层度不得大于30mm。

(3)《混凝土结构工程施工质量验收规范》GB 50204—2002

1) 模板及其支架应根据工程结构形式、荷载大小、地基土类别、施工设备和材料供应等条件进行设计。模板及其支架应具有足够的承载能力、刚度和稳定性,能可靠地承受浇筑混凝土的重量、侧压力以及施工荷载。

2) 模板及其支架拆除的顺序及安全措施应按施工技术方案执行。

3) 当钢筋的品种、级别或规格需作变更时,应办理设计变更文件。

4) 钢筋进场时,应按现行国家标准《钢筋混凝土用热轧带肋钢筋》GB 1499等的规定抽取试件作力学性能检验,其质量必须符合有关标准的规定。

5) 对有抗震设防要求的框架结构,其纵向受力钢筋的强度应满足设计要求;当设计无具体要求时,对一、二级抗震等级,检验所得的强度实测值应符合下列规定:

A. 钢筋的抗拉强度实测值与屈服强度实测值的比值不应小于1.25;

B. 钢筋的屈服强度实测值与强度标准值的比值不应大于1.3。

6) 钢筋安装时,受力钢筋的品种、级别、规格和数量必须符合设计要求。

7) 预应力筋进场时,应按现行国家标准《预应力混凝土用钢铰线》GB/T 5224等的规定抽取试件作力学性能检验,其质量必须符合有关标准的规定。

8) 预应力筋安装时,其品种、级别、规格、数量必须符合设计要求。

9) 张拉过程中应避免预应力筋断裂或滑脱;当发生断裂或滑脱时,必须符合下列规定:

A. 对后张法预应力结构构件,断裂或滑脱的数量严禁超过同一截面预应力总根数的3%,且每束钢丝不得超过1根;对多跨双向连续板,其同一截面应按每跨计算;

B. 对先张法预应力构件,在浇筑混凝土前发生断裂或滑脱的预应力筋必须予以更换。

10)预制构件应进行结构性能检验。结构性能检验不合格的预制构件不得用于混凝土结构。

11)水泥进场时应对其品种、级别、包装或散装仓号、出厂日期等进行检查,并应对其强度、安定性及其他必要的性能指标进行复验,其质量必须符合现行国家标准《硅酸盐水泥、普通硅酸盐水泥》GB 175 等的规定。当在使用中对水泥质量有怀疑或水泥出厂超过 3 个月(快硬硅酸盐水泥超过 1 个月)时,应进行复验,并按复验结果使用。

钢筋混凝土结构、预应力混凝土结构中,严禁使用含氯化物的水泥。

12)混凝土中掺用外加剂的质量及应用技术应符合现行国家标准《混凝土外加剂》GB 8076、《混凝土外加剂应用技术规范》GB 50119 等和有关环境保护的规定。

预应力混凝土结构中,严禁使用含氯化物的外加剂。钢筋混凝土结构中,当使用含氯化物的外加剂时,混凝土中氯化物的总含量应符合现行国家标准《混凝土质量控制标准》GB 50164 的规定。

13)结构混凝土的强度等级必须符合设计要求。用于检查结构构件混凝土强度的试件,应在混凝土的浇筑地点随机抽取。取样与试件留置应符合下列规定:

A. 每拌制 100 盘且不超过 $100m^3$ 的同配合比的混凝土,取样不得少于 1 次;

B. 每工作班拌制的同一配合比的混凝土不足 100 盘时,取样不得少于 1 次;

C. 当一次连续浇筑超过 $1000m^3$ 时,同一配合比的混凝土每 $200m^3$ 取样不得少于 1 次;

D. 每一楼层、同一配合比的混凝土,取样不得少于 1 次;

E. 每次取样应至少留置一组标准养护试件,同条件养护试件的留置组数应根据实际需要确定。

(5)《普通混凝土配合比设计规程》JGJ 55—2000

1)进行抗渗混凝土配合比设计时,尚应增加抗渗性能试验。

2)进行抗冻混凝土配合比设计时,尚应增加抗冻融性能试验。

(6)《普通混凝土用砂质量标准及检验方法》JGJ 52—92

1)对重要工程混凝土使用的砂,应采用化学法和砂浆长度法进行集料的碱活性检验。

2)采用海砂配制混凝土时,其氯离子含量应符合下列规定:

A. 对钢筋混凝土,海砂中氯离子含量不应大于 0.06%(以干砂重的百分率计,下同);

B. 对预应力混凝土若必须使用海砂时,则应经淡水冲洗,其氯离子含量不得大于 0.02%。

(7)《普通混凝土用碎石和卵石质量标准及检验方法》JGJ 53—92

对重要工程的混凝土所使用的碎石或卵石应进行碱活性检验。

(8)《混凝土外加剂应用技术规范》GBJ 119—88

1)抗冻融性要求高的混凝土,必须掺用引气剂或引气减水剂,其掺量应根据混凝土的含气量要求,通过试验确定。

2)含有六价铬盐、亚硝酸盐等有毒防冻剂,严禁用于饮水工程及与食品接触的部位。

(9)《建筑地面工程施工质量验收规范》GB 50209—2002

1) 建筑地面工程采用的材料应按设计要求和规范的规定选用,并应符合国家标准的规定;进场材料应有中文质量合格证明文件、规格、型号及性能检测报告,对重要材料应有复验报告。

2) 厕浴间和有防滑要求的建筑地面的板块材料应符合设计要求。

3) 不发火(防爆的)面层采用的碎石应选用大理石、白云石或其他石料加工而成,并以金属或石料撞击时不发生火花为合格;砂应质地坚硬、表面粗糙,其粒径宜为0.15~5mm,含泥量不应大于3%,有机物含量不应大于0.5%;水泥应采用普通硅酸盐水泥,其强度等级不应小于32.5级;面层分格的嵌条应采用不发生火花材料配制。配制时应随时检查,不得混入金属或其他易发生火花的杂质。

(10)《建筑装饰装修工程质量验收规范》GB 50210—2001

1) 建筑装饰装修工程所用材料应符合国家有关建筑装饰装修材料有害物质限量标准的规定。

2) 建筑装饰装修工程所使用的材料应按设计要求进行防火、防腐和防虫处理。

3) 饰面板安装工程的预埋件(或后置埋件)、连接件的数量、规格、位置、连接方法和防腐处理必须符合设计要求。后置埋件的现场拉拔强度必须符合设计要求。饰面板安装必须牢固。

4) 隐框、半隐框幕墙所采用的结构粘结材料必须是中性硅酮结构密封胶,其性能必须符合《建筑用硅酮结构密封胶》(GB 16776)的规定;硅酮结构密封胶必须在有效期内使用。

5) 主体结构与幕墙连接的各种预埋件,其数量、规格、位置和防腐处理必须符合设计要求。

(11)《金属与石材幕墙工程技术规范》JGJ 133—2001

1) 金属与石材幕墙构件应按同一种类构件的5%进行抽样检查,且每种构件不得少于5件。

当有一个构件抽检不符合上述规定时,应加倍抽样复验,全部合格后方可出厂。

2) 构件出厂时,应附有构件合格证书。

(12)《民用建筑工程室内环境污染控制规范》GB 50325—2001

1) 民用建筑工程所选用的建筑材料和装修材料必须符合规范的规定。

2) 民用建筑工程所使用的无机非金属建筑材料,包括砂、石、砖、水泥、商品混凝土、预制构件和新型墙体材料等,其放射性指标限量应符合无机非金属建筑材料放射性指标限量的规定。

3) 民用建筑工程所使用的无机非金属装修材料。包括石材、建筑卫生陶瓷、石膏板、吊顶材料等,进行分类时,其放射性指标限量应符合无机非金属装修材料放射性指标限量的规定。

4) 民用建筑工程室内用人造木板及饰面人造木板,必须测定游离甲醛含量或游离甲醛释放量。

5) 民用建筑工程设计必须根据建筑物的类型和用途,选用符合规范规定的建筑材料和装修材料。

6) Ⅰ类民用建筑工程必须采用A类无机非金属建筑材料和装修材料。

7）Ⅰ类民用建筑工程的室内装修，必须采用 E_1 类人造木板及饰面人造木板。

8）民用建筑工程室内装修中所使用的木地板及其他木质材料，严禁采用沥青类防腐、防潮处理剂。

9）民用建筑工程中所使用的阻燃剂、混凝土外加剂氨的释放量不应大于0.10％，测定方法应符合现行国家标准《混凝土外加剂中释放氨的限量》的规定。

10）当建筑材料和装修材料进场检验，发现不符合设计要求及规范的有关规定时，严禁使用。

11）民用建筑工程中所采用的无机非金属建筑材料和装修材料必须有放射性指标检测报告，并应符合设计要求和规范的规定。

12）民用建筑工程室内装修中所采用的人造木板及饰面人造木板。必须有游离甲醛含量或游离甲醛释放量检测报告。并应符合设计要求和规范的规定。

13）民用建筑工程室内装修中所采用的水性涂料、水性胶粘剂、水性处理剂必须有总挥发性有机化合物（TVOC）和游离甲醛含量检测报告；溶剂型涂料、溶剂型胶粘剂必须有总挥发性有机化合物（TVOC）、苯、游离甲苯二异氰酸酯（TDI）（聚氨酯类）含量检测报告，并应符合设计要求和规范的规定。

14）建筑材料和装修材料的检测项目不全或对检测结果有疑问时，必须将材料送有资质的检测机构进行检验。检验合格后方可使用。

15）民用建筑工程室内装修所采用的稀释剂和溶剂，严禁使用苯、工业苯、石油苯、重质苯及混苯。

16）严禁在民用建筑工程室内用有机溶剂清洗施工用具。

17）民用建筑工程所用建筑材料和装修材料的类别、数量和施工工艺等，应符合设计要求和规范的有关规定。

主要参考文献

[1] 郑永秋. 建筑企业材料供应与管理. 北京：中国建筑工业出版社，1985.
[2] 蒋一飞. 建筑企业材料供应与管理. 北京：中国建筑业联合会材料协会培训部，1988.
[3] 教材编写委员会. 建筑企业材料供应与管理. 杭州：浙江省建设岗位培训教材，1995.
[4] 编委会. 建筑企业材料供应与管理. 杭州：建筑装饰施工企业施工员培训教材，1998.
[5] 教材编写委员会. 建筑企业材料供应与管理. 杭州：浙江省建设岗位培训教材，2002.
[6] 刘伊生. 建设工程招投标与合同管理. 北京：机械工业出版社，2003.
[7] 史商于，陈茂明. 工程招投标与合同管理. 北京：科学出版社，2004.
[8] 教材编写委员会. 材料管理实务. 杭州：浙江省建设培训中心，2004.
[9] 教材编写委员会. 材料管理实务. 杭州：浙江省建设培训中心，2006.
[10] 全国一级建造师执业资格考试用书编写委员会. 建设工程经济. 北京：中国建筑工业出版社，2004.